Pharmazeutische Technologie

Ein Leitfaden der galenischen und industriellen
Herstellung von Arzneimitteln

Von

Dr. et Mr. Pharm. **H. Czetsch-Lindenwald**

Geschäftsführer der Austria Pan-Chemie, Wolfsberg in Kärnten

Mit 119 Textabbildungen

Zweite, neubearbeitete und erweiterte Auflage

Wien

Springer-Verlag

1953

Alle Rechte,
insbesondere das der Übersetzung in fremde Sprachen, vorbehalten
Ohne ausdrückliche Genehmigung des Verlages
ist es auch nicht gestattet, dieses Buch oder Teile daraus auf
photomechanischem Wege (Photokopie, Mikrokopie)
zu vervielfältigen

Copyright 1948 and 1953 by Springer-Verlag in Vienna
Softcover reprint of the hardcover 2nd edition 1953

ISBN-13: 978-3-7091-7642-9   e-ISBN-13: 978-3-7091-7641-2
DOI: 10.1007/ 978-3-7091-7641-2

Aus dem Vorwort der ersten Auflage

In den letzten Jahren ist die galenische Pharmazie unstreitig in den Vordergrund des Interesses gerückt. Das war einerseits durch die Notlage bedingt, die den Apotheker zwang, sich nach Rohstoffen umzusehen und daraus Präparate selbst herzustellen, anderseits sind Lehrstühle der Galenik errichtet worden. Wir finden namhafte derartige Institute in Österreich in Wien, in der Schweiz in Zürich und Bern, in Deutschland in Braunschweig, Erlangen, Münster, ferner in Paris, in Amerika. Will der Apotheker nicht ausschließlich Verkäufer werden, erstrebt er weiter die Selbstherstellung von Eigenpräparaten und Rezepten, will er universell arzneikundig sein, so muß er die neuesten Methoden der Klein- und Großherstellung, wenn schon nicht praktisch, so doch wenigstens theoretisch, beherrschen.

Das Fach, das auf Grund von Erfahrungen nahezu der ganzen Welt immer neuen Auftrieb bekommt, verjüngt wird, muß seine aktuellen Probleme dem Praktiker vermitteln. Dadurch wird die Galenik eines der wichtigsten Gegenstände des pharmazeutischen Studiums und des Fortbildungswesens. In den letzten zwei Jahrzehnten erschienen Lehrbücher der Galenik von Rapp, Wojahn, Kern, Gstirner, Goris und Liot und anderen in- und ausländischen Autoren. Da jeder von einem anderen Gesichtswinkel urteilt und lehrt, da ferner alle diese Werke wenig industrielle Erfahrungen bringen, habe ich mich entschlossen, meine 1943 bis 1945 an der Universität Freiburg i. Brg. gehaltenen Vorlesungen dahingehend zu überarbeiten und in Buchform herauszubringen.

Mein Bemühen ging dabei dahin, unabhängig von den oben genannten Büchern, die sich meist ziemlich eng an die Pharmakopöen anlehnen, dem Studenten, dem praktischen Apotheker, dem Anfänger im Industriebetrieb und in einigen Fällen auch dem interessierten Arzt auch das zu bringen, was man sonst in derartigen Büchern nicht findet. Es sind dies die Grenzgebiete zu anderen Fächern, die überall bzw. nirgends besprochen werden, die Beurteilung der Ersatzstoffe, die Möglichkeiten von Improvisationen.

Das Buch ist also nicht ausschließlich galenischen Inhalts, es führt den Titel: „Pharmazeutische Technologie" und bemüht sich deshalb auch, die technische Herstellung zu zeigen. Dort, wo die pharmazeutische in die rein chemische Technologie übergeht, muß auf einschlägige Werke verwiesen werden.

Sachendorf bei Knittelfeld, Steiermark, im Juni 1948.

H. Czetsch-Lindenwald.

Vorwort zur zweiten Auflage

In den Jahren, die seit der ersten Auflage verflossen sind, hat sich die Industrie weitgehend wieder auf ihr normales Programm eingestellt. Wir haben in Ausstellungen (Achema X) das Rüstzeug studieren können, der Verfasser hat im eigenen Betrieb zahlreiche Erfahrungen gesammelt und konnte aus der Literatur Erkenntnisse verwerten.

All dies ist berücksichtigt.

Die erste Auflage wurde von der Kritik recht unterschiedlich aufgenommen. In Österreich, Deutschland, Frankreich und England positiv. Den Anregungen dieser Kritiker wurde stattgegeben, denen aus der Schweiz und Holland konnte nur bis zu einem gewissen Grade entsprochen werden.

Das Buch soll nicht tiefschürfend-literaturweisend als Grundlage für wissenschaftliche Arbeiten dienen, sondern einen Überblick für die Praxis bieten.

Analytisches wurde in der ersten Auflage auf vier Seiten gebracht; das ist zu wenig. Der Verfasser ist kein Analytiker und kann, soll dieses Kapitel erweitert werden, nichts Neues bringen. Es ist besser, man läßt dieses Kapitel ganz weg und verweist auf Bücher, in denen Autoren zur Sprache kommen, die vom Fach sind. In dieser Richtung wurden Umstellungen durchgeführt. An Stelle der Streichungen wurden im Text neue Bilder gebracht.

Wolfsberg in Kärnten, im Juni 1953.

H. Czetsch-Lindenwald.

Inhaltsverzeichnis

Spezieller Teil

	Seite
I. Galenik und Technologie der Pflanzenverarbeitung	1
A. Drogengewinnung	1
1. Ernte	2
2. Trocknung	3
3. Stabilisation	4
4. Schneiden und Pulvern	4
5. Sieben	6
B. Verarbeitung mit Lösungsmitteln	8
1. Mit Wasser	8
2. Mit Alkohol	12
3. Mit sonstigen Flüssigkeiten	14
4. Verarbeitung durch Ausziehen	16
5. Filtrieren, Zentrifugieren	28
6. Konzentrieren	38
7. Trocknen	48
C. Frischpflanzenpräparate	56
D. Kohlepräparate	61
II. Emulsionen	64
1. Definition	64
2. Theorie	66
3. Erkennung	74
4. Emulgatorenprüfung	75
5. Maschinen	77
6. Bedeutung der Emulsionen in der Pharmazie	84
7. Verwendung von Emulsionen in der Technik	86
III. Waschmittel	89
1. Definition	89
2. Eigenschaften	90
3. Substanzen	92
IV. Salben	101
1. Definition	101
2. Grundstoffe	102
3. Maschinen	114
4. Verpackung	118
5. Eigenschaften	120
6. Spezielle Salben	121

	Seite
V. Puder	130
1. Definition	130
2. Konstanten	131
3. Rohstoffe	134
4. Pudermischungen	139
VI. Pulver	144
1. Schachtelpulver	144
2. Abgeteilte Pulver	146
VII. Pillen	150
1. Definition	150
2. Bestandteile	150
3. Bereitung	151
4. Pillenähnliche Arzneiformen	157
VIII. Pastillen	158
IX. Tabletten	159
1. Definition	159
2. Bestandteile	161
3. Granulieren	162
4. Pressen	164
5. Sortieren	168
6. Verpacken	171
7. Dragieren	172
8. Sterilisieren	176
9. Prüfen	177
10. Einnehmen	177
X. Injektionen	178
1. Arten der Injektionen nach ihrer Verwendung	178
2. Arten der Injektionen nach der äußeren Form	179
3. Sterilisation	186
XI. Suppositorien	193
1. Definition	193
2. Grundstoffe	194
3. Herstellungsmethoden	198
XII. Arzneistäbchen	202
XIII. Schüttelmixturen	203
1. Definition	203
2. Bestandteile	203
XIV. Umschlagpasten	205
XV. Zinkleime	206
XVI. Firnisse und Lacke	207

	Seite
XVII. Pflaster	208
1. Definition der Pflaster im engeren Sinne. Mulle, Stifte	208
2. Kollemplastra	210
XVIII. Chirurgisches Nähmaterial	214
XIX. Badepräparate	215
1. Peloide	215
2. Salze	216
3. Kräuterbäder	216
XX. Medizinische Öle	217
XXI. Lösungen	218

Allgemeiner Teil

I. Die pharmazeutische Industrie	220
1. Entwicklung	220
2. Stellung zum Apotheker	220
3. Marken- und Spezialitätenwesen	221
4. Industrieapotheker	225
II. Heiztechnik	230
1. In der Apotheke	230
2. In der Industrie	230
III. Destillation	233
IV. Erzeugung von Unterdruck	238
V. Antriebsmaschinen	240
VI. Zerkleinerungsanlagen	234
VII. Neue Rohstoffe in der Pharmazie	247
1. Emulgatoren	249
2. Polymerisationsprodukte	252
3. Paraffinoxydation	253
4. Sonstige	254
5. Waschmittel	255
6. Austauschmittel	257
7. Werkstoffe	260
Schlußwort	262
Ergänzende Literatur	263
Herstellerverzeichnis	268
Sachverzeichnis	274

Spezieller Teil

I. Galenik und Technologie der Pflanzenverarbeitung

A. Drogengewinnung

Die Herstellung pflanzlicher Heilmittel dürfte die älteste pharmazeutische Maßnahme überhaupt sein. Ich möchte daher mit der Galenik bzw. Technologie der Pflanzenverarbeitung beginnen.

Die heilenden Pflanzenteile können in frischem Zustand und getrocknet — als Drogen — zu Heilmitteln verarbeitet werden. Mit den Vor- und Nachteilen der einen wie der andern Art wollen wir uns später auseinandersetzen und zunächst zu den Drogen übergehen, die nach wie vor zu den wichtigsten Rohstoffen der Pharmazie gehören. Wie oben schon erwähnt, sind Drogen **getrocknete** Pflanzen, Pflanzenteile, ganze Tiere oder einzelne Organe. Wir haben in unseren Sammlungen und Offizinen sowohl Herbae wie auch Radices, Rhizome, Bulbi, Semina u. s. w., sie alle sind Drogen, wogegen eine frische Pflanze eine Arzneipflanze, aber keine Droge sein kann. Die Drogen stammen aus Kulturen oder von Wildpflanzen und sollen unter den jeweils geeigneten Bedingungen getrocknet werden. Sie werden also gesammelt oder angebaut. In ersterem Falle obliegt die Ernte entweder den Schulen oder berufsmäßigen Kräutersammlern, die in den meisten Ländern in Organisationen zusammengefaßt sind. Zu den Pflanzern gehören sowohl Bauern als auch Gärtner. Das Saatgut wird ihnen von speziellen Stellen geliefert, ja besonders wertvolles Material, das sich ein Züchter erarbeitet hat, wird in manchen Ländern in einer Sortenregisterstelle registriert und steht dadurch unter einem Schutz, in andern kann er auf sein Erzeugnis ein Patent nehmen, das den Schutz übernimmt. So ist es in den Vereinigten Staaten von Nordamerika, doch soll diese Einrichtung den Registerstellen nicht überlegen sein.

1. Ernte

Die Züchtung und das Sammeln wildwachsender Kräuter ist dem Apotheker mehr oder minder entglitten, er wird hier nur selten als Gutachter herangezogen werden. Er wird insbesondere bei den Anbauern gegenüber den jahrzehntelangen Erfahrungen auch kaum mitkommen. Es sei nur an die Pfefferminzbauern der Rheinpfalz, an die Baldriananbauer von Schweinfurt und Belgien, an die ungarischen Capsicum- und Kamillenexporteure gedacht. Den Paprikazüchtern steht ja sogar ein Forschungsinstitut in Debreczin zur Verfügung. In Österreich hatten wir ein vorbildliches Institut, das an die Namen **Mayerhofer**, **Mitlacher**, **Himmelbauer**, **Wasicky** und **Hecht** gebunden war und in Korneuburg seinen Sitz hatte.

Der Apotheker kann den Sammler vielfach bei der Wahl des Erntezeitpunktes und der günstigsten Trocknungsart beraten. Hier wird er durch seine chemischen und pharmakognostischen Kenntnisse überlegen sein und z. B. durch Alkaloidbestimmungen und Untersuchung des Gehaltes an ätherischen Ölen die besten Methoden und Zeiten ohne besonderes Spezialwissen ausarbeiten können. In vielen Fällen schreibt das Arzneibuch den Erntetermin, wie etwa die Blütezeit bei Absynthium, vor. Alkaloid-, Glykosid-, Gerbstoff-, Bitterstoff- und ätherische Öldrogen wird man am zweckmäßigsten zu der Tages- und Jahreszeit ernten, in der die Wirkstoffe am meisten angereichert vorliegen. Bei einem Großteil der Heilpflanzen ist der günstigste Zeitpunkt durch die Blüte, die Frucht von selbst gegeben, andere, wie die Alpenpflanzen kann man nur in wenigen Monaten ernten, weitere, insbesonders die Pflanzen, die Blattdrogen liefern, hat man eingehend durch die ganze Vegetationsperiode hindurch studiert und kennt die optimalen Bedingungen. Ganz allgemein: es muß bei trockenem Wetter geerntet werden, denn der Regen vermindert in vielen Fällen den Wirkstoffgehalt und erschwert die Trocknung. Bei jeder einzelnen Pflanze sind dann noch Spezialregeln zu beachten. So z. B. müssen die Lobelien kurz nach der Blüte gepflückt werden, da sie zu dieser Zeit am alkaloidreichsten sind. Die 4 offizinellen Gentianen verhalten sich in ihrem Bitterwert wie 1 (lutea) zu 2 zu 4 zu 10. Es ist also keineswegs gleichgültig, welche der 4 Arten man sammelt. In einem Fall kann man ein 10mal so wirksames oder wenigstens so bitteres Produkt erhalten als im andern. Mutterkorn aus Norwegen ist wirkungslos, aus Spanien und Rußland hochwirksam, aber dem gezüchteten noch immer unterlegen. In Ungarn gibt es eine wirksame und unwirksame Rasse von Claviceps purpurea, in Österreich schwanken die Alkaloidausbeuten nach den Versuchen von Fuchs, des Verfassers, sowie Hechts. Je nach Roggen-Rasse, Seehöhe des Ernteortes, lagen sie bis um 95 % niedriger als die an gleicher Stelle gezüchteten Drogen. Andere Gräser liefern zum Teil (Rochelmeyer) sehr wirksames Mutterkorn, doch ist das Schüttgewicht klein. Im Hochgebirge geerntete Drogen mit ätherischen Ölen, wie die Mentha, sind besonders schön und blattreich, aber eher ölärmer und keineswegs reicher als die Flachlandpflanzen, obwohl sie, vielleicht auf Grund der höheren Dampfspannung, bei niederem Luftdruck, stärker duften. Digitalis baut in der Nacht den Glykosidkomplex ab, manche Gerbstoffdrogen sind zur Blütezeit, andere in der Winterruhe am extraktreichsten. All diese Bedingungen müssen dem Sammler bekannt sein und der Apotheker wäre die geeignetste Stelle, ihm dieses Wissen zu vermitteln. Da dies nicht der Fall ist, wollen wir so formulieren: „Die Apotheker wären die geeignetsten Referenten für diese Richtlinien".

2. Trocknung

Ist die Pflanze oder der Pflanzenteil geerntet, so muß getrocknet werden.

Als Trocknungsverfahren kommen in Frage:

1. Die Trocknung auf Hürden, die luftig, im Schatten aufgestellt und vom Wind allseits umspült werden sollen. Es ist, insbesondere in feuchter Luft und bei Wurzeln oder sonstigen fleischigen und damit gefährdeten Teilen, zweckmäßig, zur Vermeidung von Schimmelbefall die Temperatur auf maximal 50 bis 60 Grad zu erhöhen und die Luft künstlich zirkulieren zu lassen.

2. Die Vakuumtrocknung ist teurer, aber eleganter, und findet bei Normal- oder allenfalls etwas überhöhter Temperatur statt. Die Vakuumtrocknung erfolgt meist über Silikagel, das alle Feuchtigkeit aufnimmt und jeweils regeneriert werden kann. An seiner Stelle kann gegebenenfalls der billigere gebrannte Kalk verwendet

werden. Auch Chlorkalzium steht in Verwendung. In Amerika ist das beliebteste Trockenmittel Lithiumchlorid, dessen Einsatz durchaus wirtschaftlich sein soll.

3. Stabilisation

Manche Wirkstoffe, wie die der Gentiana, des Baldrian und Wermut werden schon beim Trocknen fermentativ verändert. Die frische, ebenfalls wirksame, aber geruchlose Baldrianwurzel z. B. wird erst beim Trocknen zur Trägerin des bekannten Öls, das vorher glykosidisch gebunden vorlag. Da nun die Wirkstoffe der Frischpflanze entweder wirksamer sein können oder geruchlich und geschmacklich mehr befriedigen, müssen wir, sofern wir den Wirkungsstoffkomplex der Frischpflanzen gewinnen wollen, als Ausgangsmaterial diese benutzen oder die fermentative Umwandlung vor der Trocknung durch bestimmte Maßnahmen verhindern. Dies geschieht meist nach dem Verfahren von Bourquelot, dem Stabilisieren. Man bringt die Pflanze oder deren Teile in Alkohol- oder allenfalls Wasserdampf, der je nach der Dicke des Pflanzengutes bis 30 Minuten lang einwirkt und hierbei die Fermente zerstört, was bedauerlicherweise mit einem nicht unbeträchtlichen Wirkstoffverlust verbunden ist.

Der Verfasser hat, um die Fermente auszuschalten, frische Baldrianwurzeln mit wasserfreiem Natriumsulfat gepulvert und die Mischung dann mit Alkohol extrahiert. Durch Einengen des Auszuges im Vakuum kann man geruchfreie Baldrian-Frischpflanzenextrakte gewinnen.

4. Schneiden und Pulvern

Das Schneiden der Drogen erfolgt im Kleinen mit einem Schneidemesser nach Art der Papierscheren der Druckereien. In Spezialbetrieben sind Maschinen aufgestellt, in denen auf einer Walze rotierende Messer zuerst längs und dann quer schneiden, so daß der beliebte Quadratschnitt resultiert. In allen Fällen bestehen die Maschinen im wesentlichen aus 2 Teilen: der Arbeitsplatte und den Messern. Die Arbeitsplatte kann zu einem automatisch arbeitenden Zubringungsapparat ausgebaut sein. Die Messer sind entweder als Speichen eines Rades angeordnet oder sie sind auf einer Walze befestigt und drehen sich mit ihr.

Harte Drogen werden vor dem Pulvern in einem Vorbrecher mittels Walzen oder Zähnen zerkleinert und dann erst weiter gemahlen. Man unterscheidet bei den Pulvern:

Pulvis a) grossus,
   b) subtilis,
   c) subtilissimus,
   d) Kolloide.

Für die Herstellung der Pulver wurden ursprünglich Mörser oder gewöhnliche Mühlen mit Mahlsteinen verwendet. Ein Stein steht still, ein anderer rotiert. An ihre Stelle treten heute die Schlagkreuz-Hammer und Konusmühlen. In den Trichtermühlen verarbeiten geriffelte, kleine metallene Mahlscheiben das mit Wasser angefeuchtete Material zu einem Teig, der sodann getrocknet wird. Durch die Notwendigkeit der Wasserverwendung kommen diese Apparate in Drogengroßhandlungen kaum in Frage. Besser sind dort die verschiedenen Mahlscheibenmühlen, die in ihren wesentlichen Teilen aus einem ruhenden und einem umlaufenden, gezahnten Ring bestehen. Das Mahlgut wird zwischen diesen Zähnen zerrissen. Eine Transportschnecke, die zu den Mahlscheiben führt, kann gleichzeitig als Vorbrecher ausgebaut sein. Derartige Apparate gibt es auch im kleinen für den Apothekenbetrieb, sie befriedigen aber nach meinen Erfahrungen in keiner Weise.

In Europa sind Stiften- und in Amerika die Schwinghammermühlen am verbreitetsten.

Der Fitzpatrik Comminutor ist eine Universalmühle, die in gleicher Weise z. B. Zimtrinde wie auch Polyäthylenglykol und Tablettenmassen pulvert. Sie ist eine kleine Schwinghammermühle, die für besondere Zwecke mit Wasserkühlung arbeitet. Charakteristisch ist ihre Staubfreiheit und die gute Reinigungsmöglichkeit.

Manche Pulver, wie aus Radix Liquiritiae oder Rhizoma Veratri, können nur in einigen besonders eingerichteten Betrieben hergestellt werden. Wollte man sie mit den oben erwähnten Apparaten pulverisieren, so würde ein watteartiger Faserbrei entstehen. Schwierig ist insbesondere auch, Mutterkorn zu vermahlen. Sein hoher Fettgehalt verschmiert die Mahlsteine, die innere Zähigkeit der Hyphen, die man beim Brechen der einzelnen Körner gar nicht erwartet, zerstört die Mühlen.

Im Laboratorium wird z. B. das Messerpaar der Turmix- (in Deutschland Starmix-)Apparate durch wenige hundert Gramm

Mutterkorn völlig stumpf, und im Betrieb nützen sich die Konusmühlen, die sonst für fettes Material (Kakaobohnen) besonders geeignet sind, unwahrscheinlich schnell ab. Am vorteilhaftesten sind die sieblosen Stiften- oder Konusmühlen mit Karborundmahlkörpern, die allerdings nur vorgebrochenes, mit Lösungsmitteln angeteigtes Material verarbeiten.

Alle Mühlen ergeben verschiedenkörnige Pulver. Drogenpulver bestimmter Feinheit werden hergestellt, indem man in einer der später geschilderten geeigneten Mühlen mahlt und dann die einzelnen Fraktionen heraussiebt.

Die größeren Mahlscheibenmühlen und Schlagkreuzmühlen haben auswechselbare Siebeinsätze verschiedener Feinheit, die grobes Gut in den Mahlkreislauf zurückführen. Durch ihre hohe Tourenzahl wirken sie wie Ventilatoren. Es ist daher notwendig, die Auffanggefäße abzudichten und den Luftaustritt durch einen feinmaschigen Seidensack, wie ihn die Mühlenindustrie liefert, zu schließen. Er hält den feinen Staub zurück und verhindert bedeutende Verluste.

5. Sieben

Man siebt von Hand, mit Sieben, welche die Arzneibücher vorschreiben; mit maschinellen Schwing- und hochtourigen Rüttelsieben oder auch mit Sechskantsichtern nach Art der in den Mühlen gebrauchten. Es sind dies langsam laufende, schwach schräg gelagerte, rotierende Trommeln, in denen auf der Einströmseite des Mahlgutes die engmaschigsten Siebe, am anderen Ende die weitesten angeordnet sind. Das Mahlgut läuft durch die Schräglage der Apparatur langsam, der Schwerkraft folgend, durch die Anlage und verliert allmählich die feinen, dann die groben Pulver, die getrennt aufgefangen werden. Auch Windsichter (Abb. 1) sind verwendbar, in denen ein durch einen Ventilator erzeugter Luftstrom von unten her die leichten Teilchen höher, die schweren weniger hoch aufhebt, so daß sie getrennt aufgefangen werden können. Es ginge über den Rahmen der gedrängten Übersicht hinaus, wollte ich alle Siebkonstruktionen anführen. Empfehlenswert sind solche Siebe, deren Maschen doppelt gekröpft sind, so daß sie unverrückbar fixiert sind. Sie arbeiten zwar langsamer, aber präziser als die gewöhnlichen Siebe, deren Maschen sich verschieben können. Als Werkstoff dient bei den Handsieben vorwiegend verzinnter Eisendraht. Ihm sind die

in den maschinellen Anlagen vielfach gebräuchlichen Bronzesiebe, die in allen Feinheitsgraden erhältlich sind, an Haltbarkeit und Korrosionsbeständigkeit bedeutend überlegen.

Der größte Mangel bei der Drogenverarbeitung besteht im Fehlen einer wirklich brauchbaren Kleinmühle für den Apotheker. Ich habe in meinem Betrieb verschiedene Modelle von Zahnmühlen, sie liefern aber alle nur ein Gemengsel von pulvis grossus und subtilis, das durch Sieben getrennt werden muß, und arbeiten außerordentlich langsam. Ich bedaure dies um so mehr, als ich immer dafür eintrete, daß der Apotheker sich die Drogen selbst pulvern muß. Pulver sind der Oxydation, den Schädlingen und bei Drogen mit ätherischen Ölen der Verdunstung viel mehr ausgesetzt als Concisdrogen. Der charakteristische Geruch der Offizin einer Apotheke, ein Sammelsurium aller ätherischen Öle, kommt nicht aus den Drogen oder Flaschen, sondern fast ausschließlich aus den meist noch dazu unsachgemäß verschlossenen Gefäßen mit Pflanzenpulvern. Noch viel auffallender zeigt sich der Verlust an ätherischen Ölen

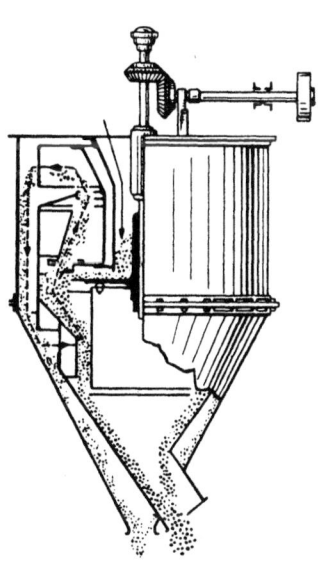

Abb. 1. Windsichter

beim Betreten einer Pulverisieranstalt, in der gerade eine Öldroge, Mentha oder Calamus, gepulvert wird. Nicht nur der Arbeitsraum selbst, sondern die weitere Umgebung riechen außerordentlich intensiv. Auch Gewürzmühlen verraten sich bzw. das gerade verarbeitete Gewürz auf größte Entfernung. Es ist nachgewiesen, daß die Pulver im Laufe von wenigen Wochen 90 % und mehr ihrer ätherischen Öle verlieren. Durch Verwahren in Cellophan oder Glas kann man diese Nachteile nur zum Teil beheben, da sie, wenn sie auch nicht abdunsten können, oxydieren und dumpf werden. Weiter können durch unreelle oder ungeschickte Lieferanten Verfälschungen und Verwechslungen vorkommen, die nur durch das Selbstpulvern ausgeschaltet werden können. Es ist zudem zweckmäßig, die Pulver erst kurz vor der Weiterverarbeitung bzw. Dispensation herzustellen. Man erhält dann weitaus wirksamere Präparate.

Ein Drogenpulver ist eines der einfachsten Medikamente. In der Tierheilkunde werden Pulver häufig verwendet, aber auch in der Humanmedizin haben in den letzten Jahren viele Ärzte die Drogen-Pulvermedikation gefördert. So wurden z. B. gegen Durchfall Tormentillpulver und gegen Malaria Chinarindenpulver an Stelle des exakt dosierbaren Alkaloids empfohlen. Ich halte diese Verordnungen für einen Rückschritt, denn wir können den Aufschluß der Pulver durch den Magen in keiner Weise steuern. Das Vorhandensein großer oder kleiner Mengen Salzsäure im Magen, die Durchlaufgeschwindigkeit durch den Magen-Darmtrakt sind Imponderabilien, die wir nicht beeinflussen können, so daß derartige Pulver ungleichmäßig wirken. Bei differenten Pulvern, wie dem Digitalispulver, ist dies ja längst bekannt.

Man ist daher schon frühzeitig zum Aufschluß der Drogen übergegangen und stellt Tee, Tinkturen, Extrakte in der Apotheke, und „Purate, Disperte, Etrate" u. s. w. in der Industrie her.

B. Verarbeitung mit Lösungsmitteln

1. Mit Wasser

Das billigste Lösungsmittel, Menstruum genannt, ist natürlich das Wasser. Mit seiner Hilfe stellt die Hausfrau den „Tee", der Apotheker Kaltmazerate, Infuse und Dekokte her.

a) Kaltmazerate. Ein Kaltmazerat wird nach Übergießen der Droge (Leinsamen, Althea) mit kaltem Wasser ziehen gelassen und unter Rühren in einer Extraktionszeit von wenigstens

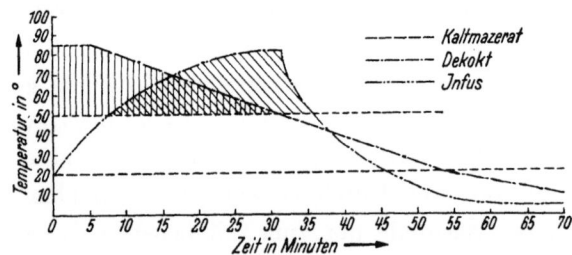

Abb. 2. Erhitzungsdauer von Infusen und Dekokten nach DAB 6

30 Minuten hergestellt. Die Viskositätsänderung der Schleime durch Hitze, im Sinne einer Verschlechterung, ist der Grund dafür, daß bei dieser Drogengruppe keine die Extraktion sonst beschleunigende erhöhte Temperatur angewendet werden kann. Bei ande-

ren Drogen wählt man den Kaltauszug, weil die Lösungsbedingungen in der Hitze ungünstig sind.

b) Infus. Beim Infus wird die Droge mit siedendem Wasser übergossen, 5 Minuten lang unter Rühren im Wasserbad erhitzt und nach dem Erkalten ausgepreßt.

c) Dekokt. Die Droge wird mit kaltem Wasser übergossen, eine halbe Stunde lang unter Rühren im Wasserbad erhitzt und warm ausgepreßt (Ausnahme Condurangorinde, deren „Dekokt" ein Kaltmazerat ist).

Wenn wir die Erhitzungsdauer der drei Arten graphisch darstellen, so bekommen wir folgendes Bild (Abb. 2):

Der Unterschied zwischen Infus und Dekokt nach dem deutschen Arzneibuch ist sehr gering, wenn man die Verweildauer des Drogengutes über der Temperatur von mehr als 50° als Maßstab

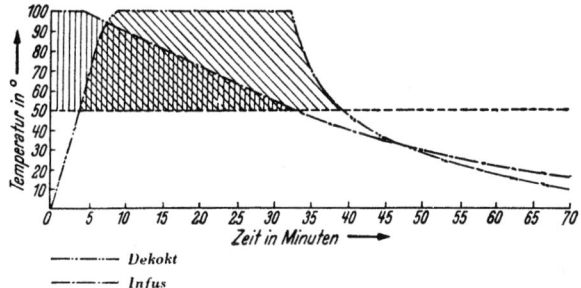

Abb. 3. Erhitzungsdauer von Infusen und Dekokten nach dem Italienischen Arzneibuch

nimmt. (Durch eine punktierte Gerade gekennzeichnet.) Der senkrecht und der schrägschraffierte Sektor sind volumsmäßig nahezu gleich groß. Nach der Vorschrift des italienischen Arzneibuches, das für Dekokte das Kochen auf offenem Feuer durch durchschnittlich 30 Minuten vorschreibt (Vormazeration durch 12 Stunden in kaltem Wasser), sieht die Situation ganz anders aus (Abb. 3).

Hier ist die schräg schraffierte Fläche ganz bedeutend größer als die senkrecht schraffierte und wir können annehmen, daß z. B. harte Rinden und Wurzeln im Dekokt wesentlich stärker ausgezogen werden als im Infus. Drogen mit ätherischen Ölen wird man immer infundieren, Rinden, Wurzeln, harte Blätter (Uvae ursi) als Dekokte verarbeiten. In vielen Fällen ist die Wahl des richtigen Verfahrens eine Wissenschaft für sich.

Die optimale Herstellung von Mazeraten, Infusen und Dekokten dürfte die von Soos skizzierte sein:

Mazerate sind demzufolge mit Wasser im Verhältnis 1:10 in der Reibschale durchzuarbeiten und fünf Minuten lang stehen zu lassen. Dann wird mit dem gesamten vorgeschriebenen Wasser durch eine Stunde extrahiert, abgeseiht und auf das gewünschte Gewicht ergänzt. Alkaloidhaltige Mazerate werden mit Zusatz von so viel Zitronensäure, wie Alkaloid erwartet wird, hergestellt.

Infuse werden wie Mazerate vorbereitet und nach fünf Minuten mit dem Rest des vorgeschriebenen siedenden Wassers übergossen, dann fünf Minuten im Wasserbad stehen gelassen. Eine halbe Stunde abkühlen, abseihen und das Gewicht ergänzen. Bei alkaloidhaltigen Drogen ist wie bei Mazeraten Zitronensäure zuzusetzen, bei Saponindrogen ist mittelfein gepulverte Droge zu verwenden.

Dekokte werden wie Infuse bereitet, aber eine halbe Stunde lang am siedenden Wasserbad extrahiert und heiß abgeseiht.

In den Apotheken werden die Infuse und Dekokte in den sogenannten Infundierbüchsen hergestellt. Es sind dies meist konische, häufig unverhältnismäßig dickwandige Porzellan- oder Zinngefäße,

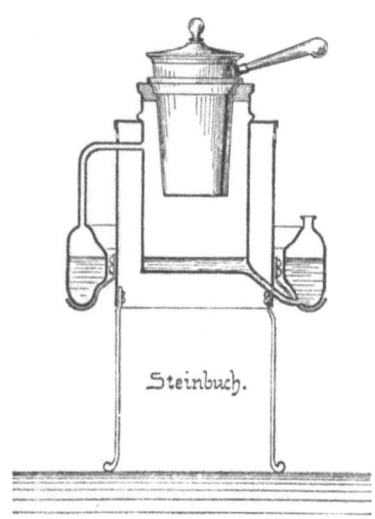

Abb. 4. Infundierapparat

die in den strömenden Dampf hineingehängt werden. Steht Dampf nicht zur Verfügung, so kann man sich des nebenstehend abgebildeten Apparates bedienen. Das Wasserbad kann mit Gas oder einem flüssigen Brennstoff geheizt werden, der entwickelte Dampf umspült die Infundierbüchse (Abb. 4).

Recht empfehlenswert sind die Syntrax-Apparate, die sich z. B. in allen ungarischen Hotels als Kaffeemaschinen eingebürgert haben. Im unteren Teil des Apparates wird das Wasser zum Sieden erhitzt, der sich entwickelnde Dampf drückt das siedende Wasser in den oberen, mit der Droge beschickten Teil. Beim Abkühlen sinkt der Wasserspiegel wieder. Der Vorgang wird mehrmals wiederholt. Die damit bereiteten Infuse sind gut, aber nicht offizinell.

Die Wirkstoffausbeute bei den Infusen bzw. Tees der Hausfrau aus den Drogen mit ätherischen Ölen ist sehr gering. Man hat über 90 % Verlust und nur 10 % Ausbeute. Gründe hierfür sind die Flüchtigkeit der Öle mit Wasserdampf und das geringe Öllösungsvermögen des Wassers. Dieses ist nicht in der Lage, wesentliche Teile der in den Ölzellen, Drüsen und Gängen eingeschlossenen ätherischen Öle herauszulösen. Man sollte nun annehmen, daß eine Vormazeration mit Alkohol oder das Zufügen eines, die Oberflächenspannung herabsetzenden Mittels (Netzmittels) und eventuell Alkalisieren die Ausbeute erhöhen. Dem ist aber nicht so. Die ersten beiden Verfahren erhöhen die Ausbeute nicht und ein Alkalizusatz beeinflußt die Geschmackswerte im allgemeinen recht ungünstig.

Es nimmt ja schließlich wunder, daß in den Kamillen- oder Pfefferminztee überhaupt ätherische Öle übergehen. Daß dies so ist, verdanken wir den natürlichen Emulgatoren und Schutzkolloiden der Pflanzenzelle, den Saponinen, Schleim- und Eiweißstoffen. Bei den Alkaloid- und Glykosiddrogen ist durch individuelle Zusätze und durch Vormazeration eine wesentliche Ausbeuteverbesserung zu erreichen. Das Schweizer Arzneibuch hat insbesondere hier nachahmenswerte Arbeit geleistet und wird uns in vielem Vorbild sein.

Ein Infusum Ipecacuanhae, in üblicher Art bereitet, enthält nur 30 % der in der Droge enthaltenen Wirkstoffe. Fügt man aber Salzsäure dazu, zieht also im sauren Milieu aus und nimmt optimal zerkleinerte Drogen (Lit. bei Gstirner), so erhöht sich die Ausbeute auf 80 %. Auch die Chinaalkaloide liegen in schwer wasserlöslichen Gerbstoffkomplexsalzen vor und geben im Dekokt nur etwa 30 % Ausbeute, die durch Säurezusatz auf 80 % erhöht werden kann.

Saure Saponine sind im alkalischen Milieu leichter löslich und gehen unter Natrium-Bicarbonatzusatz besser in die Infuse über. Bei Glyzirrhizindrogen nimmt man statt Alkalisalz Ammoniak.

Wir sind also in der Lage, bei Dekokten und Infusen durch individuelle Zusätze und die Wahl der geeignetsten Drogenform, wie z. B. des feinen Pulvers, das bei den Fol. Uvae ursi einzig und allein zufriedenstellende Ausbeuten abgibt, den Wirkstoffgehalt weitgehend zu erhöhen. Eine weitere Möglichkeit, um die Wirkungsintensität der Tees, z. B. für den Hausgebrauch, zu bessern, ist theoretisch im „Aufschluß" der Drogen nach Koch gefunden worden. Darunter versteht man folgendes Verfahren: Die Droge wird angefeuchtet und durch einen „Wolf" zerrissen. Dann wird extrahiert, der Extrakt auf die Droge aufgesprüht und das Ganze getrocknet. Die Herstellungsweise ist dem der Etrate und Exclude entlehnt und ergibt zweifellos viel wirksamere Tees, Infuse und Dekokte. Nachteilig ist der erheblich höhere Preis, den der Kunde zwar für Spezialpräparate, nicht aber für den Tee bezahlen wird. Die offizinellen Auszüge können mit solchen präparierten Drogen nicht bereitet werden, denn die nun außen angelagerten Wirkstoffe gehen leichter in Lösung und ein damit hergestelltes Infus oder Dekokt wird wesentlich anders und zwar intensiver wirken. Zu bedenken ist außerdem, daß solche Präparate den häufig oxydationsempfindlichen Wirkstoff, wie etwa einen Gerbstoff, außen an den Zellfragmenten und nicht von Zellwänden geschützt, dem Luftzutritt also zugänglich, angelagert enthalten und daß ätherische Öldrogen auf diese Weise überhaupt nicht präpariert werden können. Ich komme daher zur Überzeugung, daß dieses Verfahren, das zu brauchbaren, exakt dosierbaren Präparaten der Industrie geführt hat, nicht geeignet ist, um Grundstoffe für Tees zu liefern.

Wässerige Extrakte werden bei uns im Vakuum konzentriert. Der Productivity Team Report berichtet, daß die Sagrada Extrakte in Amerika bei Normaldruck eingedampft werden.

2. Mit Alkohol

Ein Apotheker, der wirklich exakt dosierbare Pflanzenauszüge herstellen will, muß Tinkturen oder Extrakte bereiten. Hierzu stehen ihm verschiedene Lösungsmittel und Verfahren zur Verfügung. Zunächst zu den Lösungsmitteln. Es sind dies:

1. Wasser
2. Methanol }
3. Äthanol } der verschiedensten Konzentrationen
4. Propanol
5. Azeton
6. Äther
7. verdünnte Alkalien (Ammoniak, Natron- und Kalilauge)
8. verdünnte Säuren (Salz-, Milch-, Ameisen-, Essig-, Zitronensäure).

Es ist selbstverständlich nicht gleichgültig, welches Menstruum man wählt. Die folgenden Diagramme zeigen eindeutig, wie groß die Unterschiede sein können (Abb. 5 bis 7).

An den Kurven sieht man, daß die Ausbeute an ätherischem Öl mit der Alkoholkonzentration ansteigt, der Trockenrückstand aber absinkt. Will man also die Öle möglichst quantitativ erfassen, so muß hochprozentiger Alkohol verwendet werden. Kommt es mehr auf die Inhaltsstoffe des Trockenrückstandes, etwa Bitterstoffe an, so kann mehr Wasser zugesetzt werden. Man kann

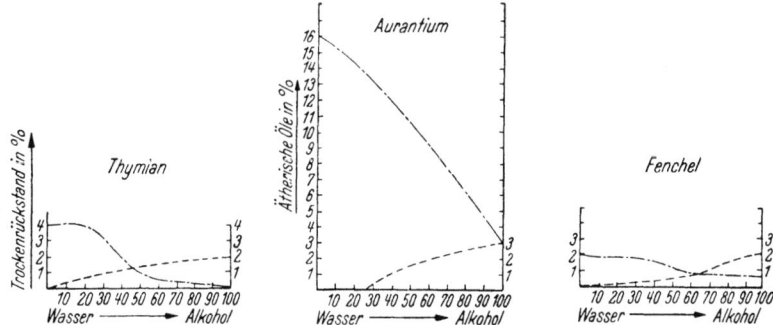

Abb. 5 bis 7. Diagramme der Ausbeuten aus drei Drogen. Je nach der Alkoholkonzentration wechseln die Inhaltsstoffe. Links ist jeweils der Trockenrückstand, rechts der Ölgehalt aufgetragen

und muß also im Großen wie im Kleinen individualisieren und, sofern man ein Präparat in größerer Menge herzustellen beabsichtigt, sich ein Diagramm wie oben ausarbeiten und daraus dann die geeignetste Konzentration ablesen.

Dies gilt natürlich nicht nur für die Drogen mit ätherischen Ölen, sondern in gleicher Weise auch für Saponin-, Glykosid-, Gerbstoff- und Alkaloiddrogen. In jedem einzelnen Fall ist eine derartige Kurve ein gutes Leitmittel. Man kann sie noch weiter abändern und ausbauen, indem man in geeigneten Fällen zusätzlich steigende Konzentrationen von Säuren oder Laugen beifügt und erhält so Diagramme, die einen besonders scharf ausgeprägten Kulminationspunkt aufweisen. Selbstverständlich rentiert die Aufstellung eines Diagrammes mit ihrer ziemlich umfangreichen Laboratoriumsarbeit nur dann, wenn die Großherstellung geplant ist. Kleinhersteller müssen sich nach wie vor die allerdings nur über einige wichtige Drogen bekannten und veröffentlichten

Daten, die bereits ausgearbeitet wurden, zunutze machen. Chinarinde, Opium, Ipecacuanha wurden von Büchi in dieser Richtung vorbildlich durchgearbeitet.

Unter Alkohol ist selbstverständlich immer der Äthylalkohol, Äthanol, zu verstehen. Der Methylalkohol hingegen kann nur zur Herstellung von nichtoffizinellen Trockenextrakten, aus denen er bei der Herstellung restlos verjagt und dann wieder gewonnen wird, gebraucht werden. Der Propylalkohol löst die Wirkstoffe meist gut, daneben aber noch wesentliche Mengen von Fetten, Wachsen und Harzen, so daß die Extrakte eine andere Zusammensetzung aufweisen.

3. Mit sonstigen Flüssigkeiten

Azeton wird nur zur Bereitung der Kantharidentinkturen verwendet, da das Keton in diesem Fall weniger Ballaststoffe löst als Alkohol. Denkbar wäre die Verwendung von Azeton noch zur Herstellung von Gerbstoffextrakten, da die Gerbstoffe darin leicht löslich sind und in hoher Reinheit gewonnen werden können. So gelingt es z. B., aus den getrockneten Rhizomen von Rumex hydrolapathum mit Azeton einen Trockenextrakt zu gewinnen, der über 80% Gerbstoff enthält. 70%iger Alkohol liefert nur Extrakte mit 70% Gerbstoff und wäßrige Auszüge, auch mit Sulfit oder Bisulfit, enthalten nur etwa 30% Gerbstoff und 40 bis 50% Nichtgerbstoffe. Azeton ist zur Extraktion von Alkaloiden, Chlorophyll und anderen Stoffen sehr geeignet.

Der Äther ist ein ausgesprochenes Lösungsmittel für Fette, Öle, Wachse und Alkaloidbasen, er löst demnach wesentlich andere Wirkstoffe als Alkohol und Wasser. Er wird neben Benzin zum Entfetten fettreicher Samen gebraucht, sowie zur Darstellung des Extraktum filicis. In Mischung mit Alkohol dient er zur Bereitung der Tinktura valerianae aetherea, deren Vorteil in den letzten Jahren — zu Unrecht wohl — mehrfach angezweifelt wurde. Seine Gefährlichkeit macht ihn im Großbetrieb äußerst unbeliebt. Er kann dort in vielen Fällen durch chlorierte Kohlenwasserstoffe ausgetauscht werden. In anderen Fällen ist er unersetzbar. Er kann von den gefährlichen Peroxyden durch Ferrosulfat, Natronlauge und Chromatographie über Aluminiumoxyd weitgehend befreit werden.

Die Verwendung verdünnter Säuren ist, wie schon erwähnt, insbesondere bei Alkaloiddrogen empfehlenswert, da ihr Zusatz die Alkaloidausbeute ganz bedeutend erhöht. Außerdem sind verdünnte Säuren relativ billig, so daß Essige, wie der Sabadill- und Veratrumessig, auch Minderbemittelten zugänglich sind. Allerdings sind diese Präparate, durch Dichlordiphenyl-trichloräthan (DDT.), Gammahexachlor-cyclohexan (Hexa) und Cuprex verdrängt, obsolet geworden.

Ammoniakzusätze können die Ausbeuten von Saponinen wesentlich erhöhen. Darüber hinaus behandelt man die Drogen, die mit fetten Ölen oder Fettlösern ausgezogen werden sollen, sofern sie Alkaloide enthalten, zuerst mit Ammoniak, um die Pfanzenbasen, die ja in Form von wasserlöslichen Salzen in der Pflanze vorliegen, frei und damit löslich zu machen.

Man muß mit alkoholischen Säuren und Laugen arbeiten, nicht mit wässerigen, da sonst das Menstruum verdünnt wird.

Unerwähnt sind noch die verschiedenen Weinsorten, die gleichfalls als Lösungen schwacher Säuren in verdünntem Alkohol aufgefaßt werden können. Der Weißwein enthält 5 bis 6 % Alkohol und etwa 1 % freie Säuren. Xeres oder Malaga sind sogenannte gespritete Weine, denen vom Hersteller zirka 10 % Sprit zugefügt wird.

Benzin, Benzol, Chloroform und ähnliche gesättigte, ungesättigte oder chlorierte Fettlöser werden neben dem schon erwähnten Äther zur Entfettung gebraucht. Als Extraktionsmaterial zur Herstellung von Endprodukten kommen sie infolge ihrer narkotischen Wirkung in Apothekerlaboratorien nicht in Frage, dann lösen sie mit Ausnahme der ätherischen Öle und der Alkaloidbasen wenige Wirkstoffe. Anders ist es in der Industrie, wo sie zur Herstellung der Reinalkaloidkomplexe, meist in Verbindung mit der chromatographischen Trennung, Bedeutung besitzen.

Öle wurden als Lösungsmittel für Alkaloide schon erwähnt. Im Oleum hyperici enthalten sie ätherisches Öl und in manchen Salben Chlorophyll, das als Nativkomplex gewonnen, öllöslich ist und auch in dieser Form seine Wirkung ausübt.

Konsistente Fette und — fallweise — Paraffinkohlenwasserstoffe werden nur zur Herstellung von Pomaden bei der Enfleurage der Riechstoffindustrie gebraucht.

Mit Fett bestrichene Rahmen werden mit duftenden Blüten

beschickt. Der Duft zieht in die Glyzeride und kann daraus mit Alkohol extrahiert werden.

Ein recht seltenes Extraktionsmittel ist nach dem französischen Patent 879360 flüssiges Schwefeldioxyd. Man kann damit z. B. Strychnossamen- und die Chinadrogen extrahieren. Nach dem Verdampfen des Gases, das wiedergewonnen werden kann, bleibt ein Alkaloidgemisch in leicht trennbarer Form zurück.

4. Verarbeitung durch Ausziehen

Nun zu den Methoden der Tinkturenherstellung. Das einfachste Verfahren, dem auch moderne Arzneibücher treu blieben, ist die einfache Mazeration. Daraus entwickelt wurde die doppelte Mazeration, die Perkolation.

a) Mazeration. Bei der Herstellung von Mazeraten wird die nach Vorschrift zerkleinerte (geschnittene, grob oder fein gepulverte) Droge mit der vorgeschriebenen Flüssigkeit in einem Weithalsgefäß übergossen und verschlossen unter wiederholtem Schütteln bei Zimmertemperatur stehen gelassen. Dann wird abgeseiht, ausgepreßt und die gewonnenen Flüssigkeiten sind nach dem Absetzen und nach erfolgter Filtration fertige Tinkturen. Dieses Verfahren hat den Vorteil der unübertrefflichen Einfachheit, aber auch verschiedene Nachteile, und zwar treten ein:

1. Lösungsmittelverluste
2. Wirkstoffverluste
3. verhältnismäßig lange Dauer.

Die Lösungsmittelverluste entstehen dadurch, daß die Drogen sich mit dem Menstruum vollsaugen und es auch beim Pressen oder Zentrifugieren nicht oder nur zum Teil abgeben. Man könnte sie durch Destillation wiedergewinnen, doch ist dies im Kleinbetrieb kaum rentabel. Bessere Möglichkeit bietet das Verdrängen des Lösungsmittels durch Wasser oder Salzlösung, das bei den Mazerationsrückständen aber bisher nicht durchgeführt wurde, wohl aber bei der sogenannten Evakolation üblich ist.

Die Wirkstoffverluste treten dadurch auf, daß nach Herstellung des osmotischen Gleichgewichts ein Teil in den Zellen mechanisch zurückgehalten wird, ein anderer adsorptiv gebunden ist und nicht herausgelaugt werden kann. Bei der Mazeration entsteht von der Droge zum Menstruum ein Gefälle, das anfangs groß ist, denn die Droge enthält noch viel Wirkstoff, die Flüssigkeit erst wenig. Bei Beginn der Mazeration wird der Großteil der Wirkstoffe verhältnismäßig rasch aus den Zellen herausdiffundieren. Dieser Vorgang verlangsamt sich aber immer mehr und nach einiger Zeit tritt ein Gleichgewicht ein, die Droge enthält gleichviel Wirkstoff wie die umgebende Flüssigkeit. Eine Weiterauslaugung kann auch bei einer Verlängerung der Extraktionszeit nicht eintreten, da der „Motor" des Austausches, das osmotische Gefälle, fehlt. Selbst das Zerkleinern des Extraktionsgutes zusammen mit dem Lösungsmittel in einer Kolloidmühle kann das Gefälle nicht verschieben. Auch gegen die Adsorption von Wirkstoffen durch die Zellwände können wir uns nur durch Abgehen vom Verfahren der einfachen Mazeration schützen.

Der dritte Nachteil der Mazeration ist deren verhältnismäßig lange Dauer. Das deutsche Arzneibuch schreibt 10 Tage vor. In vielen Fällen kann diese Zeit allerdings ohne Nachteil für das Endprodukt verkürzt werden. Die Ausbeute wird nach 4 bis 5 Tagen schon optimal und kann nicht mehr gesteigert werden. Die neueren Arzneibücher, wie das finnische (1937) und das jugoslavische (1938), schreiben daher nur sieben- bzw. achttägige Auslaugung vor.

Durch dauerndes Schütteln des angesetzten Mazerates, also durch die Herstellung von Schüttelmazeraten, kann man die Absättigungszeit bei einigen Drogen im geringen Grade abkürzen. Bei festen Zellverbänden sind die Vorzüge dieses Verfahrens jedoch nicht so wesentlich wie bei Kolloiden, so daß sich nur bei diesen, also z. B. beim Opium und der Myrrhe, der Aufwand an Apparaten und Energien lohnen wird.

Im technischen Maßstab wird die Mazeration in einem mit Siebboden versehenen Gefäß durchgeführt. Es ist zweckmäßig, ein Rührwerk einzelne Stunden hindurch laufen zu lassen. Man dekantiert dann und preßt den Rückstand aus oder filtriert durch den Siebboden. Man kann auch mittels Filterpressen oder Schleuderzentrifugen trennen.

Das Ostwaldsche Auslaugungsgesetz besagt, daß es vorteilhafter ist, mehrmals mit kleinen Mengen als einmal mit viel Lösungsmittel zu extrahieren. Man kann auf diese Weise das „Gefälle" von der Droge zum Lösungsmittel nicht nur einmal, sondern 2 bis 3 oder mehrmals ausnützen und verdünnt die mindest 10%ige Wirkstofflösung, die bei der einfachen Mazeration in der Droge verbleibt, immer wieder so, daß nach der dritten Auslaugung z. B. praktisch nur mehr reines Menstruum zurückbleibt. Da das Lösungsmittel doch wesentlich billiger ist, als die fertige Tinktur, liegt auf der Hand, daß sich der geringe Mehraufwand an Arbeit günstig auswirkt. Diese Überlegungen führten zur **doppelten** bzw. **mehrfachen Mazeration.** Bei ersteren wird zuerst mit 2 Teilen des Lösungsmittels die halbe Zeit lang mazeriert, dann die gesättigte Lösung abgegossen und der Rückstand mit den restlichen 8 Teilen ausgezogen. Die doppelte Mazeration mit je 5 Teilen Menstruum bringt bedeutend ungünstigere Ausbeuten als die mit den Mengen, die eben genannt wurden. Die Auszüge werden dann vereinigt und filtriert. Bei der dreifachen Mazeration wird mit 3 Portionen in 3 gleichen Zeitabschnitten gearbeitet. Noch zahlreichere Mazerationen können hintereinander nur in Ausnahmefällen durchgeführt werden, da die meisten Vegetabilien mehr als das Doppelte ihres Gewichtes an Lösungsmittel, insbesondere an Wasser oder stark verdünntem Alkohol in Form von Quellungs- bzw. kapillar-aufgesaugtem Wasser aufnehmen und sich davon nicht mehr durch Abgießen oder Pressen trennen lassen.

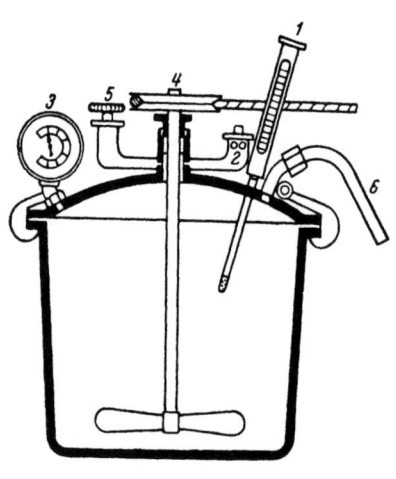

Abb. 8. Sikotopf, schematisch

1 Thermometer; *2* Sicherheitsventil; *3* Manometer; *4* Schnurscheibe für das Rührwerk; *5* Entlüfter; *6* Destillierstutzen zur Dampfentnahme

b) **Digestion.** Es lag nahe, durch die Anwendung von erhöhter Temperatur die Ausbeute günstiger oder wenigstens die Zeit der Mazeration kürzer zu gestalten. Man arbeitet bei 40 bis 50° im Sikotopf oder in dem von Rohmann und Ehlers vorgeschlagenen Kolben, der in einem Wärmebad steht und in dem gerührt werden kann. Der Sikotopf gestattet die Anwendung von Druck und Unterdruck, stellt also eine Art kleinen Autoklaven dar, und kann in den Apotheken recht vielseitig verwendet werden (Abb. 8 u. 9). Das Ausziehen bei erhöhter Temperatur nennt man digerieren, das Verfahren selbst **Digestion.** Da zahlreiche Substanzen thermolabil sind, ist die Digestion zur Gewinnung von Pflanzenauszügen im Laufe der letzten Jahre immer mehr verlassen worden, zumal die Ausbeuten nur geringfügig verbessert werden. Die Extraktion im Soxhlet hingegen, in der Chemie das Verfahren der Wahl, hat sich in der Pharmazie überhaupt nicht eingebürgert, da zwar kalt ausgezogen wird, das konzentrierte Extrakt aber dauernd unter Einwirkung erhöhter Tem-

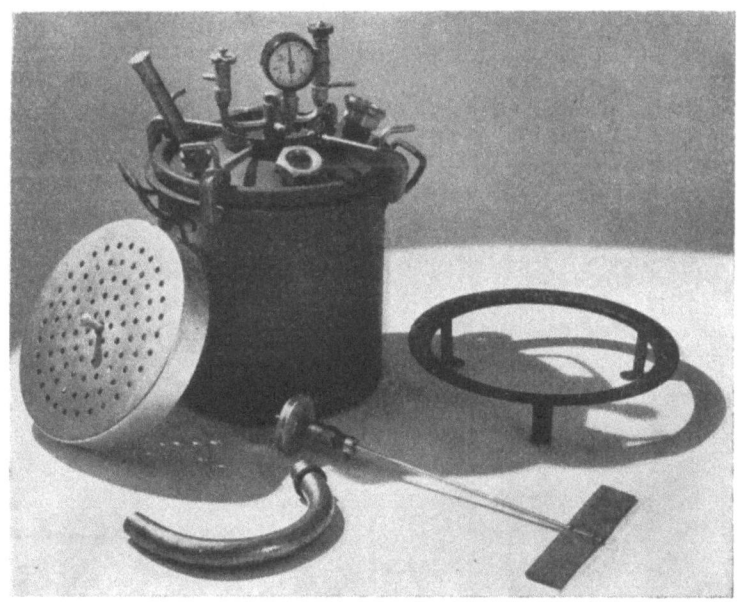

Abb. 9. Sikotopf der Württembergischen Metallwarenfabrik Geislingen/St.

peratur liegt. Dazu kommt noch, daß verdünnter Alkohol, das wichtigste Menstruum, infolge seiner ungünstigen Siedekurve, zur Soxhlet-Extraktion ungeeignet ist.

c) Perkolation. Die bisher geschilderten Verfahren arbeiten diskontinuierlich. Es lag daher der Gedanke nahe, an ihrer Stelle kontinuierlich arbeitende Methoden einzuführen. Als erste ist die Perkolation zu besprechen. Sie geht auf die beiden Brüder Boullay in Paris, die vor 150 Jahren lebten, zurück und wurde besonders in Amerika ausgebaut. Der Perkolator ist ein mehr oder minder hohes Gefäß (Abb. 10), das sich meist trichterförmig nach unten zu verjüngt. Es wird unten durch einen Hahn abgeschlossen. Zur Füllung des Perkolators wird zunächst der Hahn zugemacht, dann eine Watteeinlage auf die Siebplatte gelegt, um besonders feine Drogenteilchen zurückzuhalten. Der Perkolator wird nun mit dem meist gepulverten und vorgefeuchteten Material vollgestopft und die Droge nach oben zu mit einer beschwerten Mullauflage bedeckt. Man füllt nun den Perkolator bis über den Mull hinaus mit der Extraktionsflüssigkeit und stellt eine damit gefüllte Flasche umgekehrt darauf, damit soviel nachrinnen kann, wie unten abtropft. Nach zwölf Stunden wird pro Minute durchschnittlich 1 cm³ Tinktur abtropfen gelassen, bis die erwartete Menge gewonnen ist. Das Stopfen muß gleichmäßig erfolgen, um die Bildung von Kanälen, die ein ungleich-

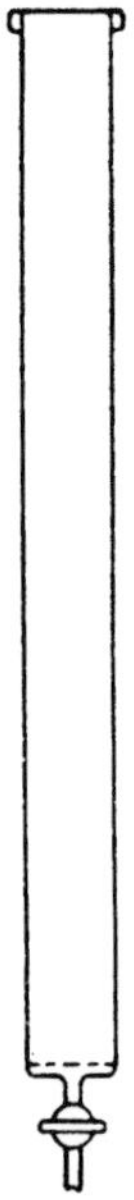

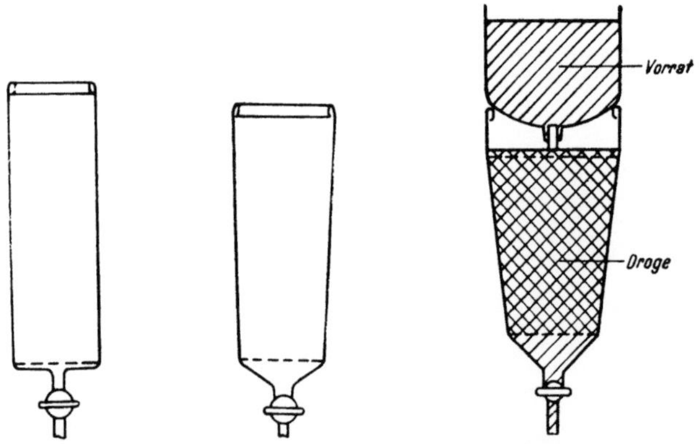

Abb. 10. Verschiedene Perkolatorenmodelle. Der rechts abgebildete Perkolator ist, wie im Text beschrieben, gefüllt und durch ein Reservegefäß abgeschlossen

mäßiges Auslaugen bewirken, zu vermeiden. Büchi hat nun vorgeschlagen, den Perkolator zuerst mit blankem Lösungsmittel auszufüllen, das Drogenpulver wird trocken auf die Flüssigkeitsoberfläche aufgestreut, saugt sich voll und sinkt in gleichmäßigen lockeren Schichten zu Boden. Diese Methode bewährt sich insbesondere bei größeren Perkolatoren, in denen sich das Material infolge seiner Schwere selbst zusammenpreßt, und ist in der Großherstellung nicht zu entbehren.

Perkolationstinkturen sind um 15 % gehaltreicher (Herzog) als Mazerate. Der Hauptanteil der Wirkstoffe findet sich im Vorlauf, dem sogenannten Kopf, der Nachlauf ist extraktarm und am Schlusse bleibt im Perkolator nur mehr eine Flüssigkeit zurück, die nahezu wirkstoffrei ist.

Die Form der Perkolatoren schwankt außerordentlich. Es gibt trichterförmige, niedrige und lange, röhrenförmige

Apparate und alle Zwischenstufen. Wenn man aus beiden Extremen gleich schnell abtropfen läßt, so erhält man auch gleichwertige Auszüge. Mit hohen Perkolatoren gewinnt man jedoch extraktreichere Produkte, sofern man langsamer arbeitet. Die Verwendung höherer Temperaturen verbessert die Qualität und Quantität nicht, wohl aber soll das Durchleiten von Wechselstrom mit 0,5 bis 5,0 Hertz die Ausbeute verbessern (DRP. 629 617). Bedenkt man nun die ganze Situation, vergegenwärtigt man sich die Auslaugungsgesetze, so kommt man zur Ansicht, daß der Effekt der obgenannten Maßnahmen nur der sein kann, dem Erfinder irgend ein

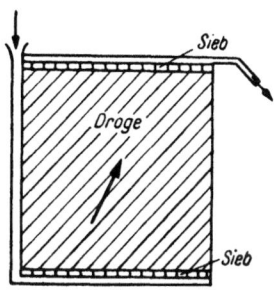

Abb. 11. Überlaufperkolator

Patent zu liefern, mit dem er propagandistische Kunststücke aufführen kann. Es ist auch möglich, daß auf solchen Umwegen ein verlöschendes Patent verjüngt wird. Daß die vom Patentwerber beschriebenen Steigerungen wirklich beobachtet werden, ist hingegen recht unwahrscheinlich.

Zur Großherstellung von Tinkturen verwendet man nicht immer besonders große Perkolatoren, die sich nur schwer gleichmäßig stopfen lassen, denn es bilden sich Kanäle, durch die die Extraktionsflüssigkeit durchläuft, ohne die fester gestopften Drogennester zu durchdringen und auszulaugen. Man geht daher einen anderen Weg und verwendet Perkolatorenbatterien, die hintereinander geschaltet werden. Im Gebrauch stehen ge-

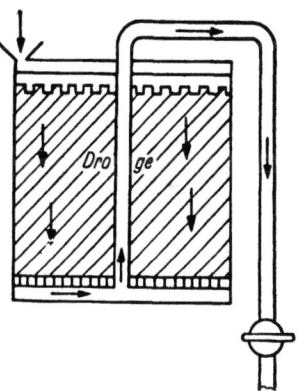

Abb. 12. Heberperkolator

wöhnliche „Überlauf"- und „Heber" Perkolatoren. Bei den Überlaufperkolatoren strömt das Menstruum nicht von oben nach unten durch die Droge, sondern umgekehrt nachteiligerweise entgegen dem Zug der Schwere, welche konzentriertere Lösungen zu Boden zieht, aufwärts (Abb. 11). Der Heberperkolator arbeitet wieder von oben nach unten und saugt die Tinktur (bis auf einen Rest) dann von unten ab. Dieses Modell stellt eine Spielerei dar und kann durch jeden einfachen Perkolator mit Vorteil ersetzt werden (Abb. 12). Weichherz-Schröder setzen sich daher für die gewöhnlichen Perkolatoren ein, und lassen sie zu Batterien zusammenschließen und im Gegenstromprinzip arbeiten.

Mit der in Abb. 13 skizzierten Batterie kann man die verschiedensten Schaltungen vornehmen. Das Bild z. B. zeigt, wie die Extraktionsflüssigkeit vom Reservoir in den Perkolator 1 läuft.

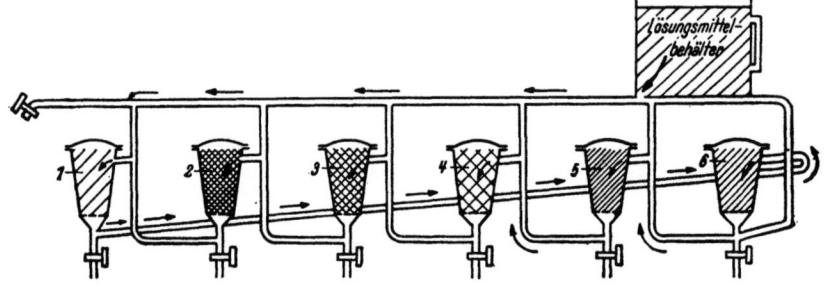

Abb. 13. Perkolatorenbatterie

Dort nimmt sie etwas Wirkstoff auf und zieht zum Perkolator 6, den sie in üblicher Weise von oben durchläuft. Sich immer mehr beladend, geht die Lösung durch die Apparate 5, 4, 3 und 2, um dort entleert zu werden. Man kann dann den Perkolator Nr. 1 neu laden und als letzten schalten, mit 6 beginnen usw. Mit diesen Batterien kann man, ohne irgend einen Teil, mit Ausnahme des Deckels, abmontieren zu müssen, auch reperkolieren, d. h. in 3 Stufen erschöpfen. Für jede Stufe wird der Nachlauf der vorangegangenen Perkolation als Erschöpfungsflüssigkeit verwendet.

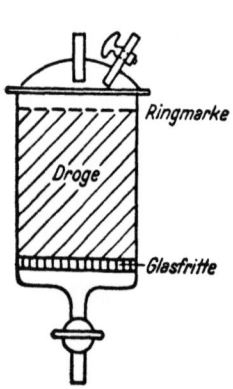

Abb. 14. Vakuumperkolator nach Kapsenberg

Die meisten Betriebe gehen in der Perkolatorengröße über 250 Liter nicht hinaus. Es gibt aber in Amerika Firmen, die konische Perkolatoren mit bis 1000 kg Fassungsvermögen, in Batterien angeordnet, verwenden. Die Drogen werden in einem Mischapparat mit dem Lösungsmittel vermengt und rinnen als Mischung in die Perkolatoren. Die Perkolatoren besitzen einen flachen Boden und unten zum Reinigen ein Mannloch.

Für kleinere Mengen kann laboratoriumsmäßig der Vakuumperkolator nach Kapsenberg (Abb. 14) verwendet werden. Auf die Glasfritte wird die Droge gefüllt. Bei geschlossenem

Hahn kann aus dem hahnlosen Rohr, das in ein Vorratsgefäß führt, keine Flüssigkeit nachströmen, da die eingeschlossene Luft dies verhindert. Bei geöffnetem Hahn tropft so lange Flüssigkeit ab, bis der entstehende luftverdünnte Raum aus dem Vorrat Menstruum nachsaugt. Der schräggestellte obere Hahn dient zum Einstellen des Niveaus auf die Ringmarke und gegebenenfalls zum Evakuieren.

Der Perforator von Schott und Gen., Jena, ist äußerlich ähnlich gebaut, enthält aber weder eine Siebplatte noch einen schrägen Hahn, dafür einen Einsatz, in dem die Droge ruht. Man kann diese Apparatur auch in Aggregate, wie den Umlaufverdampfer, der später beschrieben wird, einschalten und dadurch auf der einen Seite frisch vom Extrakt abdestilliertes Lösungsmittel zufügen und auf der anderen den fertigen konzentrierten Auszug abziehen.

Sowohl bei den Mazeraten als auch den Perkolaten erhebt sich immer wieder die Frage: Wie kann das im Rückstand aufgesaugte Extraktionsmittel wiedergewonnen werden? Im Apothekerlaboratorium wird man nach dem Ablaufen der Flüssigkeit durch Auspressen möglichst viel gewinnen und den Rest in dem Preßkuchen belassen. Im technischen Maßstab sind die Verluste auch dann zu groß, wenn man hydraulische Pressen anwendet oder zentrifugiert. Hier ist es nötig, die Lösungsmittel wieder abzudestillieren. Dazu dienen korbförmige Destillierblaseneinsätze. Die Blase wird, sofern man hochprozentigen Alkohol oder Äther verdampfen will, nur im Mantel geheizt; kann das Endprodukt aber auch niederprozentig ausfallen, so wird in die Masse Dampf eingeleitet. Ein anderer Weg zur Wiedergewinnung des Lösungsmittels wird durch die Verdrängung mit Wasser oder Salzsole zu erreichen versucht. Dies wird im nächsten Verfahren, das zu besprechen ist, der Diakolation durchgeführt.

d) Diakolation und Evakolation. Das erstere Verfahren stellt eine Röhrenperkolation mit drei bis sechs Röhren dar; sie werden vom Menstruum unter Druck langsam durchlaufen. Luft oder Kochsalzlösung werden nachgedrückt und verdrängen die Reste des Extraktionsmittels. Breddin, dem Erfinder des Diakolators, gebührt die Einführung der Verdrängungsflüssigkeit. Sie wurde von Keßler, dem Erfinder der Evakolation, übernommen. Keßler verwendet nur eine Röhre und bedient sich nicht des Druckes, sondern des Sogs, um die Flüssigkeit in Bewegung zu halten. Die eingeschlossenen Luftblasen werden vom Vakuum abgesaugt, die Droge wird vom Menstruum leichter durchdrungen. Die Ausbeute der Evakolation an sich ist nicht besser als die der Perkolation. Das Verfahren hat insbesondere für die Fluidextraktherstellung Vorzüge, da das Eindampfen wegfällt. Es arbeitet schneller als die Perkolation, aber im allgemeinen nicht ergiebiger. Es ist insbesondere zur Herstellung kleinerer Mengen geeignet, da man schon kleine Glasröhren von 250 g Volumen anwenden kann.

Keßler arbeitete ursprünglich wie Breddin mit 3 Röhren und ging erst später zum Einröhrensystem über, da dieses leichter dicht zu halten ist. Die Standesgemeinschaft der deutschen Apotheker hat diesen Apparat unter dem Namen Stadatrator dann übernommen und auch in Österreich bekannt gemacht (Abb. 15 u. 16). Der Apparat muß sehr gleichmäßig gestopft werden. Man verwendet ein Drogenpulver bestimmten Feinheitsgrades bzw. Concisdrogen (Sieb 4).

Der Motor des Apparates ist das Vakuum, es saugt den ganzen Apparat leer (bei geschlossener Stellschraube und gefüllter Vorratsflasche). Dann wird die Pumpe abgestellt und die Stellschraube so weit geöffnet, daß im Tropfenzähler pro Minute einige Tropfen abfließen. In diesem Tempo läßt man den Apparat selbständig so lang laufen, bis das Vorratsgefäß leer ist und das Menstruum durch Kochsalzlösung ersetzt werden kann. Die Lösung verdrängt nun das Menstruum und läuft so lang, bis soviel gewonnen ist, wie früher Menstruum im Vorratsgefäß vorhanden war. Bei der Verwendung des Evakolators kann es zweckmäßig sein, starkquellende Pulver mit Zusätzen, wie Haferspelzen,

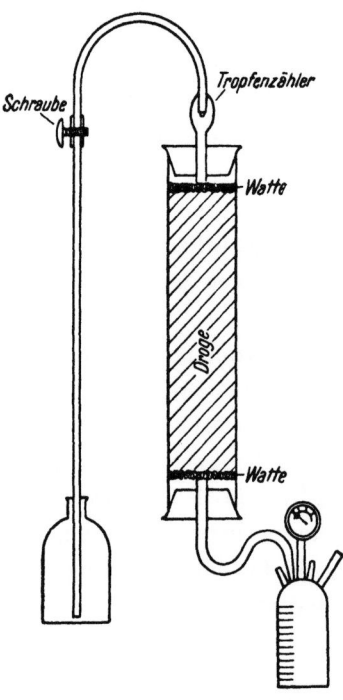

Abb. 15. Stadatrator (schematisch). Die Röhre kann selbstverständlich auch ohne Vakuum, von oben her durch langsames Zutropfen aus einem Reservegefäß durchflossen werden. Sie wird dann zum Röhrenperkolator

aufzulockern. Auf Grund neuerer Erkenntnisse hat die Stada Vorschriften für Zuckerstadatraten herausgegeben. An den Stadatrator wird eine zweite, mit Würfelzucker gefüllte Röhre angeschlossen oder es wird eine mit Zucker gefüllte Flasche nachgeschaltet. Mit dem „Motor"-Vakuum oder nur der Schwere folgend durchläuft der Extrakt den Zucker und nimmt davon so viel auf, als seine Alkoholkonzentration gestattet. Es entstehen alkoholhältige, klare Sirupe, die weiter verarbeitet werden können.

Die Stadatratorröhren bis etwa 5 Liter Inhalt sind aus Glas oder Metall (Abb. 16), darüber hinaus bis 30 Liter aus glasiertem Ton. Größere Röhren können nicht regelmäßig und schnell genug gestopft werden, so daß diese Apparatur zur Zeit für die großtechnische Verwendung noch nicht reif ist. Die Verwendung von Evakolatorbatterien wäre an sich denkbar, ihre Füllung dürfte aber zuviel Aufwand erfordern, so daß sie die Perkolatoren zur Zeit nicht verdrängen können. Das Vakuum verbessert die Ausbeute nicht und der Vorteil der Verdrängungsflüssigkeit fällt in der Technik, in der der Rückstand ohnedies durch Destillation von den Lösungsmittelresten befreit wird, weg.

Abb. 16. Stadatrator der württembergischen Metallwarenfabrik mit Einsatzrohr zur Bereitung kleinerer Extraktmengen

Die Tinkturen und Extrakte fallen in vielen, aber keineswegs in allen Fällen blank und klar an. Mazerate müssen auf alle Fälle, Perkolate und Evakolate nur dann filtriert werden, wenn sich durch Temperaturänderungen oder sonst einen Grund nachträglich ein Niederschlag gebildet hat. Man kann den Stadatrator selbstverständlich auch ohne Vakuum betreiben. In diesem Falle steht das Vorratsgefäß über der Röhre und tropft das Menstruum langsam ein. Es wäre eines Versuches wert, in dieser Anordnung nicht von oben nach unten, sondern in umgekehrter Richtung zu arbeiten. Insbesondere das Verdrängen durch Salzlösungen wäre auf diese Weise einfacher und verlustloser.

Jedenfalls muß jeder einzelne Fall individuell geprüft werden, dies zeigen die Kurven auf Seite 8 u. 9 und die neueren Arbeiten Büchis (Arch. Pharmaz. 285, 1952). Sie hatten die möglichst quantitative Überführung der Wirkstoffe der Arzneidrogen in das Präparat zum Ziel. Die anatomische Struktur beeinflußt die Ausbeute, Rinden-, Wurzel- und Samendrogen geben die Inhaltsstoffe schwer ab. Der Extraktionsverlauf ist abhängig vom Quellungsvermögen. Je größer dieses ist, um so leichter ist die Droge extrahierbar, um so weniger Lösungsmittel ist zur Erschöpfung notwendig. Der Zerkleinerungsgrad der Droge beeinflußt die Ausbeute gleichfalls, doch ist das feinste Pulver noch lange nicht immer das am besten extrahierbare.

Die Konzentration des Lösungsmittels beeinflußt z. B. die Chinarindenextraktion weitgehend.

Mit Wasser werden				33 %	Alkaloide	ausgezogen,
„	22%igem Alkohol	werden		40 %	„	„
„	42	„	„	„	62 %	„	„
„	52	„	„	„	68 %	„	„
„	72	„	„	„	77 %	„	„
„	82	„	„	„	80 %	„	„
„	92	„	„	„	52 %	„	„

Der konzentrierteste Alkohol liefert also nicht die beste Ausbeute.

Bleibt die Alkoholkonzentration dieselbe, wechselt aber der Säurezusatz, so erhält man gleichfalls sehr unterschiedliche Resultate.

Ameisensäure läßt die Ausbeute auf 67 % steigen, Essig- und Phosphorsäure auf 82 %, Salzsäure auf 90 % und Milchsäure auf 93 %.

Die Temperatur beeinflußt die Ausbeute weniger. Erreicht man bei 20 Grad eine 70%ige Ausbeute, so erzielt man bei 30 Grad etwa 75 % und bei 60 Grad etwa 78 %.

Einen wesentlichen Einfluß hat die Wasserstoffionenkonzentration auch bei der Opiumverarbeitung. Morphin, Kodein und Papaverin werden bei pH von 4,7 bis 2,2 mit 90 % und darüber extrahiert, Thebain aber bei pH über 4 nur zu 70 % und Narkotin zu 40 % oder weniger. Es ist daher verständlich, daß die Rückstände noch im Hinblick auf die letzteren Alkaloide weiterverarbeitet werden müssen. Beim Kondurango Fluidextrakt z. B. muß mit

Abb. 17. Batterie von Nährlösungstanks in der Penicillinfabrik Grünenthal. Die dicken Rohre sind Dampfleitungen, die zur Sterilhaltung der Ventile und des Tankinhaltes gebraucht werden

22,5%igem Alkohol extrahiert werden, dann muß auf 45 % aufgefüllt werden, andernfalls geht viel (50 %) Kondurangin verloren.

Drogen, wie fette Samen und Mutterkorn, werden vor der Extraktion meist entfettet. Dies führt vielfach zu erheblichen Verlusten von Alkaloiden. Das Ausfrieren der Extrakte kann diese Maßnahme überflüssig machen. Es wird in Amerika von einigen Firmen durchgeführt.

Die sogenannten Extraktoren der Penicillinfabriken gehören nicht in die eben besprochene Gruppe von Extraktionsgefäßen, sondern zu den Zentrifugen. Der ausgewählte Penicillin-Stamm wächst unter sterilen Bedingungen in großen Gefäßen (Abb. 17), in denen Temperatur und Konzentration genauestens eingehalten werden. Das Penicillin ist wasserlöslich und wird vom Pilz an die Nährlösung abgegeben. Das Pilzgewebe wird abfiltriert. Nun muß das Penicillin, das in sehr verdünnter Lösung anfällt, aus diesen Lösungen herausextrahiert werden. Hiezu werden besonders gebaute Zentrifugen eingesetzt, die in diesem besonderen Fall „Extraktoren" hießen. Diese Apparate, deren Verwendung auf S. 36 eingehend geschildert wird, können auch zur Extraktion von Alkaloiden aus wässerigen Lösungen eingesetzt werden (Strychnin, Chinin).

5. Filtrieren, Zentrifugieren

Durch Filtration wird eine feste Phase von einer flüssigen getrennt. Durch Zentrifugieren können, je nach dem Bau der Zentrifuge, feste Teile von Flüssigkeiten oder auch zwei flüssige Phasen voneinander geschieden werden.

Zuerst soll über die Möglichkeiten der Filtration gesprochen werden.

Im pharmazeutischen Laboratorium wird durch Papier, Watte, Leinwand, Glaswolle, Asbest und Sand filtriert.

Das Filtrieren durch Filterpapier hält Verunreinigungen, die größer sind als 2,9 bis 4,8 μ, zurück. Gehärtetes Filterpapier läßt auch kleinere Teilchen in der Größenordnung von 1,5 bis 2,2 μ nicht durch. Sind noch kleinere Schwebestoffe abzufiltern, so sind Chamberlandkerzen aus Asbestgewebe oder Reichelkerzen zu verwenden.

Das einfache Filtrieren durch Faltenfilter wird sowohl im Laboratorium wie auch im Betrieb häufig durchgeführt, insbesondere dann, wenn es sich um kleinere Mengen handelt und die Zeit keine überragende Rolle spielt. Man muß gutes Papier verwenden, richtig falten und richtig anfeuchten. Das Filter soll nur wenig über den Rand des Trichters herausreichen. Beim Filtrieren dickflüssiger Produkte bewähren sich Trichtereinsätze aus verzinntem Drahtgewebe, die zwischen den Trichter und das Filter gelegt werden, die Oberfläche des Filters wesentlich vergrößern und damit die Filtriergeschwindigkeit erhöhen.

Beim Filtrieren durch Tücher bedient man sich im Laboratorium der einfachen quadratischen Kolierrahmen, in die das Filtertuch eingespannt werden kann. In größeren Betrieben nimmt man an Stelle der Rahmen sogenannte Filterböcke, das sind Kolierrahmen auf einem Holzgestell, unter das ein Auffanggefäß für das Filtrat gestellt werden kann. Legt man auf die Gewinnung des Filtrates Wert, so bedient man sich spitzer, zipfelmützenförmiger Filtertücher, die in die Ösen eingehängt werden, sucht man den Niederschlag zu gewinnen, so werden flachere, halbrund durchgesackte Tücher gebraucht.

Das dauernde Zugießen immer neuer Flüssigkeitsmengen ist zeitraubend und kann durch eine einfache Anordnung ausgeschaltet werden (Abb. 18). Ein Reservegefäß wird mit der Flüssigkeit

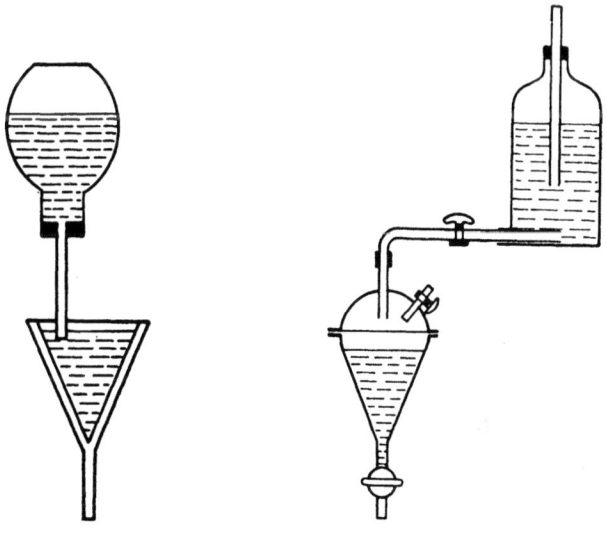

Abb. 18. Filtrieren mit Reservegefäß

Abb. 19. Vakuumfilter mit Reservegefäß

gefüllt und mit seiner Verlängerung unter das Niveau der Flüssigkeit im Trichter eingetaucht. Sobald nun die Flüssigkeit im Trichter soweit abnimmt, daß Luft in das Reservegefäß steigen kann, fließt aus dem Reservegefäß soviel Flüssigkeit nach, als nötig ist, um die Öffnung zu schließen und das alte Niveau wieder herzustellen. Das Spiel wiederholt sich, bis das Reservegefäß leer ist.

In der Abb. 19 ist eine ähnliche Apparatur, die unter Anwendung von Vakuum arbeitet, skizziert. Aus dem Reservegefäß strömt die Flüssigkeit in ein Kapsenbergfilter, das in anderer Anordnung uns als Vakuumperkolator schon bekannt ist.

Zur Filtration von Seren dienen die schon erwähnten Chamberland- oder Seitzfilter mit Asbesteinlagen. Zur Filtration von Kolloiden sind die Membranfilter (Abb. 20) besonders geeignet. Sie arbeiten unter Druck. Die Filter sind mit Collodium getränkt und werden von der Membranfiltergesellschaft und ähnlichen Werken hergestellt. Man legt die Filter auf die Siebplatte, läßt von oben Flüssigkeit zufließen und schaltet dann von oben Druck, von unten gegebenenfalls Vakuum zu.

Bei großen Flüssigkeitsmengen und Niederschlägen, die sich gut absetzen, hat sich mir die umgekehrte Filtration, die Filtration nach oben, gut bewährt. Man kann sie sowohl durch reine Heberwirkung wie auch durch das Vakuum in Gang halten (Abb. 21 u. 22).

Einen großen Fortschritt in der Filtrationstechnik brachte die Einführung des Vakuums und damit aller Vakuum-Filter. Im Laboratorium werden Filternutschen aus Glas, Porzellan und Metall angewandt. Die einfachste Form zeigt Abb. 23. Diese allgemein bekannten Nutschen bestehen aus einer Siebplatte, auf die ein verstärktes Papierfilter aufgelegt wird. Die Löcher der Siebplatten sind rund oder schlitzförmig. Die Platten können aber auch

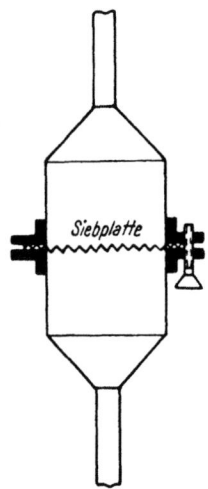

Abb. 20. Kolloidfilter

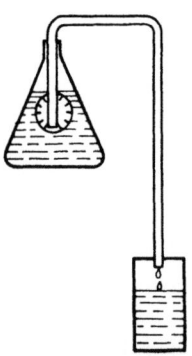

Abb. 21. Filtration nach oben mit dem „Motor", Heberwirkung

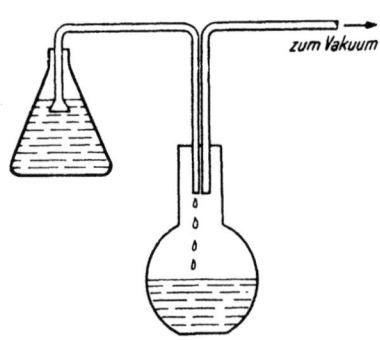

Abb. 22. Filtration nach oben mit dem „Motor", Vakuum

aus poröser Glasmasse bestehen und sind dann in der Lage, den Papierfilter einzusparen. In den meisten Fällen besteht die Nutsche aus einem einzigen, zusammengeschweißten System, man kann aber auch Nutschen herstellen, in denen die Siebplatte herausnehmbar ist. Derartige Apparate sind leicht zu reinigen, aber schwer abzudichten. Die Jenaer Glaswerke Schott und Gen. haben, um die feinkörnigen porösen Platten mit ihren guten Filtereigen-

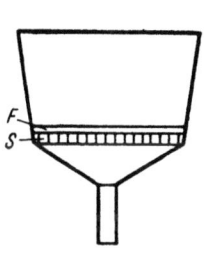

Abb. 23. Einfache Laboratoriumsnutsche

S Siebplatte; F Filtereinlage

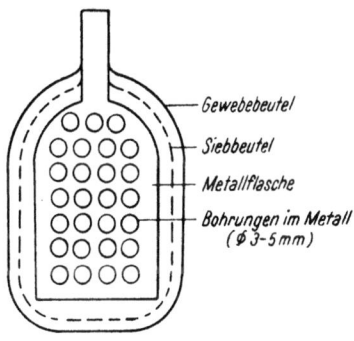

Abb. 24. Filterkopf, aus einer Metallflasche hergestellt

schaften mit den schnell filtrierenden, grobblasigen Platten zu kombinieren, Nutschen hergestellt, in denen beide Platten aufeinander aufgesintert sind. Sie werden mit heißer Schwefelsäure, der etwas Salpetersäure zugesetzt wird, gereinigt. Chromsäure ist zu vermeiden, da Chromionen vom Glas adsorbiert werden.

Als Filter kann ein Tiegel mit poröser Bodenplatte, ein Wattefilter oder ein ins Kleine übersetzter Saugkopf, wie ihn die Tiefbauarbeiter zur Entwässerung benützen, gebraucht werden. Mir bewährt sich letztere Anordnung besonders. Ich verwende eine seitlich und am Boden mehrfach durchbohrte Metallflasche und umwinde die Bohrlöcher mit feinmaschigen Sieben und gegebenen-

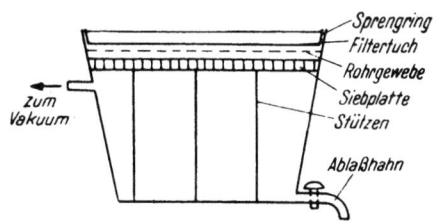

Abb. 25. Große Nutsche für den Betrieb

falls Filtertüchern, die beutelförmig überzogen werden können (Abb. 24). In der Technik ist der Werkstoff der Nutschen Ton oder feucht gehaltenes Holz. Truttwin beschreibt die einfachste Ausführung, die aus Abb. 25 ohne weiteres hervorgeht. Von diesen offenen Nutschen haben die geschlossenen Vakuumfilter Vorteile (Abb. 26).

Bei großen Flüssigkeitsmengen und geringfügigen Niederschlägen arbeitet ein Klotzfilter gut. Es ähnelt dem oben geschilderten

Saugkopf, nur liegt er am Boden und wird vielfach an Stelle der Flasche, ein geriefter Holzklotz, der mit einem Filterbeutel umgeben ist, verwendet.

Pflanzenpreßsäfte können von den Trübstoffen durch Filtrieren nie, durch Zentrifugieren nicht immer getrennt werden. Hier helfen, wie in der Obstweinherstellung, Encyme, die trubabbauend wirken, indem sie die Pektine und andere Schutzkolloide angreifen. Man kann mit derartigen Filtrationsencymen (Bayer Leverkusen) sowohl in der Kälte, wie auch bei erhöhter Temperatur klären und die Frischsäfte dann entweder durch Filterkerzen oder durch Pasteurisieren entkeimen.

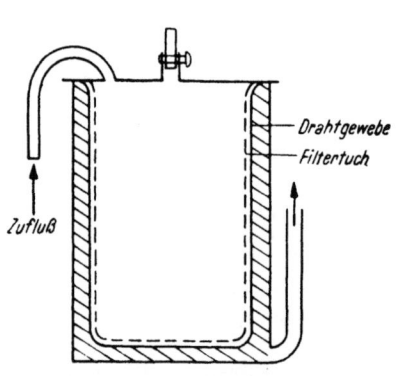

Abb. 26. Nutsche mit sackartiger Filterfläche

In der Technik werden zur Verarbeitung von Flüssigkeiten mit großen Rückstandsmengen Rahmenpressen und für solche mit wenig Rückstand Kammerfilter verwendet. Beide Typen bestehen aus einzelnen Elementen, die durch einen Rahmen zusammengehalten werden. Bei den Rahmenpressen bilden 2 Rahmen und ein dazwischen liegendes Filter ein zusammengepreßtes Element. Die Flüssigkeit läuft von unten zu, wird durch das Filter gesaugt und zieht oben ab. Nach Schluß der Filtration werden die Elemente auseinandergenommen und gereinigt. Bei den Kammerfilterpressen sind die Rahmen gleich gebaut, besitzen aber Wulste, die aneinanderliegen und so geräumigere Kammern zur Aufnahme von größeren Niederschlagsmengen bilden.

Zentrifugen

trennen, wie der Name schon sagt, mit Hilfe der Zentrifugalkraft verschieden schwere Phasen voneinander. Ihre große Vielseitigkeit bedingt ganz verschiedene Konstruktionen, je nachdem viel oder wenig von einer Phase abzutrennen, ob sie flüssig oder fest ist.

Flaschenzentrifugen nach Art der gewöhnlichen Laboratoriumszentrifugen sind geeignet, um kleinere Mengen zu verarbeiten.

Sieb-Zentrifugen trennen kristallinisches und körniges Material von Mutterlaugen. (Zentrifugenkorb siebartig, die klare Lösung zieht durch die Kristalle und das Sieb nach außen.)

Absetz-Zentrifugen trennen spezifisch schwereres, schleimiges Material von klaren Lösungen. (Zentrifugenkorb massiv, die klare Lösung befindet sich weiter innen und wird abgezogen.)

Überlaufzentrifugen trennen spezifisch schweres, aber leicht absitzendes Gut ab. (Zentrifugenkorb massiv, der Überschuß an klarer Lösung läuft über den Rand des Korbes.)

Seih-Zentrifugen stellen eine Unterart der Sieb-Zentrifugen dar, sie trennen schwimmende Verunreinigungen von Flüssigkeiten.

Filtrierzentrifugen sind Kombinationen von Überlauf- und Seih-Zentrifugen. Sie eignen sich zum Klären von Flüssigkeiten mit spezifisch schwereren und leichteren Verunreinigungen.

Schöpf-Zentrifugen eignen sich zum Trennen zweier Flüssigkeiten von verschiedenen spezifischen Gewichten. Sie leiten zu den Emulgier-Zentrifugen, Dismulgierseparatoren und Klärseparatoren über. Letztere trennen geringe Mengen von Verunreinigungen, z. B. Trub von viel Flüssigkeit.

Mit der Aufzählung einiger Typen ist die Auswahl an Zentrifugen noch längst nicht erschöpft. Für Spezialzwecke werden z. B. Hefe-Zentrifugen gebaut. Darüber hinaus wurden aus der älteren Form der Siebschleuder neue Modelle entwickelt. Es war dies eine perforierte Trommel, die man mit dem zu trocknenden Material bei Stillstand füllte und dann mit mäßiger Drehzahl (1000 Umdrehungen in der Minute) so lange rotieren ließ, bis eine einigermaßen gute Trockenheit erreicht war. Später füllte man die Trommel während des Laufens, um dadurch die Anlaufenergie einzusparen. Zur Vermeidung mühseliger und in vielen Fällen gesundheitsschädlicher Handarbeit bei der Ausräumung der Zentrifugentrommeln baute man vertikale und auch horizontale Schleudern mit halb- oder auch ganzautomatischer Entleerung des geschleuderten Feststoffes aus der laufenden Trommel.

Schon vor der Einführung der automatischen Schleudern gab es Ansätze zur vollkontinuierlichen Gestaltung des Schleuderprozesses. Die bis in die jüngste Zeit verwendeten Schleudern dieser Art beschränkten sich auf mit niedriger Drehzahl laufende Maschinen für verhältnismäßig leichte Schleuderaufgaben. Schwierige Schleuderprobleme jedoch kann man mit vollkontinuierlichen

Schleudern nur dann wirtschaftlich lösen, wenn man anstatt der in diskontinuierlich arbeitenden. Schleudern reichlich zur Verfügung stehenden Zeit zum Trockenschleudern eine weit höhere Zentrifugalkraft verwendet, die in der Lage ist, die Trocknung in einem Bruchteil einer Sekunde zu bewerkstelligen. Hierfür ist aber eine bedeutende Erhöhung der Drehzahl erforderlich.

Die Vorteile der vollkontinuierlichen Schleuderung liegen zunächst in der Beseitigung der Nachteile des diskontinuierlichen Schleuderprozesses. Bei diesem ist die lange Schleuderzeit nur deswegen erforderlich, weil die Flüssigkeit eine verhältnismäßig starke Feststoffschicht durchdringen muß (10 bis 20 cm), die sich unter dem Zentrifugaldruck zum Trommelmantel hin verdichtet und dadurch den Durchtritt der Flüssigkeit erst recht schwierig gestaltet. Die vollkontinuierliche Schleuder aber arbeitet mit einer dünnen, äußerst durchlässigen Schicht, die an Stärke abnimmt, je weiter sie in Zonen höheren Schleudereffektes vordringt. Durch die Gänge des Steuerkonus wird das Gut außerdem ständig umgewälzt, so daß auch in Hohlräumen des Feststoffes keine Flüssigkeit verbleiben kann. Durch die Auswahl der günstigsten Relativdrehzahl zwischen Siebkorb und Schnecke kann die Schleuderdauer dem Schleudergut angepaßt werden.

Die diskontinuierlichen Schleudern mit ihren großen Trommeln lassen aus Festigkeitsgründen nur niedrige Drehzahlen und damit niedrige Schleudereffekte zu. Vollkontinuierliche Schleudern entwickeln ein Vielfaches an Schleudereffekt, da sie nur kleine Trommeldurchmesser besitzen und dafür mit hohen Drehzahlen arbeiten können. Der weit höhere Schleudereffekt bewirkt eine bessere Abschleuderung der Flüssigkeit, und deshalb zeichnet sich ein vollkontinuierlich geschleudertes Produkt durch eine niedrigere Endfeuchtigkeit aus. Außerdem ist die Endfeuchtigkeit einheitlich, was bei der diskontinuierlichen Schleuderung nie erreicht werden kann, da die Zentrifugalkraft bei den alten Großraumschleudern am inneren und äußeren Rand des Feststoffkuchens verschieden stark ist. Dieser Unterschied in der Trockenheit ist um so auffälliger, je größer der Unterschied in der Körnung des Schleudergutes ist. Bei schneller Füllung der Trommel setzen sich bei Schleudern alter Bauart die groben Körner zuerst ab, und diese unterliegen an der Trommelperipherie der höheren Zentrifugalkraft. Die feinen Anteile dagegen mit ihrer größeren und demnach stärker benetzten Oberfläche setzen sich erst zuletzt in der Zone der geringsten Schleuderkraft ab. Sie bleiben daher stets feuchter als die groben Kristalle. Bei langsamer Füllung sind die Verhältnisse für das gesamte Schleudergut meist schlechter, weil durch gleichzeitiges Absetzen von grober und feiner Körnung eine starke Verdichtung des Schleuderkuchens entsteht, die sich für den Schleudervorgang besonders ungünstig auswirkt. In der vollkontinuierlichen Schleuder passiert jedes Einzelkorn, ob groß oder klein, die Zone der höchsten Zentrifugalkraft, so daß bei konstanter Leistung stets ein gleichmäßig trockenes Gut die Zentrifuge verläßt. Dazu wird durch die ständige Vergrößerung des Durchmessers in den vollkontinuierlichen Schleudern mit konischen Trommeln die Feststoffschicht aufgerissen und damit der Flüssigkeitsdurchgang begünstigt. Im Gegensatz zu den Großraumzentrifugen, bei denen die Kuchenstärke bis zu 250 mm beträgt, ist die mittlere Schichtstärke in vollkontinuierlichen Schleudern etwa 1 mm. Ein weiterer Vorteil der vollkontinuierlichen Schleuderung ist die besondere Reinheit des geschleuderten Feststoffes. Alle feinen Verunreinigungen werden von der Flüssigkeit mit ausgespült, während bei den bisher üblichen Schleuderverfahren dieser feine Schmutz im Feststoffkuchen festgehalten wird und dort verbleibt. Kostspielige Umkristallisierungsverfahren zur Erzielung einer den Vorschriften entsprechenden Reinheit können durch vollkontinuierliche Schleuderung vermieden oder auf ein Minimum reduziert werden. Vielfach kann man auch auf die früher übliche, oft mit erheblichem Substanzverlust verbundene Waschung des Schleudergutes verzichten.

Dabei muß man sich grundsätzlich die Frage vorlegen, ob die Flüssigkeit oder der Feststoff als Endprodukt gewünscht wird. Im ersteren Falle handelt es sich um eine Filtration, für die die vollkontinuierliche Zentrifuge wenig geeignet ist. Ist aber der Feststoff das Endprodukt, so soll man diesen soweit wie möglich trocknen, um eine thermische Trocknung zu ersparen oder auf ein Minimum zu reduzieren.

Diese etwas eingehende Abschweifung von der pharmazeutischen zur chemischen Technologie war notwendig, da sie eines der wichtigsten Gebiete, dessen Auswirkungen die Pharmazie beeinflussen, klärt. Kein Alkaloidsalz, kein kristallisiertes Salz wird heute technisch ohne eine der Zentrifugentypen abgesondert, kein Hefeextrakt kann ohne Hefezentrifuge und Separator bereitet werden. Wenn wir mit hydraulischen Pressen die Droge nach einer Extraktion bis auf 10 bis 20 % vom Lösungsmittel befreien können, so gelingt dies mit einer modernen Zentrifuge bis auf 5 % herunter.

Aber auch damit ist die Anwendung der Zentrifugen noch nicht erschöpft. Wie oben gesehen, kann man mit bestimmten Zentrifugen emulgieren, mit anderen dismulgieren. Dadurch ist es möglich, aus wäßrigen Lösungen mit Lösungsmitteln bei Normal-

Abb. 27. Gegenstrom. Luwesta-Extraktoren im Penicillinwerk Grünenthal. Durch die Rohre läuft einerseits die penicillinhältige Nährlösung und das organische Lösungsmittel zu, anderseits das Konzentrat und die extrahierte Nährlösung ab

temperatur den Wirkstoff herauszulösen. Ein Beispiel sei aus der Herstellung des Penicillin gewählt.

Der als geeignet befundene Pilz wird unter genauer Kontrolle und sterilen Bedingungen in großen, mit Nährlösung gefüllten Tanks gezüchtet, dann abfiltriert. Anschließend muß eine gewaltige Konzentration bei geringster Verweilzeit in saurem pH-Bereich durchgeführt werden. Man hat daher die Konzentration in drei Arbeitsgänge geteilt. Im ersten wird der Wirkstoff aus dem angesäuerten Kulturfiltrat bei etwa vierfacher Konzentration in ein Lösungsmittel, z. B. Amylacetat, übergeführt. Im zweiten Gang wird das Penicillin aus dem Lösungsmittel mit Pufferlösung extrahiert und hierbei wiederum eine zehnfache Konzentration erreicht.

Im dritten Arbeitsgang wird wie beim ersten das Penicillin wieder in das Lösungsmittel aufgenommen (weitere vierfache Konzentration) und daraus als Salz abgeschieden. Man hat statt 1000 Liter nur mehr 6 Liter zu verarbeiten. Die für diese Konzentration speziell gebauten Gegenstrom-„Extraktoren" wurden von der Lurgi, Frankfurt, in Zusammenarbeit mit den Westfalia-Werken (Luwesta) hergestellt (Abb. 27).

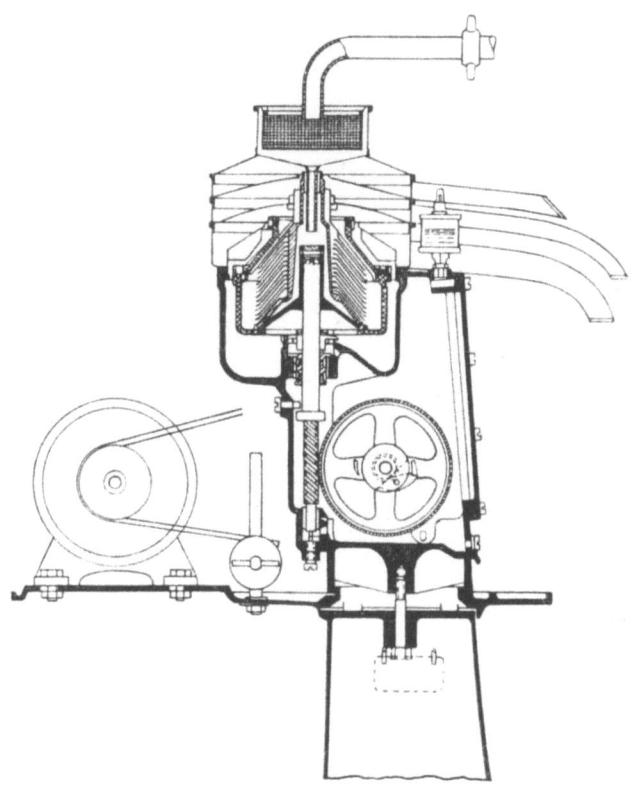

Abb. 28. Laboratoriumsmodell eines Klärseparators. Zulauf von oben, Ablauf aus den Rohren nach rechts

Um nur einige Zentrifugenfirmen zu nennen:

Separatoren: Alfa Laval, Wien, Hamburg, Stockholm,
  Westfalia Separator A. G., Oelde/Westfalen.
Zentrifugen: Gebr. Heine in Viersen (Rheinland),
  Kraus-Maffei, München-Allach,
  Trenntechnik Ges. m. b. H., Duisburg-Meiderich.
Extraktoren: Luwesta, Frankfurt/Main, Konstruktion Lurgi,
  Frankfurt/Main. Ausführung Westfalia-Werke.

Die Klärseparatoren (Abb. 28 u. 29) sind für kontinuierlichen Betrieb geeignet. Die trübe Flüssigkeit läuft in die Mitte der Trommel. Die festen Bestandteile setzen sich an der Innenwand der Trommel ab, die klare Flüssigkeit läuft oben in eine Fangrinne und von dort nach außen. Sie sind in der Lage, viel Flüssigkeit

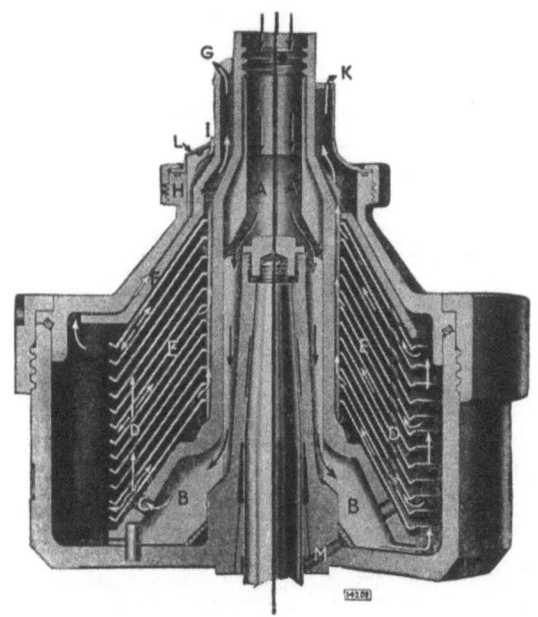

Abb. 29. Trommel eines Separators

von wenig festen Anteilen zu trennen, und imstande, Pflanzenextrakte von schlammigen Schwebstoffen, die den Filter verlegen (Chlorophyll, Eiweiß), zu trennen und sind in großen Laboratorien und Betrieben unentbehrlich. Ein gewisser Nachteil aller Zentrifugen ist ihr hoher Preis. Schon eine diskontinuierliche Siebschleuder aus Stahl kostet ca. 3000 DM, eine kontinuierlich arbeitende „Schälzentrifuge" kostet ca. über 10 000 DM. Die Extraktoren setzen je nach Größe einen Investitionsaufwand von 20 000 bis 60 000 DM voraus.

6. Konzentrieren

Wir kommen nun zu den verschiedensten Typen von Apparaten, die in der Lage sind, dünnflüssige Extrakte zu konzentrieren. Man kann, sofern nicht die Vakuumanwendung zur Schonung der thermolabilen Inhaltsstoffe eigens vorgeschrieben oder aus energiewirtschaftlichen Gründen dringend nötig ist, auf dem Dampfbad konzentrieren und die Dämpfe absaugen oder wegblasen, doch sind diese einfachen Apparate nicht zeitgemäß oder Notlösungen,

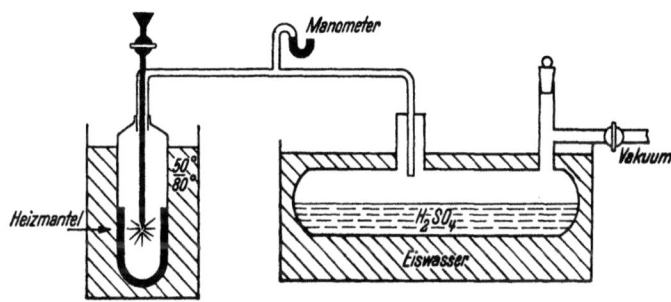

Abb. 30. Laboratoriumsverdampfer nach Gaede und Straub

und liefern nicht immer gute Produkte. Es sollte auf einen dampfgeheizten Vakuumapparat nicht verzichtet werden.

Zur Herstellung kleiner Mengen von Trockenextrakten im Laboratorium haben Gaede und Straub einen interessanten Apparat (Abb. 30) entwickelt. Die zu verarbeitende Flüssigkeit tritt hier aus einem Vorratsgefäß durch eine enge Kapillare in den Trockenraum ein. Sie verdampft dort, und der Wasserdampf wird von der Schwefelsäure im zweiten, dem Kühlgefäß, absorbiert. Der Apparat verarbeitet einen Liter Lösung, dann muß die Säure ausgewechselt werden.

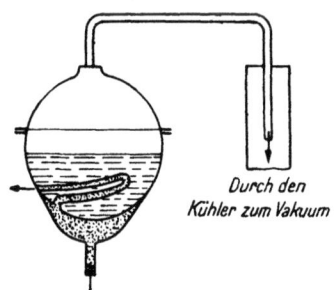

Abb. 31. Einfacher, mit einer Dampfschlange geheizter Kugelverdampfer

Die Konstruktion der üblichen Laboratoriums-Vakuumverdampfer kann ich als bekannt voraussetzen. Auf einem Wasserbad steht ein Verdampfungsgefäß mit flachem Boden und Glasdom, aus dem der Dampf in den Kühler abfließt. An Stelle des Verdampfungsgefäßes mit flachem Boden kann auch ein solches mit zwei halbkugeligen Teilen (Abb. 31) oder ein Sikotopf verwendet werden. Büchi gab an, wie dieser letztere am zweckmäßigsten in die Apparatur eingeschaltet werden kann (Abb. 32). Eine offene Flamme heizt den Wassermantel. Der Dampf steigt aus der Extraktbrühe in den Kühler und kondensiert sich dort. An Stelle der einfachen Aufnahmeflasche empfiehlt es sich, nach meinen Erfahrungen, zwei hintereinander geschaltete Schütteltrichter zu wählen. Dadurch kann man die einzelnen Destillationsfraktionen herausschleusen, ohne das Vakuum aufzuheben. Nimmt man an

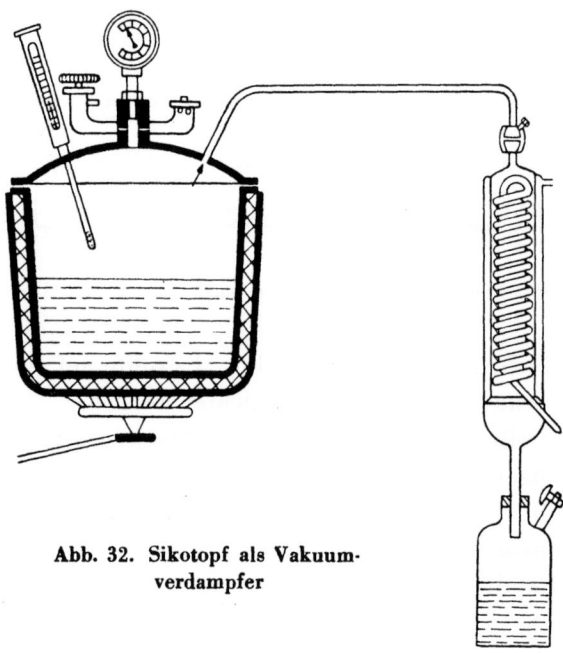

Abb. 32. Sikotopf als Vakuumverdampfer

Stelle einer Glas- oder Porzellanschale eine aus Metall, so verdoppelt sich durch die bessere Wärmeleitung die Destillationsgeschwindigkeit (Büchi).

Noch immer dürften zur Zeit zu den vollkommensten Laboratoriumsapparaten zum Eindampfen die Vakuumumlaufverdampfer von Schott und Gen. in Jena bzw. von Herbert, Lahr in Baden gehören. Ersterer wurde seinerzeit in Jena in Zusammenarbeit mit E. Merck in Darmstadt und einigen anderen Firmen entwickelt, und ähnelt dem Umlaufverdampfer der Abb. 39, dessen wesentliche Teile aus Metall bestehen. Bei der Schottschen Apparatur ist Glas der Werkstoff, dementsprechend mußten einige konstruktive Änderungen vorgenommen werden. Das Eindampfen der Extrakte in diesem Apparat sollte in den

Apotheken mehr durchgeführt werden. Der Apparat besteht im wesentlichen aus drei Teilen:
I. Dem Verdampfer,
II. Dem Dampferzeuger,
III. Dem Kühler.

Das Herz der Apparatur ist der Verdampfer, der in Abb. 33 abgebildet ist. Der äußere Mantel wird mit Dampf geheizt und überträgt die Wärme in die Verdampfröhre, in der die Flüssigkeiten, die von unten hier zufließen, verdampfen. Der Dampf strömt nun am Thermometer vorbei nach rechts ab und stößt im birnförmigen Aufnahmegefäß an die Wandung, die gleichzeitig die Prellplatte bildet. Da das Rohr schwach nach unten geneigt ist, drückt der Dampf die Flüssigkeit nach unten, sie weicht aus und drückt sich im Umlauf wieder an den Verdampferrohren vorbei, gelangt also neuerdings zum Verdampfen usw. Der Dampf ist der Motor des Umlaufes. Er zieht, nachdem er der Flüssigkeit den Umlaufimpuls gegeben hat, durch ein weites U-Rohr zum absteigenden Doppelkühler, in dem das Destillat wiedergewonnen wird. Die umlaufende Flüssigkeit hingegen wird durch den abströmenden Dampf immer konzentrierter, daher saugt das Vakuum eine

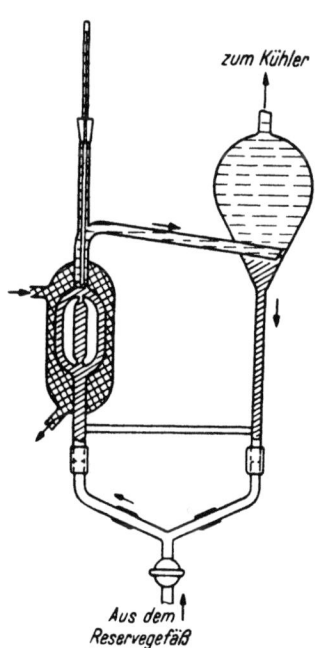

Abb. 33. Verdampferteil des Vakuumumlaufverdampfers von Schott und Gen., Jena

dem Verbrauchten entsprechende Menge durch den schwachgeöffneten Hahn an. Der abgebildete Umlaufverdampfer hat, normal gefüllt, ein Volumen von 100 ccm Flüssigkeit. Man gewinnt also mit einer einzelnen Füllung 100 ccm Konzentrat. Will man größere Mengen auf einmal gewinnen, so kann man 2 Verdampfer parallel schalten oder einen fertigen „Doppelkopf" mit 2 Verdampfern anwenden. Auch kleinere Mengen können eingedampft werden, sofern man einen kleineren Verdampferkopf mit nur 20 ccm Fassungsvermögen gebraucht. Will man laufend das Destillat und das Konzentrat abziehen, ohne das Vakuum aufheben zu müssen, so wird am Verdampferteil ein Rohr, das das Abfließenlassen des Konzentrats, unabhängig von der Aufnahme des Dünnextraktes, gestattet, eingebaut (Abb. 34). Eine

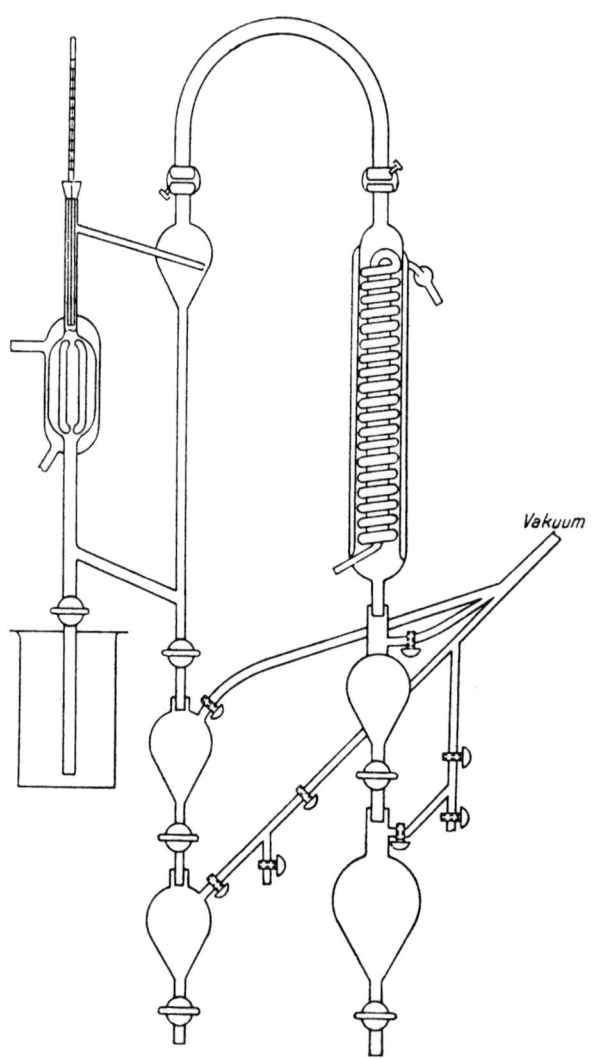

Abb. 34. Kompletter Vakuumumlaufverdampfer von Schott und Gen. mit Einrichtung zur Entnahme von Proben und fertigem Extrakt während des Betriebes

Schleuse aus z. B. zwei Schütteltrichtern ist zudem nötig. Zwischen dem Auffanggefäß des Destillates und dem Extraktvorratsgefäß kann unter Umständen auch ein Extraktionsapparat eingeschaltet werden. Dann wird man in einem Arbeitsgang von der Droge bis zum eingedickten Extrakt arbeiten. Der Vakuumumlaufverdampfer wird mit vorhandenem oder mit einem in einem speziellen Entwickler hergestellten Dampf geheizt und arbeitet bei gutem Vakuum bei einer Temperatur von etwa 30°, wenn wässerige Flüssigkeiten verdampft werden. Die Temperatur der Heizröhren beträgt naturgemäß 100°. In Fällen, in denen diese Temperatur zu hoch ist, kann man mit Unterdruckdampf, der bei Niederdruck hergestellt und zu dessen Erzeugung ein spezielles Gerät geliefert wird, oder mit dem wesentlich kalorienärmeren und daher langsam arbeitenden Warmwasser heizen.

Diese vielseitige Apparatur, deren Kosten sich je nach den Zusatzaggregaten auf ca. 800 DM beliefen, wird in ihrer Leistung den Apothekerbetrieben in den meisten Fällen genügen.

Kurt Herbert, Lahr in Baden, hat ganz ähnliche Umlaufverdampfer aus Glas, Kupfer verzinnt, rostfreiem oder emailliertem Eisen hergestellt. Je nach Größe arbeiten diese Apparate

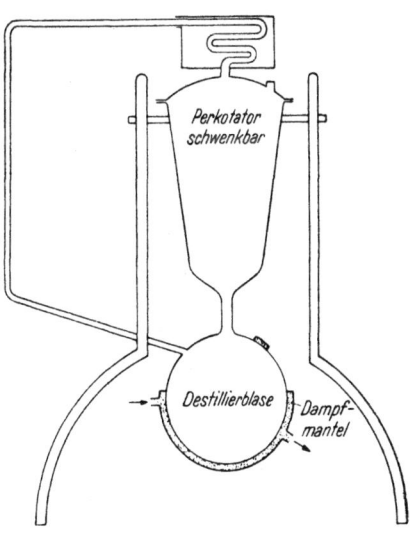

Abb. 35. Perkolator mit Destillierblase kombiniert

mit einer Stundenleistung von 5 bis 100 und mehr Litern Kondensat, so daß für jede Betriebsgröße ein Modell zur Verfügung steht.

Wie den Umlaufverdampfer kann man auch einfachere Apparate mit den Extraktionsapparaten kombinieren und so das Lösungsmittel im Vakuum abdestillieren und z. B. einem Perkolator (Abb. 35) sofort wieder zuführen, also eine Art Soxhlet zusammenbauen. Alle diese Apparate sind im wesentlichen gleicher Bauart, auch dann, wenn sie im Vakuum arbeiten und an Stelle des Perkolators z. B. einen Extraktor mit Rührwerk eingebaut enthalten. Man kann mit den Kugel-, Sikotopf- und Umlaufverdampfern bis zur Sirupdicke einengen. Die weitere Konzentration erfolgt in anderen Apparaten.

Der aus der Destillierblase gewonnene Extrakt wird, falls er wasserfrei werden soll, in Vakuumtrocknern verschiedener Systeme weiter verarbeitet. Hierüber wird weiter unten noch eingehend berichtet werden.

Schaumzerstörer im engeren Sinn (Dephlegmatoren) beruhen darauf, daß dem aufsteigenden Schaum mechanische Hindernisse entgegengestellt werden, bei deren Überwindung er zerstört wird. Im Laboratoriumsvakuumumlaufverdampfer kann z. B. der von Schott beziehbare Schaumzerstörer nach Eddy (Abb. 36) eingebaut werden. In der Technik werden gelochte Platten, Siebe und Prellplatten verwendet. Rührer, die sich im Schaum bewegen, wirken ebenfalls sehr gut. Kapillaren und Notventile hingegen, die das Vakuum vermindern, sind technisch unbefriedigend, da sie bei starkschäumenden Auszügen das Vakuum zu sehr erniedrigen, sie dienen aber im äußersten Notfall als Sicherheitsfaktor. Sie lassen einen Luftstrahl durch, er zerstört den Schaum momentan und rettet so das Destillat. Außer den rein mechanischen Schaumzerstörern gibt es auch Zusätze wie z. B. Öle, die den Schaum niederhalten. Natürlich können diese Mittel in der Pharmazie nur sehr beschränkt verwendet werden. Manche Netzmittel haben die Eigenschaft, den Schaum durch die Verringerung der Oberflächenspannung zu verhindern. Außerdem stellen verschiedene Firmen Schaumzerstörer her, die in der Lebensmittelindustrie als unbedenklich eingesetzt werden, in die Pharmazie aber noch nicht Eingang fanden (Bayer Schaumzerstörer E 100).

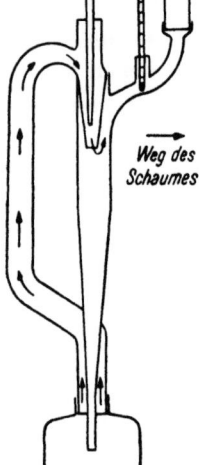

Abb. 36. Schaumzerstörer nach Eddy

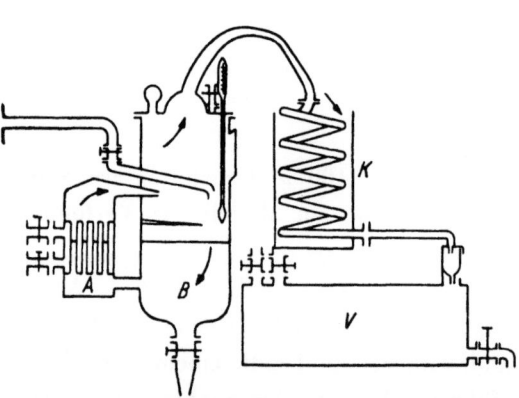

Abb. 37. Vakuumumlaufverdampfer. (Aus Truttwin „Die chemisch-pharmazeutische Fabrik".) Legende im Text

Konzentrieren

In der Technik sind die meisten Umlaufverdampfer dem oben geschilderten Laboratoriumsmodell analog gebaut.

Die Modellzeichnung Abb. 37 zeigt die Arbeitsweise.

Im Verdampfer A entsteht der Dampf, der durch den mit Manometer, Thermometer, Prellplatte und Zulauf B ausgerüstetem Dom zum Kühler K und anschließend in das mit Schleusen versehene Vorratsgefäß V führt.

Die beiden nächsten Skizzen (Abb. 38 u. 39) zeigen zwei Vakuumumlaufverdampfer mit waagrechtem bzw. schrägem Ver-

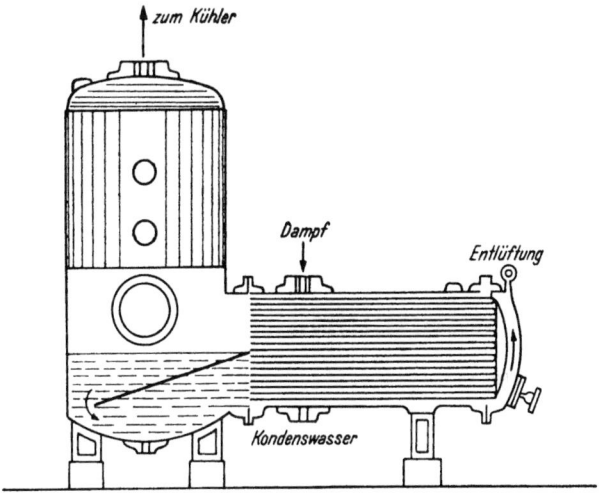

Abb. 38. Umlaufverdampfer, waagrechte Anordnung

dampfungsapparat. In beiden Fällen zieht der im Vakuum entstandene Dampf zu einem Dampfdom und von dort zum Kühler. Er zieht und saugt die Flüssigkeit in die Verdampfungsröhren und verursacht so einen Kreislauf, in dem das verdampfende Material aus dem Reservegefäß ergänzt wird.

Hat man nur Wasser zu verdampfen, so kann der Kühler wegbleiben und das Brüdenabsaugrohr mündet direkt in eine Wasserstrahl- oder Wasserringpumpe. Die Wasserstrahlpumpen sind jedem Apotheker bekannt. Die Wasserringpumpen arbeiten nicht mit einem geraden Strahl, sondern mit einem zentrifugal durch eine Rotationspumpe kreisförmig herausgeschleuderten Wasserschleier, der wirksamer und kontinuierlicher arbeitet und der Rotation des antreibenden Motors besser Rechnung trägt.

Die Länge der Verdampferrohre ist sehr verschieden. Herbert in Lahr in Baden konstruiert Verdampfer, deren Rohre auffallend kurz sind, dadurch wird erreicht, daß sich die Extrakte zu besonders hohen Konzentrationen eindampfen lassen.

Bei allen den Verdampfern kann man mit direktem Dampf, also bei nahezu 100 Grad heizen. Manche Extrakte vertragen diese Temperatur nicht und müssen bei 40 bis 60 Grad eingedampft werden. Warmwasser dieser Temperatur gibt zu wenig Kalorien ab, die Verdampfung erfolgt zu langsam. Als Ausweg dient die Heizung mit Vakuumdampf durch einen sogenannten Dampftransformator. Nach einem ganz anderen Verfahren arbeiten die Verdampfer der Luwa A. G., Zürich. Die Konstruktion geht von dem Gedanken aus, daß die einzudickende Lösung der erhöhten Temperatur nur kurze Zeit ausgesetzt werden soll. Der Verdampfer besteht aus einem im oberen Drittel gekröpften Rohr, dessen unterer Teil mit Dampf beheizt wird.

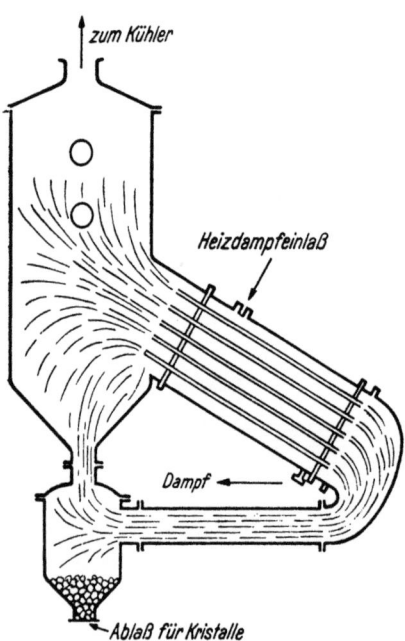

Abb. 39. Umlaufverdampfer, schräg gestellt

Senkrecht im Rohr steht ein rotierender, außen von einem Motor angetriebener Rotor, der im unteren Teil zentrifugal das angesaugte Dünnextrakt an die geheizte Wand schleudert, den Dampf nach oben abführt, Schaum zerstört und im oberen Teil etwa mitgerissene Teilchen gleichfalls an die Wand drückt, so daß sie siedend mit dem Konzentrat nach unten rinnen.

Die beigegebene Abb. 40 eines Laboratoriummodells mit 15 Liter Stundenleistung zeigt die Art dieser Apparate, die auch für die Technik mit 1000 Liter/Stunden gebaut werden. Wasser siedet in hohem Vakuum bei 28 bis 30 Grad. Alkohol, Benzol und andere Lösungsmittel bei gleichem Vakuum erheblich niedriger, Benzol z. B. bei 17 bis 18 Grad. Ein Aggregat also, das fünf Liter Wasser pro Stunde verdampft, verarbeitet unter gleichen Bedingungen

Konzentrieren 47

15 Liter Benzol. Es ist begreiflich, daß der Kühler in solchen Fällen außerordentlich groß dimensioniert sein muß. Bei alkoholischen Destillaten kann man auch an Stelle von Wasser Kühlsohle

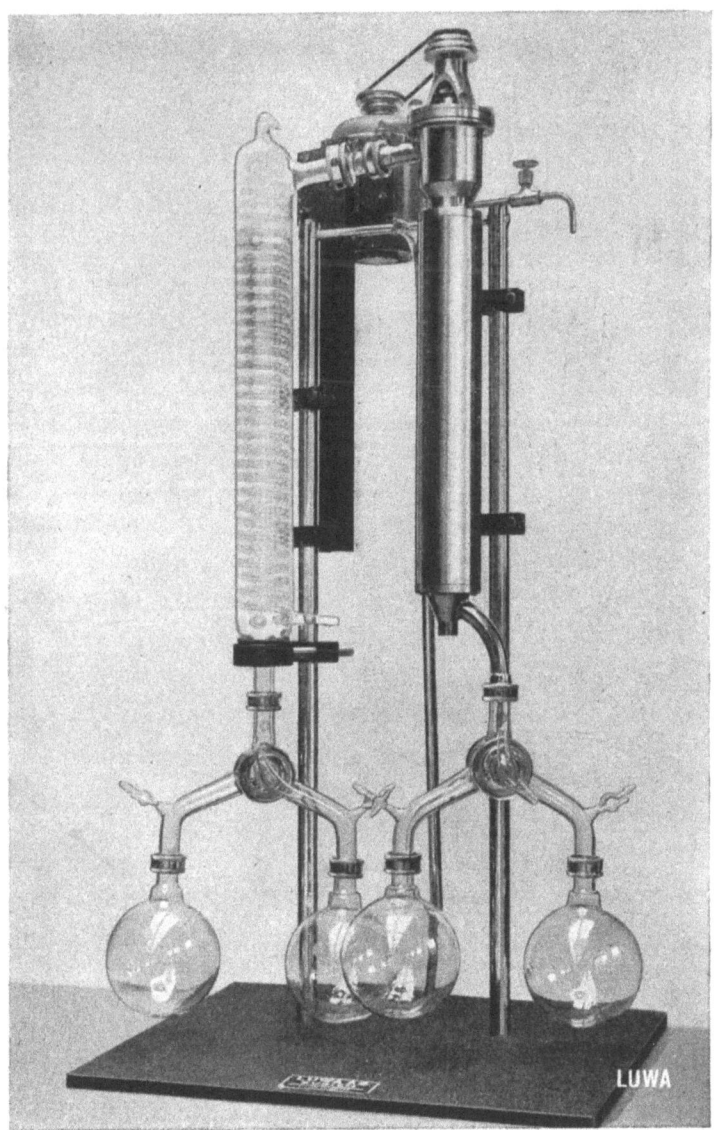

Abb. 40. Luwa-Dünnschichten-Verdampfer. Laboratoriumsmodell mit ca. 15 Liter (Wasser) Stundenleistung. Der mittlere metallene Teil stellt den Verdampfer dar, darüber der Abscheider und das Rührwerkgetriebe. In den linken Rezipienten wird das Destillat, in den rechten das Konzentrat aufgefangen

durch den Kühler laufen lassen. Bei Benzol ist dies leider nicht möglich, da dieses ja bekanntlich bei $+5,4°$ erstarrt. Um dessen letzte Reste abzufangen, baut man vor der Pumpe (insbesondere bei Ölpumpen) Kältefallen ein. Es sind dies waschflaschenartige Gefäße, die durch Trockeneis gekühlt werden. Bei Wasserstrahl- oder Wasserringpumpen kann man das restliche Benzol hinter der Pumpe abscheiden.

Dem Pharmazeuten in der Apotheke, in der Industrie, stehen, wie wir sehen, die verschiedensten Apparate zur Konzentration von Fluidextrakten zur Spissum-Qualität zur Verfügung. Von hier zur Siccumware sind andere Apparate nötig.

7. Trocknen

Das Trocknen von Drogen, Extrakten und Granulaten soll schnell und schonend erfolgen. Schnell, um eine große Menge bewältigen zu können, um Ferment-, Fäulnis- und andere Reaktionen, die zu schmerzlichen Verlusten führen, ausschalten zu können. Schonend, um wichtige Inhaltsstoffe nicht durch Wärme zu zerstören.

Das folgende Schaubild zeigt die Möglichkeiten der Trocknung, die in den verschiedensten Varianten immer wiederkehren.

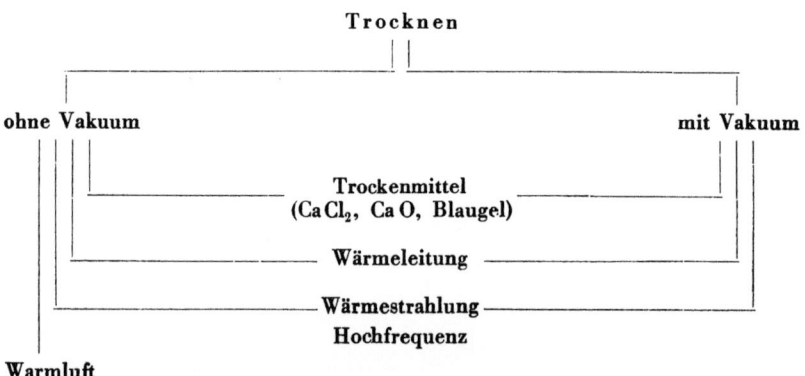

Speichertrocknung. Eine Blätterdroge kann man dünn aufgestreut auf dem Dachboden, kompakte Drogen wie Radix Gentianae, geteilt und aufgefädelt, auf Schnüren trocknen. Die Kapazität ist klein, die Anwendung von Hürden erhöht sie bereits, doch kann schlechtes Wetter, bei dem die feuchte Luft nicht abgeführt werden kann, zum Verderben der Ware führen. Extrakte, Granulate kann man so überhaupt nicht trocknen. Hier helfen nur Ventilation und Temperaturerhöhung. Wir müssen uns eine möglichst universell anwendbare Apparatur besorgen.

Exsiccatoren. Um kleine Mengen zu trocknen, sind Exsiccatoren in jedem Laboratorium vorhanden. Man kann sich einen Exsiccator aus jedem gut schließenden Rexglas bauen. Eine Schicht Chlorkalziumschuppen, Silicagel oder frisch gebrannter Kalk wird durch ein Drahtnetz vom darüberstehenden Raum, in dem der Tiegel, das Wägegläschen oder der Filter trocknen soll, getrennt. Die trockene Luft wird ständig regeneriert. Derartige Exsiccatoren und ihre größeren Brüder — die Kalkkisten — halten trocken, man kann darin hygroskopisches Material aufheben, die Wasseraufnahmefähigkeit, auch bei Anwendung des Vakuums, ist beschränkt. Das Trockenmittel wird feucht und muß ausgewechselt oder regeneriert werden. Exsiccatoren, Kalkkästen trocknen Filter, halten Extrakte trocken, größere Materialmengen kann man

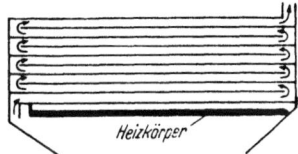

Abb. 41. Hürdentrockenschrank (schematisch)

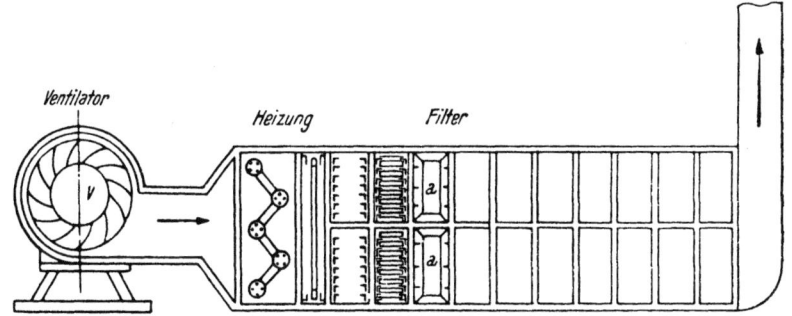

Abb. 42. Hürdentrockenschrank. Die Hürden werden in die Kammern rechts vom Filter eingesetzt

damit nicht verarbeiten, wir müssen in diesen Fällen die Feuchtigkeit abführen, das Binden an Trocknungsmittel genügt nicht.

Hürdentrocknung in Trockenschränken. Große Oberfläche auf kleinem Raum ist wohl das Prinzip der Hürdentrocknung. Die Luft zirkuliert ungehindert durch oder über die Hürden hin. Im ersteren Fall müssen die Hürden mit Draht- oder Textilgewebe bespannt sein, im andern können sie aus Blech angefertigt sein.

Die Art geht aus der Abb. 41 hervor. Die heiße Luft steigt vom elektrisch oder mit Dampf geheizten Boden auf und streicht oberflächlich an den Hürden, die einmal links und einmal rechts eine Durchtrittsöffnung besitzen, vorbei. Sie trocknet vorwiegend oberflächlich, so daß an ihrer Stelle Siebe oder Gewebe, die in ihrem ganzen Umfang Luft durchlassen, vorzuziehen sind. Trotzdem ist ein weiterer Nachteil bei diesen einfach zu bauenden Schränken schwer auszuschalten. In diesen Trocknern werden die unteren Schichten viel mehr erwärmt als die oberen, so daß diese Apparate von den Gleichstrom- oder den Gegenstromtrocknern überflügelt wurden. Im ersteren Fall bewegen sich Luft und Trockengut in derselben, in letzterem in entgegengesetzter Richtung aneinander vorbei, so daß jeder Teil des Trockengutes mit feuchter und trockener, erkalteter und frischer warmer Luft in Kontakt kommt. Die Bewegung des Gutes erfolgt durch Trockenbänder, die aus Drahtgeflechten angefertigt sein können.

Abb. 43. Vakuumtrockenschrank mit 20 m^2 Heizfläche. Warmwasserheizung. Hersteller: Henkhaus Frankfurt am Main

Eine Anordnung, die man sich eventuell selbst bauen kann, zeigt Abb. 42.

Vakuumtrockenschränke. Im Vakuum trocknet das Gut schneller und geschont. Auf der Hochschule wird jeder Student mit dem Vakuumexsikkator bekannt. In der Praxis ist ein Vakuumtrockner eine Weiterentwicklung des Exsikkators, der zu den verschiedensten Lösungen führen kann.

Einfache Vakuumtrockenschränke. Es sind dies mit Dampf beheizte Schränke, in die Schalen gestellt werden. Die nur wenig gefüllten Schalen enthalten nach der Trocknung dasselbe leichte, poröse Material, das wir im heizbaren Exsikkator in kleineren Mengen kennen lernen. Beim Bau eines Vakuumtrockenschrankes muß bedacht werden, daß der Schwadenabzug eine große Menge Vakuumdampf zu bewältigen hat und daher großlumig dimensioniert werden muß.

Außerdem fehlt im Vakuum der Wärmeüberträger Luft, es muß jede einzelne Hürde durch Warmwasser, Dampf oder elektrisch geheizt werden. Von der Wandung aus kommt durch Leitung nicht genügend Wärme an die Tassen heran.

Eine weitere Form von Trocknern sind die Bandtrockner, die an der Luft oder im Vakuum arbeiten. Sie enthalten ein oder mehrere lose Bänder, welche um Heizplatten gespannt sind. Ihre oberen Teile liegen auf, die Bänder bewegen sich und werden durch einen Gießkopf dünn mit dem Trockengut bestrichen. Am Ende des Apparates wird das in etwa 30 Minuten getrocknete Material mechanisch abgeschabt, die Handarbeit an den Schalen der Trockenschränke entfällt.

Trockentrommeln arbeiten mit relativ dünnen Schichten und daher besonders schnell. Sie haben vor den Bandtrocknern den Vorteil der geringeren Überhitzungsgefahr. Es sind innengeheizte, rotierende Zylinder, auf deren einen Seite das Trockengut in dünnster Schicht aufgetragen, auf der anderen, nach erfolgter Trocknung, abgeschabt wird. Weichherz-Schröder bringen in dem schon mehrmals zitierten Buch (Abb. 44) fünf Modelle, die auch hier skizziert werden sollen, und die an der Luft wie auch verschlossen und luftleer gepumpt, im Vakuum trocknen. In der obersten Skizze 1 läuft die Trommel zum Teil in einer Wanne, in welche die Flüssigkeit aus einem Vorratsgefäß nachfließt. Sie wird beim Rotieren der Trommel in dünner Schicht mitgerissen und trocknet während ihres Umlaufs so weit, daß das getrocknete Gut durch den Schaber abgenommen werden kann. Das zweite

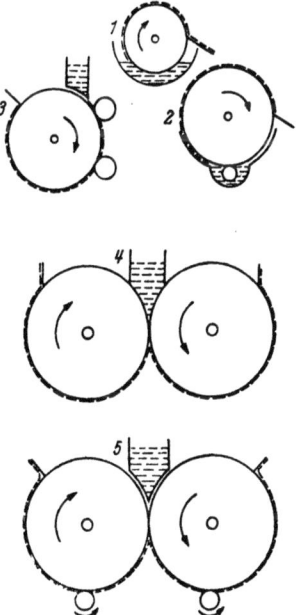

Abb. 44. Verschiedene Anordnungen von Trockenwalzen

Modell unterscheidet sich vom ersten durch die kleinere Wanne, in der eine Walze läuft, die die Flüssigkeit auf die Trommel aufträgt. Für die Pharmazie ist dieses Modell besser geeignet, da immer nur kleine Mengen vor der Trocknung erhitzt und damit gefährdet werden. Die Konstruktion der Figur 3 verzichtet auf eine Flüssigkeitswanne und streicht die Flüssigkeit aus einem Schlitz von oben her auf die Trommel. Die kleinen Walzen in dieser Ausführung und am Modell 5 sollen die Oberfläche vergrößern

Abb. 45. Escher-Wyss Walzen-Sprühtrockner. Man sieht die beiden großen, geheizten Walzen, die Dampfzuleitung. Links vorne sind die Sprührädchen (verdeckt) untergebracht

und den trocknenden Film dünner machen. Auch im vierten und fünften Modell kommt die Flüssigkeit von oben und wird aus einem Schlitz auf zwei Walzen verteilt.

Die Vollendung der Walzentrockner ist der Sprühtrockner der Firma Escher Wyss, Ravensburg.

Beim Walzen-Sprühtrockner werden die zu trocknenden Stoffe durch schnellaufende Rädchen ohne Düsen auf die Oberfläche der Trockenwalzen fein aufgesprüht Die Flüssigkeitströpfchen besitzen in ihrer Gesamtheit eine große Oberfläche, auf die die Wärme von allen Seiten einwirken kann. Auf diese Weise ist es möglich, die Trocknung bei niedrigen Walzentemperaturen so zu beschleunigen, daß auch wärmeempfindliche Produkte getrocknet werden können, ohne Schaden zu erleiden.

Besonders schöne Trockenextrakte erhält man auch direkt aus dem dünnflüssigen Auszug durch das Krauseverfahren, nach dem in der pharmazeutischen Industrie die Disperte, in der chemischen Gerbstoffe, Düngemittel und vieles andere gewonnen werden. Leider werden diese Verstäuber nur in Großbetriebsmaßstäben hergestellt. Das kleinste Modell hat 2 bis 3 m Durchmesser, so daß der Apotheker sich derartige Apparate, die von den verschiedensten Firmen hergestellt werden, nicht anschaffen kann. Das Kernstück einer Krauseanlage ist eine mit 5—25000 Umdrehungen laufende Scheibe (Abb. 46), die wie ein mit seinem Rand nach innen gebogener Teller, in dessen Mitte die Flüssigkeit von unten zufließt, aussieht. Im Rand des Tellers befinden sich zwei kleine

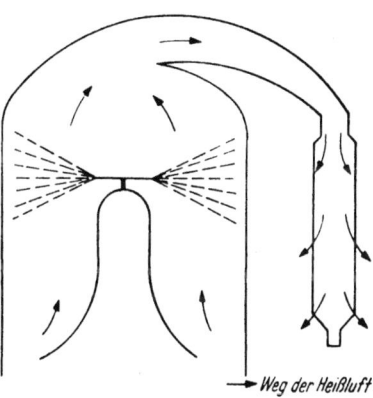

Abb. 46. Schema eines Krausezerstäubers. Die Heißluft kann auch seitlich oder von oben zugeführt werden

Öffnungen, aus denen die Flüssigkeit infolge der Rotation in Form feinster Tröpfchen herausgepreßt wird. Die horizontalen Nebelschwaden, die aus dem Düsensystem, das bei großen Modellen mit einer Dampfturbine angetrieben wird, waagrecht austreten, werden von 150° heißer Luft senkrecht durchströmt und jedes Nebeltröpfchen trocknet in $1/_{40}$ Sekunde zu einem Staubteilchen ein. Die Luft kühlt sich dabei auf 50 bis 60° ab und wird durch Filtertuchschläuche von dem pulverförmigen Extrakt getrennt.

Das Sikkatomverfahren und das amerikanische Merellverfahren besitzen gleichfalls Bedeutung. Das erstere arbeitet ähnlich wie der Krausezerstäuber, hat aber zwei Düsen, in die ihrerseits wieder Innendüsen eingebaut sind; sie sollen dadurch wärmewirtschaftlich günstiger arbeiten. Auch einfache Druckdüsen sind im Gebrauch.

Die Lufttrockner, wie die letztgeschilderten beiden Zerstäubungsapparate, sind hohe Energieverbraucher, erarbeiten aber ein schönes und geschontes, allenfalls hygroskopisches Produkt, das gleich pulverförmig anfällt.

In den letzten Jahren haben sich auch Firmen gefunden, die

„Kleinapparaturen" dieser Art, wie sie in der pharmazeutischen Industrie einsetzbar sind, ausgearbeitet haben.

Die Nubilosa, Konstanz, baut Apparate, die 1, 5 und 20 kg Flüssigkeit pro Stunde verdampfen und 4000. 8000 bzw. 20000 DM kosten. Das Modell mit 1 kg Stundenleistung aus Aluminium sei im folgenden gebracht. Es wird als Laboratoriumsmodell bezeichnet, besitzt aber immerhin schon eine Höhe von zwei Metern (Abb. 47).

Kurz gestreift seien noch die Infrarot- und die Hochfrequenztrocknung. Philipps baut Glühlampen, die neben relativ sehr vielen sichtbaren Licht- auch Wärmestrahlen abgeben, sogenannte Hellstrahler. Es wäre möglich, damit Drogen zu trocknen.

Die Heraeus Infrarotstrahler sind Heizspiralen, die, ohne Hell- oder Dunkelstrahler zu sein, je nach Belastung dunkel bleiben oder erglühen. Sie sind in Quarzrohre eingebettet und dadurch völlig korrosionsfest. Ein Reflektor aus Aluminium richtet die Strahlen. Man kann die Röhren zu Aggregaten zusammenbauen und so einem Trockenschrank, einem Walzentrockner anpassen. Die feuchte Luft muß abgesaugt werden, da sie anderenfalls die Wärmeenergie absorbiert.

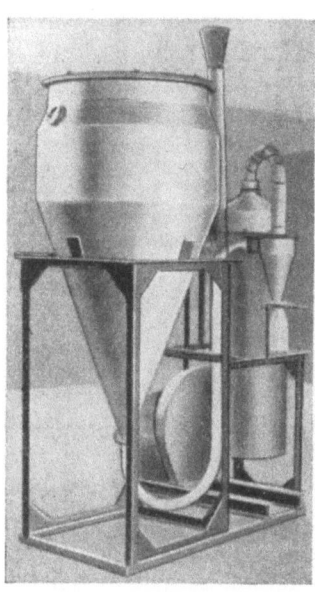

Abb. 47. Nubilosa-Zerstäuber. Labormodell. Verdampft pro Stunde 1 kg Flüssigkeit

Hochfrequenztrockner sind pharmazeutisch noch kaum eingesetzt worden, es ist aber wahrscheinlich, daß sie, ob ihrer zum Teil günstigen Eigenschaften, später herangezogen werden. Die Energie eines Kurzwellensenders wird nicht nach außen, sondern zwischen zwei Platten, zwischen denen sich das Trockengut befindet, gestrahlt und trocknet bzw. sterilisiert dort. Der Nachteil ist, daß nur elektrische Nichtleiter bearbeitet werden können, der Vorteil, daß mit der Apparatur auch sterilisiert werden kann. Brown-Boveri arbeiten auf diesem Gebiet.

Gefriertrocknung. Die Trocknung wasserhaltiger, insbesondere hochmolekularer Stoffe im gefrorenen Zustand, ist bekannt. In der Pharmazie kann sie zur Gewinnung von Trockenserum eingesetzt werden; sie ist zweifellos, wenn auch noch zu teuer, die ideale Methode, um Frischpflanzenauszüge mit allen Eiweißstoffen, Aromen, Fermenten und medikamentös wirksamen Inhaltsstoffen in vivo, ohne jede Denaturierung, zu gewinnen. Die Trocknung erfolgt ohne Schaumbildung, ohne Oxydation (Abb. 48).

Bei ihrer Durchführung werden die zu trocknenden wasserhaltigen Stoffe zuvor in einer besonderen Kühleinrichtung eingefroren. Indem man die nur teilweise gefüllten Fläschchen oder Ampullen während des Einfrierens (z. B. bei —20° C) langsam um eine schräg gestellte Achse rotieren läßt, sorgt man für eine möglichst große Oberfläche des auf der ganzen Innenwand des Gläschens in dünner Schicht anfrierenden Stoffes.

Die Trocknung geht anschließend in einer Vakuumkammer vor

Abb. 48. Gefriertrocknungsanlage G 3-K der Firma A. Pfeiffer, Wetzlar

Unter der hochgezogenen Vakuumglocke 4 heizbare Platten zur Aufnahme von 1200 Fläschchen zu je 10 ccm. Darunter die Kühlschlange. Die Schaltinstrumente sind in der Schmalseite, Pumpen und Ventile in den Kästen untergebracht

sich. Dabei wird einerseits die den Vorgang störende Luft durch leistungsfähige rotierende Hochvakuumpumpen weitgehend (10^{-3} Tor) entfernt, anderseits Eis von dem stark abgekühlten (—50 bis —80 Grad C) Kondensator (Kühlschlange) aufgenommen. Da der anfallende Wasserdampf im Vergleich zur Luft sehr große Volumina erfüllt, hat sich diese Anordnung als die wirtschaftlich zweckmäßigste erwiesen. Durch den Verbrauch von Wärme für die Dampfbildung wird das Trockengut selbst (auf unter —20 Grad C) abgekühlt. Die Trocknung würde bald zum Stillstand kommen, wenn man nicht — durch Strahlung und Leitung — dauernd Wärme zuführen würde. So ist es möglich, die Trockenzeit auf wenige (2 bis 4) Stunden abzukürzen. Letzten Endes ist der zeitliche Ablauf des Trocknungsvorganges weniger von der Leistung der Pumpen und Kondensatoren abhängig als vielmehr davon, welche Temperatur der zu trocknende Stoff annimmt und wie willig er die Wasserdämpfe hergibt. Außerdem ist dafür die Halsweite der Fläschchen oder der Abschmelzquerschnitt der Ampullen von Bedeutung.

Die längste Zeit beansprucht die Entfernung der letzten Spuren von Feuchtigkeit, ein Vorgang, den man — falls erforderlich — am wirtschaftlichsten an einer besonderen Nachtrockenvorrichtung in Gestalt eines Rechens und bei Zimmertemperatur durchführt. Dabei übernimmt den Wasserdampf nicht ein gekühlter Kondensator, sondern ein chemisches Trockenmittel (Phosphorpentoxyd, Kalziumchlorid sicc.). Das benötigte Vakuum wird durch eine zusätzliche zweistufige, rotierende Pumpe aufrecht erhalten. Inzwischen steht die Vakuumkammer für die Vortrocknung weiterer Fläschchen oder Ampullen zur Verfügung.

Bautypen. Infolge der Verschiedenheit der praktischen Anforderungen wurden mehrere Typenreihen entwickelt:

Eine für Laborzwecke, mit geringem Aufwand an Gerät und Betriebsmitteln, aber ohne Verzicht auf hohe Trockenleistung von kleinen Proben. Weitere Typen sind für die Produktion im mittleren und großen Maßstabe gedacht.

C. Frischpflanzenpräparate

Einer speziellen Besprechung bedürfen die Frischpflanzenpräparate. Ihre Gewinnung erfolgt einzeitig, das heißt, sie werden nach der Ernte sofort, ohne zeitliche Unterbrechung, verarbeitet. Die bisher besprochenen Galenika werden, der Nomenklatur von Schenk und Lucass zufolge, mehrzeitig verarbeitet, die eine Zeitperiode umfaßt das Ernten und Trocknen, die andere das Verarbeiten. Die Unterscheidung muß erst erklärt werden, und ist, ut aliquid fiat, weithergeholt, soll aber doch erwähnt werden, da sie in verschiedenen Werken auftaucht. Ich bleibe lieber bei der Unterscheidung Drogenverarbeitung — Frischpflanzenverarbeitung, da man sich hierunter auch ohne Erklärung etwas denken kann.

Den Namen Frischpflanzenpräparate sollen nur Produkte tragen, die unmittelbar nach der Ernte der unverwelkten Pflanze oder des Pflanzenteils durch einen geeigneten Arbeitsgang gewonnen werden. Sie müssen haltbar sein und auch die wesentlichen, sonst beim Trocknen verlorengehenden Inhaltsstoffe der Frischpflanze enthalten.

Man kann derartige Auszüge, die sich insbesondere in der Naturheilkunde größter Beliebtheit erfreuen, nach verschiedenen Verfahren herstellen:

1. Durch schonenden Wasserentzug. Die gewaschene und zerkleinerte Pflanze wird unter Zusatz von Milchzucker oder einer anderen stabilisierenden Trägersubstanz, wie Stärke, Dextrin, Zellulose, Pflanzenpulvern, verrieben, im Vakuum getrocknet und nach neuerlichem Verreiben tablettiert (Plantrite, Teeps). Madaus hat sich, obwohl das Verfahren längst bekannt und die Verreibungsmittel nichts Neues darstellen, die meisten Produkte patentieren lassen und erhielt unerwarteter Weise auch den Patentschutz zugesprochen.

2. Pflanzenpreßsäfte verreibt und tablettiert man wie bei dem ersten Verfahren.

3. Man zieht mit Alkohol oder anderen Lösungsmitteln in der Wärme oder Kälte aus.

4. Preßsäfte werden hergestellt, sie können durch Filterkerzen, Tyndallisieren, Anwendung von Hochfrequenz oder durch den Zusatz von Desinfektionsmitteln, worunter auch der Alkohol zu rechnen ist, keimfrei und haltbar gemacht werden.

5. Es werden abwechslungsweise zerquetschte Heilpflanzen und Zucker in Weithalsgläsern eingeschichtet, durch osmotische Vorgänge bildet sich im Laufe von Monaten ein Sirup, der wohlschmeckend und klar ist und sich einführen wird. Allerdings sind nur wasserreiche, aromatische Pflanzen verwendbar.

6. An Stelle des Zuckers kann Salz verwendet werden, doch ist so ein eingesalzenes Heilmittel nicht jedermanns Geschmack.

7. Das Silieren. Die Frischpflanzen werden einer Milchsäuregärung unterworfen, der Sickersaft wird verwendet. Das „Heilpflanzensauerkraut" hat wohl wenig Aussicht auf Abnehmer außerhalb der Industrie, die es bei Alkaloidpflanzen zur Gewinnung der Rohstoffe brauchen kann.

8. Die Tiefkühlung sowie das Ausfrieren der Säfte.

9. Das Stabilisieren mit Alkoholdampf, gegebenenfalls unter Zusatz von Ammonsulfat und anschließendem Extrahieren mit hydrophoben Lösungsmitteln, die nur einzelne Wirkstoffgruppen aufnehmen.

10. Das Herstellen von Preßsäften und Reinigen durch Dialyse.

11. Die Preßsäfte werden im Zerstäuber getrocknet.

12. Die Pflanzen werden vergoren. Es bilden sich Alkohol und Säuren. Die Säuren werden zum Lösungsvermittler, der Alkohol zum Lösungsmittel der Wirkstoffe. Grundbedingung hierzu ist, daß das Material zuckerreich ist. Hier wie bei der Silage besteht ferner die Gefahr der bakteriellen Störung des Prozesses. Die Ausbeuten werden dadurch ungleich. Der Vorteil liegt jedoch in der Billigkeit.

13. Die Methoden des homöopathischen Arzneibuches.

Wie schädlich für die Ausbeute bakterielle Störungen sein können, hat mir eine Erfahrung der Nachkriegszeit gezeigt. Der Zuckermangel hat im Herbst 1945 viele Bauern dazu veranlaßt, Sirup zu kochen. Geht man nun so vor, wie die Zuckerfabriken, oder wirft man die Schnitzel in kochendes Wasser, wo sie in üblicher Weise ausgekocht werden, so hat man weder bei dieser Maßnahme, noch beim Eindicken Schwierigkeiten. Beim Eindicken des Preßsaftes, dem Verfahren, das sich in meiner Heimat besonders einbürgerte, passierte folgendes: Ich wurde gebeten, 600 Liter Preßsaft in Portionen zu verarbeiten. Die erste Partie wurde sogleich aufgekocht, mit Kalk behandelt und eingedampft, sie lieferte guten Sirup. Die zweite Partie lagerte 7 Tage bei einer Temperatur von 0,5°. Der Preßsaft wurde dick, schleimig und lieferte überhaupt keinen Sirup, denn aller Zucker war von Lebewesen aus der Gruppe der Kartoffelbakterien, die aus dem Boden stammen und lebend in den Preßsaft gelangten, in Schleim verwandelt worden. Das Resultat war kein leckerer Sirup, sondern ein Schweinemastfutter. Was dies im Herbst 1945 bedeutete, dürfte noch jedem in Erinnerung sein.

Die Frischpflanzenauszüge enthalten, sofern sie schonend hergestellt sind, die sogenannten „nativen" Komplexe der Pflanze, ein Umstand, der in manchen Fällen sich vorteilhaft auswirken kann. Sie sind, richtig bereitet, auch Vitaminträger und können, da sie der Modeströmung folgen, propagandistisch leicht erfaßt werden. Andererseits sind nahezu alle mit Pflanzenauszügen gewonnenen Erfahrungen mit Drogenauszügen gesammelt worden.

Wir wissen nur recht wenig vom zusätzlichen Wert der Stoffe, die in frischen Auszügen vorhanden sein mögen, die beim jahrelangen Lagern wohl auch verloren gehen dürften. Die meisten Hersteller von Frischpflanzenpräparaten machen sich die Propaganda ziemlich einfach, sie nehmen alle Vorteile der Drogenextrakte, fügen die der Frischpflanzen hinzu, sprechen noch von heimischen Jungpflanzen, dem Blut der Pflanzen, Vitaminen, Biosstoffen, Pflanzenhormonen, und schon ist ein Prospekt fertig, ob nun die Stoffe wirklich vorhanden sind und ob sie Wert haben, ist dem Prospekthersteller gleichgültig.

Wenn also irgend ein zwar kaufmännisch erstklassig arbeitender, aber wissenschaftlich vollkommen ungebildeter Hersteller Aria Kalaya-, Vitalpin-, Elektrovitamin- oder andere Produkte herstellt, so mag das ihm, nicht aber den vitaminhungrigen Käufern nützen.

Es wird um diese Auszüge wohl etwas stiller werden. Sie werden aber nicht ganz verschwinden, wohl aber in die ihnen gezogenen Grenzen zurücksinken, denn Pflanzensäfte kann man als Diäthetika in Drogerien und Reformhäusern verkaufen, ohne sie als Arzneimittel deklarieren und registrieren zu müssen. Frischpflanzenauszüge sind dort am Platze, wo sie einwandfrei bewiesene Vorteile zeigen. In zweifelhaften Fällen bleiben wir bei den Drogenextrakten.

Diese ablehnenden Bemerkungen, die ich mir nicht versagen kann, da sie von unkritischen Autoren und Herstellern provoziert werden, sollen über gute Produkte nichts aussagen.

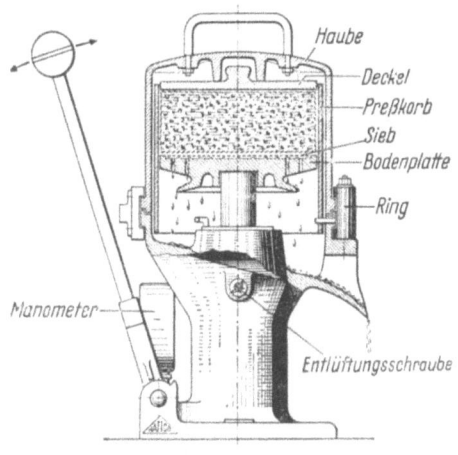

Abb. 49. Hafico-Drogenpresse, 5 Liter Inhalt (Schematische Zeichnung)

Bei Pflanzen mit nativ vorkommenden Glykosiden oder fermentativ spaltbaren Bitterstoffen hat die Frischpflanzenverarbeitung Vorteile. Den Schwund bei der Lagerung muß man allerdings ausschalten können. Wie schwer, ja praktisch unmöglich das bei flüssigen Präparaten ist, sehen wir immer wieder bei den Tinkturen und Extrakten, die, auch wenn sie kühl und trocken lagern, pro Jahr um 10 bis 30%, in ungünstigen Fällen 80% an Wirkstoffen verlieren, so daß jährliche Erneuerung vorgeschrieben werden sollte. Inwieweit Ähnliches auch bei den Frischpflanzensäften eintritt, haben deren Erzeuger wohlweislich noch nicht untersucht.

Apparativ begegnen uns bei der Frischpflanzenextraktion wenig Neuerungen. Dem Pressen, Zentrifugieren und Filtrieren kommt hier erhöhte Bedeutung zu, so daß wir die dazu nötigen Pressen hier erwähnen können.

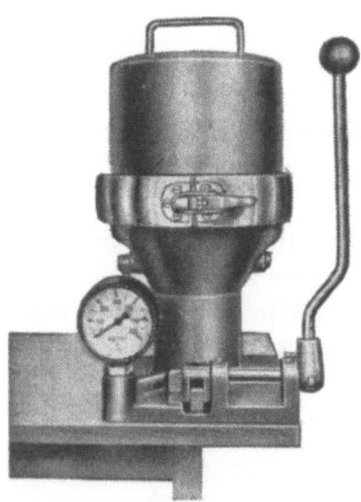

Abb. 50. Hafico-Drogenpresse. 5-Liter-Modell. Größere Typen werden durch Motore angetrieben. Sie weisen einen Korbinhalt von 25 und mehr Litern auf. Der Hersteller gibt an, daß bis 97% Feuchtigkeit abgepreßt werden können

Zum Zerkleinern der Frischpflanzenteile im Apothekenlaboratorium dient ein Fleischwolf oder ein Turmixapparat. Diese Apparatur besteht aus einem kleinen, senkrecht stehenden Elektromotor, an dessen verlängerter Achse innerhalb eines 1-Liter-Bechers aus Glas oder Zinn hochtourig scharfe Messer herumwirbeln. Das 1 Liter-Modell kostet 2300, das große zu 5 Liter 20000 öS.

In Österreich ist der Famulus ein preiswertes, der Turmix ein teures Modell, in Deutschland ist der Starmix am verbreitetsten.

Das Apothekenmodell einer Handspindelpresse ist jedem bekannt. Plattenpressen und hydraulische Pressen kommen in großen Betrieben in Frage. Die grobe Pressung erfolgt durch die Spindel, die nachfolgende Feinpressung hydraulisch durch die Kurbel, die den Boden emporhebt. Da sich das Filtergut zwischen Preßtüchern befindet, darf der Druck nur langsam erhöht werden, andernfalls zerreißen die Tücher.

In unserem Betrieb arbeitet seit 2 Jahren das kleinste Modell einer hydraulischen Obstpresse (Stossier, Pörtschach/Wörthersee) zur vollen Zufriedenheit als Tinkturen- und Frischpflanzenpresse. In Deutschland stellt H. Fischer, Düsseldorf, sehr schöne vollhydraulische, also spindellose Tinkturenpressen mit 2,5 und 25 Liter

Füllgutinhalt her. Die beiden kleineren Modelle werden mit der Hand, das große mit einem Motor angetrieben (Preis 495, 845 und 5000 DM). Die Wirkungsweise dieser Pressen geht aus folgender Skizze hervor. Diese Apparate arbeiten ohne Filtersack und je nach Größe mit einem Preßdruck von 7 bis 20 Tonnen (Abb. 49 bis 50).

D. Kohlepräparate

Von den wichtigsten Kohlepräparaten der Pharmazie, der Carbo Ligni, der Kaffee-, der Tier- und Aktivkohle, sind drei pflanzlichen Ursprungs, so daß wir uns hier eingangsweise mit ihnen näher beschäftigen wollen.

Die Holzkohle wird in Meilern oder in Retorten gewonnen. Die Kohlenmeiler werden immer mehr von den Retorten verdrängt, da es letztere gestatten, nicht nur die Kohle, sondern auch die Nebenprodukte, wie Teer und Holzessig, zu gewinnen.

Die sogenannten stehenden Retorten (Abb. 51) werden in einem Ofen, in den ein spiralig laufender Heizgang eingebaut ist, versenkt, die liegenden Retorten hingegen sind in dem Ofen, meist zu dritt, fest eingebaut (Abb. 52) und werden von den Flammengasen im Ofen umspült.

Die stehenden Retorten werden durch Umstürzen entladen, die liegenden durch einen Kolben (Abb. 53), der durch eine Kette herausgezogen werden kann. Die gewöhnlichen älteren Anlagen

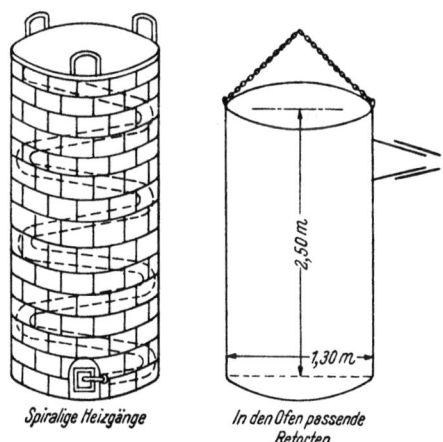

Spiralige Heizgänge *In den Ofen passende Retorten*

Abb. 51. Stehender Retortenofen mit ausziehbarem Einsatz

arbeiten mit direkter Feuerung, erhitzt man rasch, so erhält man viel Essigsäure und wenig Kohle, beim langsamen Erhitzen sind die Ergebnisse umgekehrt.

Kleinere und modernere Apparate, wie der Verkohlungsofen von Violett, arbeiten mit überhitztem Wasserdampf, sie sind auch zur Herstellung der Aktivkohle geeignet.

Recht praktisch sind die transportablen Retortenmeileröfen mit 3,5 m³ Fassungsvermögen, die in 24 Stunden 5 bis 600 kg Holzkohle liefern. Sie bestehen aus einer weiten Trommel, durch die ein Abzugschacht führt. Die Luftzufuhr wird durch Düsen geregelt, der Teer tritt an der tiefsten Stelle aus.

Bei der Holz- und Tierkohleherstellung arbeitet man mit Temperaturen von 250 bis 400 Grad. Bei der Gewinnung der Kaffee-

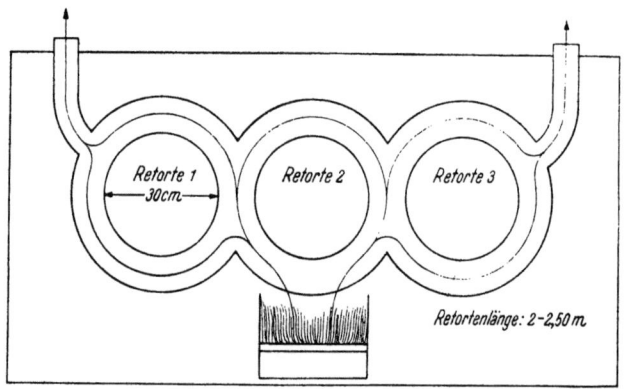

Abb. 52. Liegende Retorten (Querschnitt)

kohle geht die Temperatur nicht über 180 bis 200 Grad hinaus. Die Kaffeekohle ist keine Kohle im engeren Sinne, sondern eine Mischung von geröstetem und überröstetem Kaffee. Die Kaffeeröster sind runde oder flache Pfannen, die mit Gas, Koks, elek-

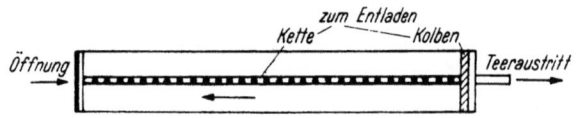

Abb. 53. Liegende Retorten (Seitenansicht)

trisch oder mit überhitztem Dampf geheizt werden. In ihnen wird das Röstgut dauernd in Bewegung gehalten, um jede Überhitzung auszuschalten.

Bei der Herstellung von Röstkaffe verliert die Rohware 20%, bei der Kaffeekohleerzeugung etwa 33%. Bei der Kalkulation ist dies zu berücksichtigen. Ähnlich der Kaffeekohle ist auch die Hefekohle kein Absorbens, sondern ein Wirkstoffträger.

Nun noch einiges über die Aktivkohle. Ihr Vorläufer ist ja die Tierkohle, deren innere Oberfläche bedeutend größer ist als die der gewöhnlichen Holzkohle. Die moderne Chemie hat Verfahren entwickelt, die die Größe der inneren Oberfläche und damit die Aktivität ganz außerordentlich ansteigen lassen. Die folgende Tabelle soll dies zeigen:

Die Herstellung der Aktivkohlen erfolgt in Spezialbetrieben nach zwei grundlegend verschiedenen Verfahren.

Das eine tränkt, „maischt", wie der Fachausdruck lautet, Sägespäne mit Zinkchloridlösung oder anderen in der Hitze der Retorte wasseranziehenden Chemikalien, trocknet sie und führt dann die übliche Destillation durch. Die Kohle wird ausgewaschen und ist hochaktiv. (Carboraffin-Verfahren der Aussiger chemischen Werke.)

Art der Kohle	Innere Oberfläche pro g in m²
Holzkohle	bis 100
Tierkohle	200—600 (Blutkohle)
Carboraffin	1000
Aktivkohle nach dem Wassergas-Verfahren	3000

Das andere Verfahren geht von der Holzkohle aus. Sie wird zur Rotglut erhitzt und mit überhitztem Wasserdampf behandelt. Ein

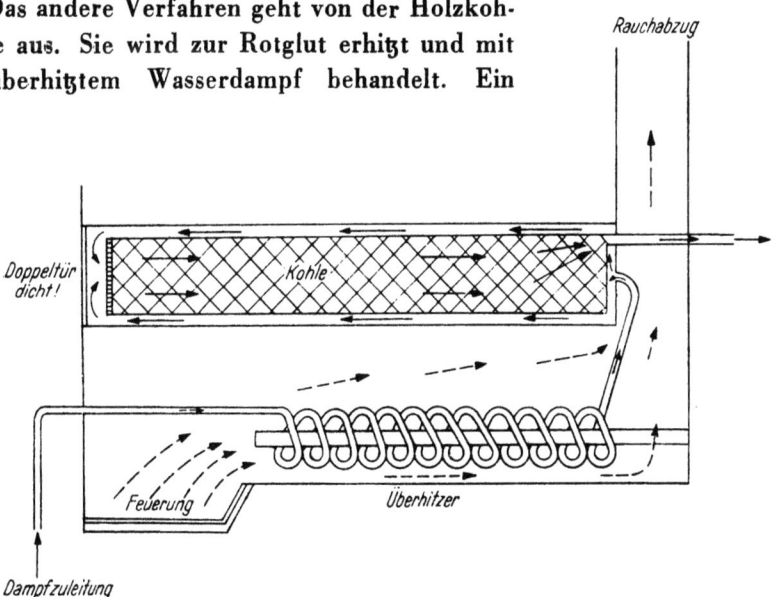

Abb. 54. Holzverkohlungsofen nach Violett. Der überhitzte Dampf heizt die Retorte und durchzieht die Kohle

Teil des Kohlenstoffes geht als Wassergas ab, ein Rest bleibt beim rechtzeitigen Abbruch der Reaktion als außerordentlich aktives Kohlenstoffgerüst zurück (Abb. 54).

Ich bin mir bewußt, daß ich bei der Schilderung der Holz-Destillation die modernen großen Anlagen wie Tunnelöfen ausgelassen habe. Es sei mir dies gestattet, da keiner der Leser im pharmazeutischen Betrieb mit derartigen Anlagen zu tun haben wird.

II. Emulsionen

Fette und Öle, mit einem Wort „Hydrophobe", einerseits, Wasser andererseits sind miteinander nicht mischbar. Da es aber häufig nötig ist, beide Gruppen gleichzeitig zu verwenden, hat die Natur einen Ausweg, die Emulsionen, geschaffen. Milch, Rahm, die durch Galle emulgierten Fette im Darm, die Öldepots in den Samen und sonstigen pflanzlichen und auch tierischen Geweben, all dies sind Emulsionen. Der Mensch hat die Emulsionen bald, zuerst unbewußt, dann bewußt herstellen oder zerstören (Butter) gelernt, und wir verwenden sie in der Technik und Pharmazie weitgehend.

Ein Teil der pharmazeutischen Emulsionen, die der Salben, muß in einem anderen Abschnitt besprochen werden. Den flüssigen hingegen, dem Typ der Lebertranemulsionen, soll dieser Abschnitt gewidmet sein.

1. Definition

Das deutsche Arzneibuch definiert wie folgt: Eine Emulsion ist eine milchähnliche Arzneizubereitung, die Fette, Öle, Harze, Gummiharze, Kampfer, Walrat, Wachs, Balsam oder andere Stoffe in sehr feiner und gleichmäßiger Verteilung enthält. Emulsionen werden aus Samen oder aus den genannten Stoffen, nötigenfalls unter Zusatz von Bindemitteln, wie arabisches Gummi, Gummischleim, Tragant, Eigelb, durch inniges Zerstoßen, Verreiben oder Schütteln mit Flüssigkeiten hergestellt.

Wenn wir diese Definition mit der der Technik, bzw. der Kolloidchemie, die weiter unten folgen soll, vergleichen, so sehen wir sofort, daß sie recht veraltet ist und nur einen kleinen Sektor umfaßt, nämlich eben die Emulsionen des Arzneibuches, und zahlreiche andere, wie etwa alle konsistenten Emulsionen, wegläßt. Eine erschöpfende Darstellung lautet anders: „Eine Emulsion ist ein Verteilungssystem aus zwei untereinander nicht mischbaren Flüssigkeiten, von der die eine in Form von mehr oder weniger kleinen Kügelchen in der anderen in Schwebe gehalten wird". Die Kügelchen sind eben noch mikroskopisch sichtbar (1,0 bis 0,2 µ Durchmesser). Sind sie größer als 1,0 µ, so handelt es sich nach Zsigmondi um Dispersionen. Sind sie kleiner als 0,1 µ, so spricht man von kolloidalen Lösungen, die je nach der Teilchengröße noch emulsionsähnlich, opalisierend, trüb oder lösungsähnlich blank aussehen.

Die wichtigsten Ausdrücke, die in der Emulsionstechnik immer wiederkehren, sind: das Wort Emulsion selbst, ferner die Begriffe Emulgator und Phase.

Unter den beiden Phasen einer Emulsion versteht man die beiden Flüssigkeiten, aus denen sie besteht. Die äußere, geschlossene, umgibt die innere, verteilte, disperse Phase. Ein Emulgator ist eine Substanz, deren Mitanwendung die gleichmäßige Tröpfchenverteilung und Zerteilung in Emulsionen fördert, ja ermöglicht, also das, was das Arzneibuch „Bindemittel" nennt.

Die häufigsten Emulsionen sind: Öl-in-Wasser- und Wasser-in-Öl-Emulsionen. Eine Öl-in-Wasser-Emulsion, deren Typus die Milch repräsentiert, besteht aus der äußeren Phase, der wässerigen Flüssigkeit, in der fein verteilte Fetttröpfchen durch die oberflächenwirksamen Kräfte des Emulgators in Schwebe gehalten werden (Abb. 55). Eine Wasser-in-Öl-Emulsion, wie das Lanolin der Arzneibücher, ist von der Öl-in-Wasser-Emulsion weitgehend unterschieden. Die äußere Phase besteht hier aus dem „Fett", in diesem

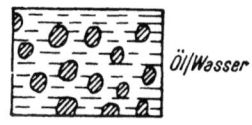
Öl/Wasser

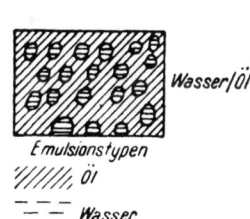
Wasser/Öl

Emulsionstypen
Öl
Wasser

Abb. 55. Die beiden grundlegenden Emulsionsformen

speziellen Fall aus einer Mischung von Vaselin und Wollfett, in die kleine Wassertröpfchen mechanisch hineingearbeitet werden. Die Haltbarkeit dieser Emulsion und überhaupt die Mischbarkeit bewirkt auch hier wieder ein Emulgator mit anderen Eigenschaften, eben ein Wasser-in-Öl-Emulgator.

Neben den Wasser-in-Öl- und Öl-in-Wasser-Emulsionen gibt es noch Metall-in-Öl-Emulsionen (graue Salbe), Mischtypen, Bitumenemulsionen u. a. m.

Schäume kann man als Gas in Wasser-Emulsionen auffassen. Unter einer Suspension hingegen versteht man meist ein zweiphasiges System, in dem die disperse Phase aus festen Bestandteilen besteht.

Es war schon lange bekannt, daß man ganz verschiedene Emulsionstypen erhielt, je nachdem, ob die äußere hydrophil oder hydrophob ist und Ostwald hat dies zum erstenmal klar definiert. Von Robertson stammt der Vorschlag von **Öl-in-Wasser-Emulsionen**, abgekürzt Öl/Wa, oder **Wasser-in-Öl-Emulsionen**, abgekürzt Wa/Öl, wenn die disperse Phase Öl ist, zu sprechen. Da die wässerige Phase aber nicht in allen Fällen Wasser ist, sondern z. B. auch aus wässerigen Lösungen, aus Alkohol, Glyzerin, Wasserlöslichem bestehen kann, die Ölphase auch höhere Fettalkohole, Säuren, Wachse, also Fettlösliches enthalten kann, hat Schmalfuß eine neue Nomenklatur vorgeschlagen. Statt Wasserphase und Ölphase soll Wasserlös- und Öllösphase eingeführt werden. Trotz der ungewohnten Art hat diese Namengebung zweifellos Vorteile.

Die beiden Emulsionstypen verhalten sich recht unterschiedlich, denn der Öl/Wa-Typ ist abwaschbar und als Milch mit Wasser verdünnbar. Der Wa/Öl-Typ hingegen hat Fettcharakter und verhält sich äußerlich wie ein „Fett" bzw. ein Öl. Aus den Erfahrungen der Praxis der Emulsionstechniker geht eindeutig hervor, daß nicht alle Emulgatoren eines Typs überall anwendbar sind, sondern daß der eine Emulgator Fette, der andere Kohlenwasserstoffe oder Fettsäuren und wieder ein anderer Wachse am besten emulgiert.

Ein Emulgator, also die Substanz, die zur Herstellung von Emulsionen gleichsam als Vermittler nötig ist, führt immer zum gleichen Typ, einerseits zu Wa/Öl-, andererseits zu Öl/Wa-Emulsionen. Bancrofts Untersuchungen zeigten die häufig zu einer Faustregel verallgemeinerte Beobachtung, daß derjenige Anteil, in der sich der Emulgator besser löst, die geschlossene Phase bilden wird. Wollfett löst sich in Fetten, es wird die Herstellung der Wa/Öl-Emulsionen ermöglichen. Seife ist wasserlöslich, die auf solchen Seifen basierenden Emulsionen sind Öl/Wa-Emulsionen.

2. Theorie

Die Emulgatoren sind Stoffe, die in ihrem Molekül entgegengesetzte Pole, einen **hydrophoben** (oleophilen) und einen **hydrophilen** tragen.

Der hydrophobe Pol besteht aus aliphatischen Radikalen, die das Bestreben haben, sich in der Ölphase zu lösen, der hydrophile Pol aus den chemischen Gruppen OH, — COOH, — COOR, — SO_3H, — NH_2 und anderen, er versucht sich in Wasser zu lösen. Je nach dem überwiegenden Teil wird der Emulgator öl- oder wasserlöslich, ein Wa/Öl- oder ein Öl/Wa-Emulgator. Durch diese besonderen Eigenschaften der Emulgatoren ist ihre Konzentration in der Grenzfläche eines Öl/Wa-Gemisches größer als im Inneren der Flüssigkeiten. Es erfolgt eine Orientierung des Emulgators in der Grenzfläche, in der der hydrophile Pol sich dem Wasser, der oleophile dem Öl zuneigt. Die Grenzflächenspannung wird herabgesetzt und die gegenseitige Löslichkeit erhöht.

Ein Emulgator ist um so wirksamer, je größer das Gleichgewicht zwischen den beiden Phasen ist, d. h. je mehr der oleophile und der hydrophile Charakter des Emulgators einander die Waage halten.

Die hydrophilen Gruppen binden mit Hilfe von Restvalenzen Wassermoleküle, sie hydratisieren. Dieser Vorgang ist für die theoretischen Erklärungen der Wirkung der löslichen Emulgatoren wichtig. Kolloide Körper, die auf diese Weise mit dem Lösungsmittel, dem Wasser, eine chemische Bindung eingehen, die unter Umständen zu einer Quellung oder zu einer Gelbildung führen kann, alle löslichen Emulgatoren, nennt man Emulsoide. Im Gegensatz dazu stehen die Suspensoide, die feste, in Wasser suspendierte Körper sind (z. B. Metallsole) und überhaupt zum Lösungsmittel in keine Beziehung treten.

Nach diesen Grundbegriffen sollen kurz die Theorien, die zur Erklärung der Emulgatorwirkung führen, gestreift werden. Es sind dies die Adsorptionshäutchen- und die Keiltheorie. Die erstere besagt, daß in Emulsionen, die z. B. mittels Seife hergestellt werden, das Seifenhäutchen um die Ölkügelchen herum zur Wasserphase gehört und die Grenzflächenspannung von dort aus beeinflußt wird. Bancroft betrachtet diese Häutchen als eine besondere, dritte trennende Phase zwischen Öl und Wasser. Sowohl die Öl- als auch die Wasserphase benetzen diesen Film und werden adsorbiert, so daß auf zwei Seiten des Filmes verschiedene Grenzflächenspannungen herrschen. Infolge dieses Spannungsunterschiedes wird sich der Film biegen, die Seite mit der höheren Grenzflächenspannung wird konkav und schließt die innere Phase ein. Von der Art des Emulgators hängt es ab, auf welcher Seite die kleinere Grenzflächenspannung liegt, welche Flüssigkeit deshalb dispergiert wird. Von der Dauerhaftigkeit und der Kohäsion dieses Filmes ist die Stabilität der Emulsion abhängig.

Versuche von Harkins, Davies und Clark mit Natrium- und Magnesiumoleat führten zu der Keiltheorie.

Betrachten wir ein Öl-Wasser-System, in welchem einmal das wasserlösliche Natriumoleat und einmal das öllösliche Magnesiumoleat als Emulgatoren in Mizellenform (in gerichteten Gruppen) vorhanden sind, so sehen wir, daß beide Emulgatoren so orientiert sind, daß ihre polare Karboxylgruppe mit dem Metallatom in der Wasserphase solvatisiert ist. Im ersten Fall besitzt die Gruppe COONa solvatisierte „dicke, gequollene Wasserköpfe", die infolge des gegenseitigen Druckes aufeinander die Grenzfläche gegen die Ölphase zu biegen, so daß das Öl eingeschlossen und zur dispersen Phase wird. Die Moleküle, die vorher parallel zueinander standen, stecken nun mit ihrem oleophilen Rest keilförmig in den Ölkügelchen. Der Krümmungsradius der Grenzfläche und somit die Größe der Kügelchen hängt von der Länge der Kohlenwasserstoffkette ab. Je länger die Kette, um so größer die Emulsionskügelchen. Bei Magnesiumoleat als Emulgator ist der Querschnitt der hydrophilen Gruppe kleiner, als der von den zwei, an das Mg-Ion gebundenen Kohlenwasserstoffresten. Die Grenzfläche wird infolge des Druckes der dickeren Kohlenwasserstoffketten gekrümmt, und zwar so, daß das Wasser zur dispersen Phase wird.

Da die Alkaliionen zudem hydratisieren, wird der Keil noch größer als man es eigentlich erwarten sollte.

Wir sehen also, daß es nötig ist, 2 ganz verschiedene Emulsionstypen zu besprechen und 2 Gruppen von Emulgatoren zusammenzustellen. Da auf die Wa/Öl-Emulgatoren bei der Besprechung der Salben hingewiesen wird, kommen hier vor allem die Öl/Wa-Emulgatoren eingehender zur Klassifikation.

Ich versuche zuerst die älteren Emulgatoren in einem Schaubild in ihren Zusammenhängen zu zeigen. Ich möchte insbesondere diejenigen Emulgatoren, die allgemein gebräuchlich sind, kurz besprechen (S. 69).

Davon sind aus den meisten Emulgatorengruppen fast alle äußerlich auf der Haut, aber nur die, mit einem + bezeichneten zur Herstellung einzunehmender Medikamente verwendbar. Lecithin selbst kann sogar zu intravenös injizierten Emulsionen verwendet werden.

Die Saponine sind Schaummittel und echte Emulgatoren, die damit bereiteten Emulsionen sind gegen Elektrolytzusatz sehr beständig. Die Emulsionen fallen nach der „englischen" Methode bereitet besser aus, als nach der kontinentalen (siehe S. 77). Mit Saponin kann man Fette und ätherische Öle gut, Paraffinkohlenwasserstoffe aber nur sehr schlecht emulgieren. Synthetisch hergestellte Glykoside vom Saponincharakter, wie etwa Tetradecylglykosid, sind den natürlichen Saponinen vielfach überlegen.

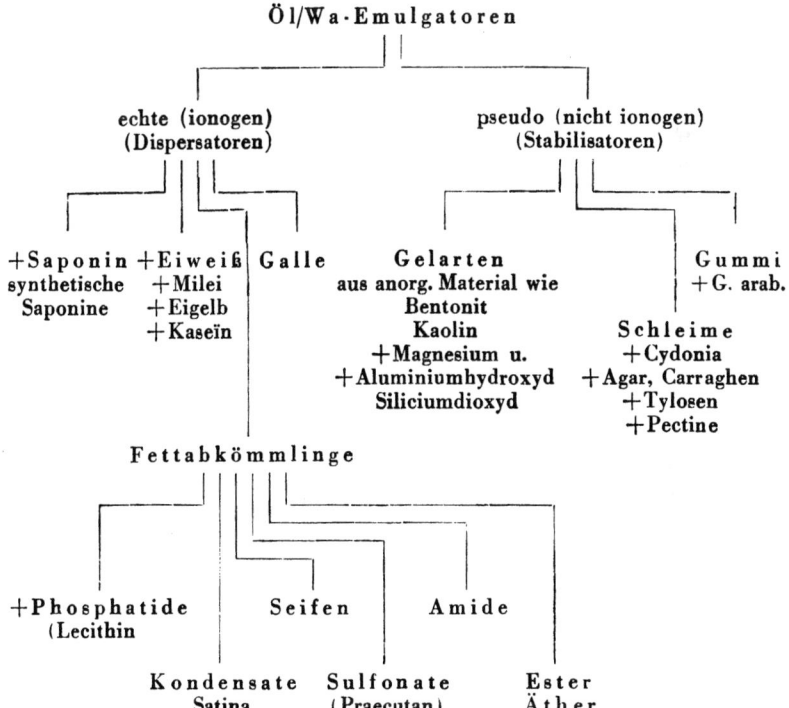

Im Eigelb ist eine Lecithin-Proteinverbindung der wirksame Emulgator. Weitere Lecithinzusätze vermindern die Emulgierwirkung. Eiklar, Fischeiweiß, Kasein, Milei, Hefe und Gelatine sind Emulgatoren aus dem Eiweißsektor. Eiweiß emulgiert Paraffine und Glyzeride gut, ätherische Öle mangelhaft. Besser als Eiweiß emulgieren einige Spaltprodukte.

Galle emulgiert nur Glyzeridfette, sie macht Fettsäuren löslich, kann aber Kohlenwasserstoffe nicht dispergieren und verträgt sich mit vielen anderen Emulgatoren, wie Gummi arabic., nicht.

Fettabkömmlinge, die die Industrie herstellt, sind sehr zahlreich. Erinnert sei an die Seifen, an Satina (Fettsäure-Lysalbin-Kondensat), Praecutan (den Türkischrotölen einerseits, den Hostaponen anderseits nahestehend), an Lanettewachs N und N 52.

Um das Jahr 1936 kam Bewegung in die Forschung, eine Reihe neuer Emulgatoren wurde entwickelt. Sie kamen aus ganz neuen Gebieten der Chemie: Sapamine, Sulfonate, Amide, Kunststoffe, synthetische Schleime u. a. m.

Die ersten Präparate waren Zelluloseäther und Ester, die, in Wasser gelöst, ein salbenartiges Gel und so schleimartige Salben bilden. Zellulose-Methyl- und Äthyläther, die kalt quellen, und das in heißem Wasser quellende Natriumsalz der Carboxymethylzellulose sind die Substanzen, die wir als Adulsion Kalle, Fondin der Sichelwerke, als die englischen Präparate Cellofas A, Methocel, Celacol und Celocel aus Literatur und Praxis kennen. Durch die St. Michaeler Zellstoffabrik in Hinterberg bei Leoben ist mit Polyfibron Special C ein vollwertiges österreichisches Präparat erhältlich, das sich bald einen Platz in der Therapie erobern wird. Literatur über die Äther bringt insbesondere Stawitz.

Von den Pflanzenschleimen und Gummen haben die Zellulosederivate den Vorteil, bakteriell nahezu, wenn auch nicht völlig, unangreifbar zu sein. Darüber hinaus sind sie auch chemisch, mit einigen Ausnahmen (z. B. gegen Tannin), nicht empfindlich und sowohl als gallertige Salbengrundlagen (Augensalben) wie auch als Emulgatoren brauchbar.

Walrat war als Salbengrundlage schon lange bekannt, der Cetyl- und Sterylalkohol führten sich als Emulsionsverbesserer ein. Cetylsulfonat war ein Waschmittel und Emulgator. Daß eine Mischung von 96% Cetylalkohol, 1% eines lecithinartigen Körpers und 3% Cetylsulfonat, 10 Teile, mit 80 bis 90 Teilen Wasser aufgeschmolzen und kaltgerührt, eine hervorragende kremig-salbige Öl/Wa-Emulsion bildet, war in den Laboratorien der Böhme Fettchemie, Chemnitz, bzw. der Deutschen Hydrierwerke in Dessau-Rodleben erarbeitet worden. Die Lanettewachse haben sich im Kriege allgemein eingeführt.

Die Chemiker, die bisher in der Textilhilfsmittelindustrie und anderen Sparten der Chemie mit Emulgatoren gearbeitet hatten, prüften nach und nach alle bekannten Emulgatoren ob ihrer Einsatzfähigkeit in Salben durch.

Mono- und Diglyceride sind infolge der freien hydrophilen OH-Gruppen einerseits häufig salbig, anderseits auch Emulgatoren. Das wußten die Kosmetiker schon vor 20 Jahren, und die emulgierende Komponente des Tegin Goldschmidt ist ein Monoglycerid. Vom zweiwertigen Alkohol Glycol bis zum sechswertigen Sorbit kann man nun viele Tausende Ester herstellen. Als Fettsäurekomponente nimmt man Laurin-, Myristin-, Stearin-, Palmitin-, Öl- und viele andere Fettsäuren. Wie beim Toto gibt es unzählige Möglichkeiten. Der Emulsionstechniker bekommt von der sterischen Anordnung her Typs, und die einschlägigen Firmen, insbesondere in Amerika und England, haben all die Kombinationen eingehend studiert. Es entstand die große Zahl der Crills, Spans, Arlacels, von denen nur einige weiter unten angeführt seien.

Aus dem Sorbit leiten sich z. B. die Crills von Croda Nr. 1 bis 13 ab. Bezieht man die Präparate von der Atlas Powder Co. Wilmington Delaware USA, so heißen die Präparate Arlacel oder Span bzw. Tween, also z. B. Sorbitan monolaurat = Crill Nr. 1 = Arlacel Nr. 20 = Span Nr. 20.

Vom Mannit leitet sich Crill Nr. 15 ab, das Monooleat des Mannits, das in Amerika Arlacel B heißt.

Vom Glycerin und Glycol ausgehend, sind ebenfalls eine Unzahl von Crills, Spans, Arlacels herausgebracht worden. In Spaltons Buch finden sich übersichtliche Tabellen, die dort eingesehen werden müssen.

Vom Pentaerytrit leiten sich Estax Nr. 1, 2, 5, 6 und 17 ab. Succinate wiederum sind Aerosol AY und MA der Cyanamid Co.

Weitere chemische Gruppen hatten gleichfalls Aussicht auf Einsatzfähigkeit. Es waren dies die Polyäthylenoxydderivate, deren fester, wachsartiger Vertreter Postonal in der Pharmazie bekannt ist.

In Deutschland und Amerika arbeitete man am gleichen Problem, die Präparate gefielen und kamen in den Jahren nach 1945 unter den Namen Cremophor, Cremolan, Carbowax, Estax, Crill heraus.

Cremophor 0 von der Badischen Anilin- u. Soda-Fabrik ist ein Oxäthylierungsprodukt, ein Emulgator für Öl/Wa-Emulsionen. Carbowax der Carbide- und Carbon-Chemicals London ist ein Polyäthylenglycol. Mehrere Crills der Croda London sind Polyäthylenoxyd-Sorbitan-Mono-Laurate, -Palmitate, -Stearate, -Oleate oder deren Mischungen. Estax Nr. 36 bis 40 von Watford London sind Polyäthylenoxyd-Laurate, -Stearate usw.

Unter den anorganischen Gelen ist Kaolin zu nennen, wir verwenden ihn selten als Emulgator, es wird aber immer wieder versucht, seine emulgierenden Eigenschaften in Waschmitteln auszunützen, doch ist der Kaolin für sich allein ein besserer Emulgator als in Kombination mit Seife. In dieser Mischung behindern sich die beiden Emulgatoren, sie emulgieren sich gegenseitig und nicht den Schmutz. Die Kriegsseifen waren daher nicht nur infolge der Verdünnung der Seife minderwertig, ihr Einsatz war kein Sparen, sondern ein Verschleudern von Fetten.

Vorwiegend im Kriege wurde die emulgierende Wirkung der Tone und der Bentonite (vulkanische Tone) ausgenützt. Bentonit hat sogar in die US. National Formulary Eingang gefunden. Spalton empfiehlt Bentonit bzw. das ähnliche Tixolan als Verdickungsmittel, da sie die Haut seidenartig glänzend (durch die glatten Partikelchen, die Licht reflektieren) machen. Manche Kosmetika enthalten KaO-Gel, einen französischen Kaolin. In die deutsche und österreichische Industrie haben diese natürlichen anorganischen Emulgatoren bzw. Salbenbestandteile ebensowenig Eingang gefunden wie die synthetischen dieser Gruppe: Kieselsäure-, Magnesiumhydroxyd- und Aluminiumhydroxydgel (Unemul der Engländer).

Neben dem Natrium-, Kalium- und Ammonium- finden wir in Seifen immer mehr das Triäthanolamin und Morpholin als Alkalikomponente vordringen. Ersteres wurde zwar schon wiederholt von Hautärzten angegriffen, ist aber technisch angenehm zu verarbeiten und milder als Ammoniak und Alkali. Es tritt aber nicht nur in Seifen auf, sondern auch im Empicol LA = Triäthanolaminsulfat und als Triäthanolamin-Alginat. Die sonstigen Alginate, das sind Schleime aus Meerestangen bzw. deren Salze, dürften bekannt sein.

Gummiarabicum ist brauchbar, darf aber weder mit Seife noch mit Lecithin und Türkischrotöl kombiniert werden.

Die Eigenschaften der natürlichen und künstlichen Schleime sind im allgemeinen recht wenig bekannt. Sehr zu Unrecht, denn einerseits sind die Schleime für die Schleimhaut das, was Fette für die Haut sind, und andererseits könnten sich Fälle wie der folgende nicht ereignen, wenn wirklich Verständnis für die Eigenschaften von Fetten und Schleimen vorhanden wäre: Die Indolylessigsäure hat bekanntlich die Eigenschaft, das Wurzelschlagen von Stecklingen zu erleichtern. Man bringt sie in Form von Wurzelpasten heraus; mit diesen Pasten werden die Schnittflächen der Stecklinge bestrichen. Auf Vorschlag verwendete eine Weltfirma als Grundlage für eine solche Paste Wollfett. Resultat: Die Stecklinge gingen ein, da alle Leitungsbahnen verstopft wurden: Ich schlug Tyloseschleime vor, und die Paste wirkte, ohne den Stecklingen zu schaden.

Über weitere Emulgatoren referieren wir eingehender im Abschnitt über die Salben. Es sei nur jetzt an die kationaktiven Emulgatoren gedacht, an die Invertseifen nebenstehenden Typs, die als Desinfektionsmittel (Quartamon, Zephirol) allgemein bekannt sind.

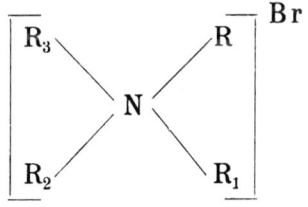

Man hat desinfizierende Emulgatoren. z. B. im Cetyltrimethylammoniumbromid (Cetrimid, Cetavlon, CTAB) ausgearbeitet. Das Präparat ist z. B. mit Wollfett zusammen der Emulgator der Glasgow-Nr.-9-Creme, einer desinfizierenden Salbe. Ähnliche Präparate werden von der ICI in größerer Zahl hergestellt.

Auf dem Gebiet der Wa/Öl-Emulgatoren ist eigentlich nicht viel neues zu vermelden.

Immer wieder sehe ich, daß das Wollfett der Döhrener Wollkämmerei den englischen und amerikanischen Produkten überlegen ist. Grund dafür ist die Herstellung, bei der gegenwirksame Waschmittel angewendet werden. Diese lassen sich nur sehr schwer entfernen und verschlechtern die Wa/Öl-Emulgatorwirkung.

Emulgatorwirksam sind die Wollfettalkohole, die als Eucerin jedem Apotheker altbekannt sind. Ähnliche bekannte deutsche Hilfsstoffe sind Hydrocerin Böhringer, Eumattan, Aquaphil und die amerikanischen Emulgatoren Cordulan, Euhydrin und Isolan. Als Alcoholia lanae werden sie im DAB 7 vertreten sein.

Alle mit Digitonin fällbaren Zoo- und Phytosterine sind dem Cholesterin als Emulgatoren nahezu gleichwertig (Janistyn), da sie aber nur selten bei einer Großfabrikation in genügender Menge oder in ausreichender Reinheit anfallen, hat diese Erkenntnis bisher nur zu einem Emulgator, dem Amphocerin der Dehydag, geführt. Es ist den Wollfettalkoholen noch nicht gleichwertig.

Neben den erwähnten Einteilungen findet man auch die in halb- und ganz-synthetische Emulgatoren. Diese Trennung ist aber nicht empfehlenswert und wird in vielen Fällen überhaupt unbrauchbar, denn die Grenzen verschieben sich leicht. Die Seife mit 16 Atom aus Naturfett wirkt nicht anders als das kettengleiche vollsynthetische Palmitat.

3. Erkennung

Zu welchem Emulsionstyp eine Emulsion gehört, kann man auf verschiedenen Wegen untersuchen.

1. Man nimmt kleine Stücke oder Tropfen einer fraglichen Emulsion, etwa einer Salbe oder einer Magarine, die auf ihren Typ untersucht werden soll, und trägt sie in ein fettes Öl ein. Der Wa/Öl-Typ löst sich langsam auf, der Öl/Wa-Typ bleibt unverändert.

2. Eine Öl/Wa-Emulsion ist in den meisten Fällen mit Wasser leicht verdünnbar. Bei Emulsionen auf Schleimbasis kann diese Methode versagen, insbesondere, wenn der Schleim in größeren Mengen vorhanden ist und nicht wasserlöslich, sondern nur quellbar ist.

3. Die Abwaschmethode hat sich mir sehr gut bewährt. Ich streiche die Emulsion, z. B. eine Salbe auf den Handrücken. Beim Abwaschen mit Wasser spült man eine Öl/Wa-Emulsion leicht weg. Der umgekehrte Typ verschmiert sich und kann nur mit heißem Wasser und Seife oder einem Lösungsmittel entfernt werden.

4. Die Indikatormethode. Man legt je ein Körnchen eines öllöslichen und eines wasserlöslichen Farbstoffes auf die Emulsion und bewegt die Farbstoff-Partikel vorsichtig mit einem warmen Stab. Färbt die Farbstoffbase, so ist die Ölphase außen, färbt das wasserlösliche Farbstoffsalz, die Wasserphase. Bei schleimreichen Emulsionen sind auch hier Versager möglich.

5. Die Leitfähigkeitsmethode. Man versucht den elektrischen Strom durch die Emulsion zu leiten, bei Öl/Wa-Emulsionen gelingt dies, Wa/Öl-Emulsionen sind Nichtleiter. Dieses Phänomen, das therapeutisch wertlos ist, wurde schon werbetechnisch ausgeschlachtet. Man behauptet, daß die Salbe XX, da sie den Strom so gut leitet, besonders wirksam sei.

6. Peyer taucht ein heißes Metallstück, etwa einen Spatel, in die Emulsion, wird es naß, so liegt eine Öl/Wa-Emulsion, wird es ölig, der umgekehrte Typ vor.

7. Bei der Filterpapiermethode wird ein Tropfen Emulsion auf das Papier locker aufgestrichen. Ist die Wasserphase außen, so entsteht in vielen Fällen ein breiter feuchter Hof.

8. Wirklich verläßlich ist nur die mikroskopische Prüfung der Emulsion, in der die Ölphase vor der Emulgierung oder unter dem Deckglas mit Sudanfarben rot, die Wasserphase mit Methylenblau blau gefärbt wurde. Nur diese Methode ist in der Lage, bei allen Grenzfällen sichere Resultate zu ergeben.

Die Erkennung einer Emulsion kann also von einem, etwas geübten, verständnisvollen Emulsionslaien durchgeführt werden. Er kann eine fertige Emulsion auch beurteilen, wenigstens von praktischen Gesichtspunkten aus. Er ist befähigt festzustellen, ob das vorliegende Produkt zersetzlich ist, aufrahmt, knollig wird, elektrolytempfindlich ist.

4. Emulgatorenprüfung

Die Ausarbeit eines Emulgators und die exakte Prüfung auf seine Einsatzfähigkeit gehört zu den schwierigsten und langwierigsten Kapiteln, erfordert große Reihenuntersuchungen und praktisches Wissen.

Eine exakte Methode, deren Ergebnisse in Zahlen ausdrückt, ob und inwieweit wir in dem Prüfling einen brauchbaren Öl/Wa-Emulgator in Händen haben, gab es bisher nicht. Auch beim umgekehrten Typ fanden sich erst in den letzten Jahren Kriterien, so die Wasserzahl von Casparis bzw. die Wasserzahlkurve, die ich ausarbeitete. Man bestimmt die Wasseraufnahmefähigkeit des Emulgators in verschiedenen Mischungen mit Fetten, Fettsäuren, Kohlenwasserstoffen, und erhält so einen brauchbaren Überblick. Das Studium der Emulgierwirkung in Öl/Wa-Emulsionen ist komplizierter. Wir haben hier die Oberflächenspannungs-, Dispergier-, Stabilisier- und Trägheitsmomente zu berücksichtigen, es also mit Komplexen zu tun, deren jede Komponente besonders zu beurteilen ist. Dazu kommt, daß viele Emulgatoren dieses Typs überhaupt nur einen Teil der öligen Substanzen emulgieren, andere wieder nicht. So sind bestimmte künstliche Emulgatoren im Stande, nur freie Fettsäuren zu emulgieren, Galle emulgiert nur Glyzeride, aber keine Kohlenwasserstoffe, ein dritter Emulgator verarbeitet Paraffine besonders gut.

Eine gewisse Möglichkeit, einen Öl/Wa-Emulgator zu beurteilen, ergibt die Angabe seiner Kügelchenzahl. Man versteht darunter die Mengen — Emulsionskügelchen in Milliarden pro cm^3 ausgedrückt —, in die man Öl unter stets gleichbleibenden Bedingungen dispergieren kann. Schlechte Emulgatoren geben Kügelchenzahlen unter 1, also 1 cm³ enthält weniger als 1 Milliarde Emulsionskugeln, mäßige liefern 1 — 10, gute 10 — 100. Die Zahl 100 und mehr erreichen nur ganz ausgezeichnete Emulgatoren. Die Kugeln werden in verdünnten Emulsionen im Hämozytometer mikroskopisch ausgezählt. Allerdings ergeben sich bei der Anwendung der Kügelchenzahl und der ähnlich gewonnenen H-Zahl des Büchischülers Münzel einige recht bedeutende Schwierigkeiten.

Beide sind bei unechten (Pseudo-) Emulsionen unbrauchbar. Außerdem ist, streng genommen, für jede Substanz, die dispergiert wird, also für Glyzeride, Fettsäuren, Kohlenwasserstoffe, Wachse eine spezielle Kügelchenzahl zu bestimmen. Ferner muß man, um ein wirkliches Bild der Emulgatoren zu erhalten, noch andere, durch die obigen Zahlen nicht ausdrückbare Komponenten kennen, es sind dies die Löslichkeit, Dispergierfähigkeit, Netzwirkung und dgl. Die eingehende Kenntnis eines Emulgators ist also eine Wissenschaft für sich. Ein wirklich brauchbares Urteil kann nur von ganz wenigen Fachleuten abgegeben werden. Wir können gerade hier nur mit langjährigen, hauptberuflich angeeigneten Erfahrungen arbeiten. Der Apotheker kann da nicht mit und muß sich wohl auf die Prüfung fertiger, bereits ausgearbeiteter Emulgatoren oder Emulsionen beschränken.

Wir haben oft die Worte Pseudo- und echter Emulgator gebraucht und auch kurz die beiden Begriffe definiert.

Ich möchte hierzu erläuternd ein Schema bringen, das zeigt, welche Kräfte vorherrschen müssen, um eine Substanz zu einem echten und welche sie zu einem Pseudo-Emulgator machen.

Auf Grund dieser Zusammenstellung, die von Münzel stammt, kann man die in der Pharmazie gebrauchten oder bekannten Emulgatoren in zwei Gruppen einteilen. Die einen stabilisieren durch Filme und sind meist niederviskos. Die andern sind viskos und hydratisiert. Die einzelnen Emulgatoren sind also zu trennen:

Emulgatoren

Echte Emulgatoren der Pharmazie:
Seifen der Fettsäuren mit 10—18 C Atomen
Praecutan (ein Sulfonat)
Saponin
Kasein
Eiweiß
Satina (ein Eiweißkondensat)
Lecithin
Tegin

Pseudo-Emulgatoren der Pharmazie:
Tragant
Agar — Agar
Carraghen
Ceratoniaschleim
Pektin
Zelluloseester (Tylose)

Die Herstellung der Emulsionen kann nach verschiedenen Verfahren erfolgen. Man spricht von einer „englischen" und einer „kontinentalen" Emulgiermethode. Die erstere schreibt vor, daß der Emulgator in der ganzen oder einem Teil der äußeren Phase gelöst wird. Die andere Phase wird dann durch Rühren, Schütteln oder andere Maßnahmen eingearbeitet.

Bei der kontinentalen Methode wird der Emulgator in der inneren Phase, in der er unlöslich ist, suspendiert. Die äußere Phase wird dann unter mechanischer Emulgierung zugefügt, sie löst den Emulgator aus dem Suspensionsmittel heraus und bringt ihn zur Wirkung. Diese Angaben sind noch keine Schilderung der fertigen Rezeptur oder Technik, sondern nur eine Art Rahmenbild, das es noch lange nicht gestattet, Emulsionen herzustellen. Übung und Erfahrung sind nötig. Bei Verwendung von Rührwerken z. B. muß die Tourenzahl richtig gewählt werden. Beim langsamen Lauf kann die Tourenzahl nicht ausreichen, um das Zusammenfließen der Tröpfchen zu verhindern, und eine zu hohe Geschwindigkeit wiederum kann emulsionszerstörend wirken. Ruhepausen zwischen den einzelnen Schüttel- und Rührvorgängen verbessern die Ergebnisse.

5. Maschinen

Die einfachsten, zur Emulgierung geeigneten Hilfsmittel der Apotheken sind Flaschen, in denen durch Schütteln emulgiert wird, und die Mörser oder Reibschalen, in denen die Emulsion durch Reiben mit dem Pistill oder Schlagen mit einem Schneebesen bereitet wird. Die Anwendung all dieser Hilfsmittel ist beschränkt, denn alle flüssigen Emulsionen, die darin in primitiver Form durch Schütteln und Rühren mit einfachen Rührwerken bereitet werden, sind unvollkommen und müssen, sollen sie haltbar sein, homogenisiert werden. Unter Homogenisieren versteht man die weitere Zerkleinerung der Emulsionskügelchen; je kleiner sie sind, um so haltbarer ist die Emulsion, denn die Viskosität bei unechten, die Filmbildung und die Dispergierungskräfte bei echten Emulsionen können sich kleinen Kugeln gegenüber viel besser entwickeln als großen. Die in den Apotheken zur Salbenherstellung außerordentlich brauchbaren Zylindermühlen und Dreiwalzenwerke homogenisieren nicht. Die Homogenisatoren im engeren Sinne sind zum Großteil in der Milchindustrie entwickelt worden und dispergieren die Emulsionen durch rotierende oder feststehender Düsen.

In der Technik verwendet man daher vielfach Apparate, die zuerst die Emulsion mischen und dann homogenisieren. Sie pressen die vorgemischte Emulsion durch die Fliehkraft, durch Kolbendruck, durch rotierende Düsen oder mischen sie in kolloidmühleartigen Apparaten.

Mit Ultraschall, mit dem Objektträgervibrator, ja sogar mit zu Stampfwerken umgebauten Tablettenpressen kann man gleichfalls emulgieren. Da diese Apparate außerhalb unseres Bereiches liegen, seien sie nur erwähnt.

Wir haben zur Herstellung bzw. zur Verbesserung von Emulsionen einige Haupttypen von Maschinen zur Verfügung:

Emulgiermaschinen

Kontinuierlich und diskontinuierlich

Kneter	Düsen	Mahlende	Schlagende
Mischer	stehende	Trichtermühlen	Schütteln
hoch und	kreisende	Kolloidmühlen	Langwellenschall
niedertourig		Zahnmühlen	Nockenvibratoren
			Ultraschall

Die gewöhnlichen niedertourigen Rührwerke bieten keine besonderen interessanten konstruktiven Gesichtspunkte. Sie arbeiten diskontinuierlich und wurden in größeren Betrieben von den kontinuierlich und nach Möglichkeit in einem Arbeitsgang auch homogenisierend arbeitenden Maschinen überflügelt.

Diese einfachen Rührwerke arbeiten verhältnismäßig störungsfrei, aber langsam. Schaufeln mischen die beiden Phasen, und eingebaute Ecken und Kanten verhindern, daß die ganze Masse ungemischt ins Kreisen kommt.

Eine Verbesserung der Produkte wird durch zusätzliche Armaturen erzielt; sie erreichen, daß neben der Rührwirkung von den umlaufenden Teilen noch eine Stoß- und Schlagwirkung ausgeübt wird. Derartige Rührer leiten zu den Zahnmühlen, in ihrer vollkommensten Ausführung zu den Kolloidmühlen über.

Die Kreisel- und Turbomischer laufen hochtourig und mischen die Phasen in genau berechneten, turbulenten Strömungsfeldern, die Ähnlichkeit mit den Zerstäubern des Öls in den Dieselmaschinen aufweisen. Bei ihnen fließen die beiden Phasen regulierbar aus getrennten Rohren zu und werden von einem Turbinenrad gemischt. Ein bekanntes Modell liefert, mit einem 2 bis 3-Ps-Motor gekuppelt, 400 bis 600 Liter einer 30%igen Emulsion pro Stunde. Die Maschinen dieser Art sind echte Emulgiermaschinen, sie emulgieren selbst und homogenisieren auch, es ist also nicht nötig, eine Voremulsion herzustellen und diese zur Homogenisierung einfließen zu lassen.

Beim Einbau von schnellen Rührern muß bedacht werden, daß nicht jedes schnell rotierende Aggregat auch emulgierend brauchbar ist. Nur Schnellmischer sind geeignet, die trotz blitzschneller Mischung doch eine geordnete Geschwindigkeitsdifferenz im Mischer aufbauen. Die Geschwindigkeitsdifferenzen zwischen extremen Schichten, also z. B. an der Wand zu in Rührernähe, dürfen und sollen auch in solchem Schnellmischer ganz erheblich sein. Nur muß es bei vielen Mischprozessen vermieden werden, die Stoffe in ihrer Geschwindigkeit ruckartig zu bremsen, wie es an scharfen Prallflächen und in Turbinen häufig geschieht. Das vertragen biologisch-organische Stoffe, die miteinander gemischt werden, nur in den allerseltensten Fällen. Man braucht nur in diesem Zusammenhang an die Alterung von Spirituosen durch Ultraschall erinnern, wo auch die Geschwindigkeitsdifferenz zwischen den bewegten Einzelteilchen der Mischung und der Umgebung, wenn auch in kleindimensionalem Bereich, besonders durch das Hin- und Rückschleudern dieser Teilchen durch den Ultraschall so stark ist, daß man Spirituosen, die man mit Ultraschall altern will, nur Bruchteile einer Sekunde beschallen darf. Bei längerer Einwirkung werden die feinsten Aromateilchen erschlagen und das Bukett vernichtet.

Auch aus diesem Beispiel geht hervor, daß man bei schnelllaufenden Mischmaschinen außerordentlich darauf achten muß, ob die Geschwindigkeitsdifferenz in der Mischung geordnet oder ungeordnet aufgebaut ist. Vollkommen ungeordnete Verhältnisse, also Bremsung und Umkehrung der Geschwindigkeit der zu emulgierenden Stoffe an Prallflächen oder ähnlichen, sind für normale Mischungen nicht immer geeignet, sie können aber wertvoll sein bei der Herstellung von Dispersionen höheren Grades und für gewisse Homogenisierzwecke, bei welchen die Stabilität nur durch radikale Verkleinerung der Teilchengröße erreicht werden kann.

Die Ordnung wird am nächsten erreicht durch schnellaufende Mischer, deren Mischorgane exzentrisch gelagert sind, sonst runde und glatte Gefäße mit gewölbtem Boden aufweisen, da hier Emulgatoren am leichtesten zu verarbeiten sind und sicherer wirken können. Man muß daher jeweils versuchen, ob dieser oder jener Apparat bei dem gerade vorgesehenen Zweck brauchbar ist oder nicht.

Um vom Allgemeinen auf das Spezielle überzugehen, seien einige interessante neue Maschinen kurz besprochen.

Die Blitzmischer der Firma Nauta in Haarlem weichen von den einfachen Mischtrommeln und Knetern ab. In einem konischen Behälter dreht sich eine schnellaufende Schnecke und zieht das Produkt von unten nach oben, wodurch eine vertikale Strömung entsteht, während durch den Umlauf der Schnecke entlang der Behälterwand eine horizontale Bewegung erzielt wird. Diese Richtungen arbeiten im Gegenstrom und bewirken in Kombination mit der Behälterform besonders intensive Mischung.

Beim Entleeren der Apparatur läßt man die Schnecke entgegengesetzt arbeiten; sie preßt das gemischte Material in eine Abfüllöffnung am Boden des Behälters.

Die Homax-Mühlen sind Mittelrdinge zwischen Trichter- und Kolloidmühlen. Wie bei ersteren laufen zwei Scheiben, in diesem Fall aus Korund, im Tempo der Kolloidmühlen. Diese Mühlen, die als Mahlgeräte ausgearbeitet wurden, emulgieren und homogenisieren auch voremulgierte Emulsionen. Ähnlich gebaut sind die Fryma-Mühlen der Fryma Maschinenbau Ges. m. b. H., Rheinfelden.

Auf einem neuen und doch schon altbekannten Prinzip beruhen die Langwellenschallgeräte, die durch die „Pulsette"-Waschmaschine auch in die Haushalte Eingang fanden. Ein derartiges Gerät ist denkbar einfach gebaut. Ein von Federkraft gehaltener, aber freischwingender, kräftiger Anker wird von der normalen Wechselstromfrequenz über einen Transformator in Schwingungen versetzt, wobei sich die Frequenz verdoppelt, so daß eine Intensität von 100 Hertz zur Verfügung steht.

Diese Schwingungen können, je nach Größe der Apparatur, in ihrer Weite von Bruchteilen bis zu mehreren Millimetern eingestellt und zu den verschiedensten Zwecken verwertet werden. Man kann damit sieben, rühren, emulgieren und den Apparat durch eine einfache Kupplung mit geeigneten Maschinen verbinden. Der Wegfall aller rotierenden Teile macht den Verschleiß gering und ermöglicht es, im Vakuum oder unter Druck mit einer einfachen Gummimembran-

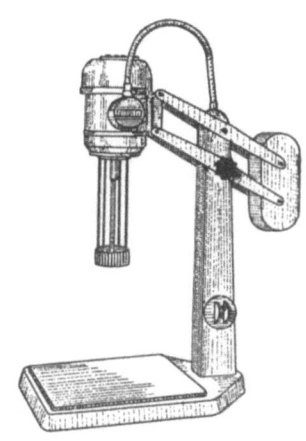

Abb. 56. Ika Ultra Turrax. Laboratoriumsmodell mit einer für Apotheken ausreichenden Leistung

abdichtung zu arbeiten. Nachteilig ist die ständige Lärmentwicklung, der man aber Herr werden kann.

Hersteller dieser Apparate sind Rhewum, Rheinische Werkzeug- und Metallwarenfabrik Remscheid-Lüttringshausen, Bopp und

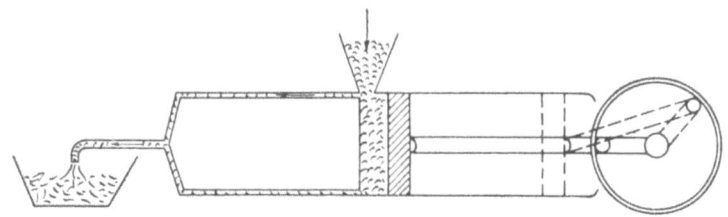

Abb. 57. Emulgor (schematisch)

Reuther, Mannheim und die A.G. für Chemie-Apparatebau, Zürich. Die Rührer, die emulgieren, sind Lochplatten mit konischen Bohrungen, die auf- und niederschlagend eine Strömung verursachen.

Die Kotthoff-Mischmühlen emulgieren und homogenisieren in einem Arbeitsgang. Eine direkt angetriebene Turbine saugt durch ein Zulaufrohr die beiden Phasen an und schleudert sie senkrecht

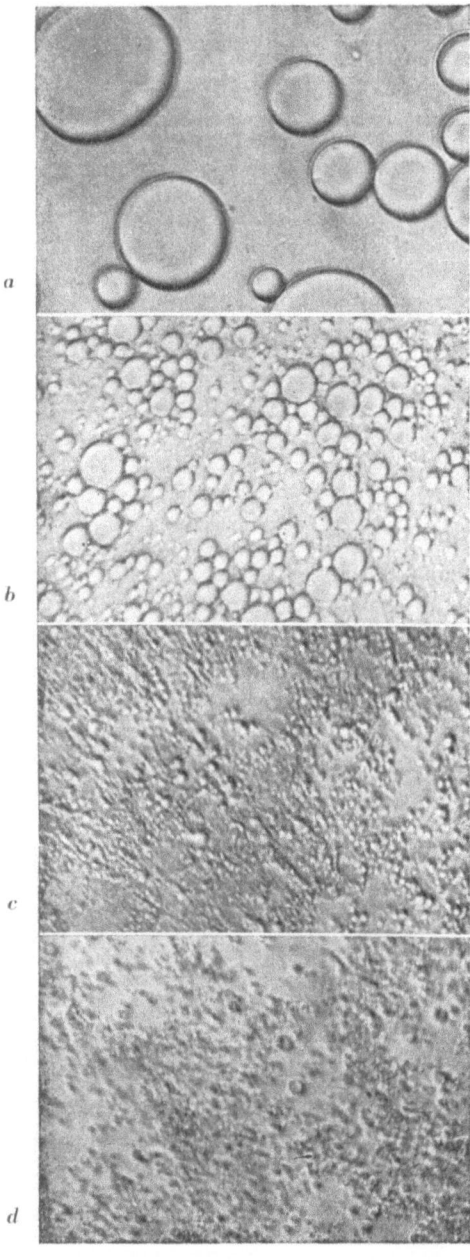

Abb. 58. Emulsionen gleicher Zusammensetzung von Hand bzw. durch verschiedene Maschinen hergestellt

in steter Wiederkehr gegen Prellflächen. Die Emulsion wird dort unter hohem Druck zerstäubt und wird dadurch homogenisiert. Die Standardtype kostet DM 900,—.

Auf ähnlichem Prinzip beruht der Ika-Ultra-Turrax (Abb. 56), „die Kolloidmühle im Kolben", die jedoch in allen Größen geliefert wird. Ein hochtouriger, stufenloser Elektromotor treibt einen Rotor an, der in einer Mischkammer rotiert. Nach den pharmazeutischen Versuchen kann man Rizinus- und Lebertran-Emulsionen mit dem Laboratoriumsmodell damit herstellen, indem man alle Bestandteile in trokkener Form zusammengibt und sofort homogenisiert. Die Emulsion entsteht in wenigen Sekunden und ist feiner als zuerst gemischte und dann homogenisierte, also zweizeitig gewonnene.

Die Maschinen mit rotierendem Homogenisierkopf arbeiten sonst meist mit voremulgierten grobdispersen Emulsionen, sind also, streng genommen, Homogenisatoren, in denen eine, z. B. in einem Rührwerk vorbereitete Emulsion unter Druck durch Kanäle und Spalten gepreßt wird.

Die Homogenisiermaschine der Firma Otto Runge (Schröders Nachfolger, Lübeck), enthält in ihrem Homogenisierkopf Ringspalten, die in verschiedenen Richtungen rotieren. Die Alfa-Laval-Dispergier-Zentrifuge der Bergedorfer Eisenwerke arbeitet ohne Kompressor und preßt die Emulsion mittels der Fliehkraft durch den hochtourig rotierenden Kopf, der aus Platten mit schmalen, ringförmigen Hohlräumen besteht, hindurch, so daß sie in Form eines Nebels austritt. Hoher Reibungswiderstand und hoher Druck bewirken eine weitgehende Steigerung der Dispersität.

Die Hurrel-Maschinen arbeiten ähnlich, auch sie pressen die Emulsion unter Ausnutzung der Fliehkraft durch die im Rotor gebohrten Kanäle in einen Spalt, der zwischen den rotierenden Teilen und dem Gehäuse eingeordnet ist. Sie können auch zur Verarbeitung kleinerer Mengen verwendet werden. Laboratoriumsgeräte, mit denen man auch Versuchspartien bis zu 100 g herab homogenisieren kann, sind der Hand- bzw. der Motor-Emulgor der Firma Gann, Stuttgart (Abb. 57), und der Homogenisator im Stada-Gerät, in denen ein Kolben den Druck erzeugt, der nötig ist, um die Emulsion um Kanten und Ecken eines stillstehenden Kopfes herumzudrücken.

Wie wichtig die Auswahl der besten Maschinen und die Anwendung der vorteilhaftesten Rezepte und Technik ist, zeigt eine Serie von Bildern, die alle eine Hautmilch nach folgendem Rezept zeigen (Abb. 58):

Emulgade R	2,0
Cetiol extra	8,0
Paraffin	0,5
Wasser	89,55

Bild a zeigt die Milch im Becherglas mit einem Rührer bei 210/Min.-Touren zusammengerührt. Bild b veranschaulicht dasselbe Präparat, das durch Schütteln in einer Flasche gewonnen wurde und bereits eine wesentlich feinere Verteilung aufweist. Bilder c und d stellen Emulsionen dar, die durch eine Hurrelmaschine bzw. den Emulgor angefertigt oder homogenisiert wurden. Sie sind natürlich nicht nur feintropfiger, sondern auch haltbarer als die in den Bildern a und b gebrachten, ohne Hilfsmaschinen hergestellten Emulsionen.

Wir haben jetzt die Theorien der Emulgierung, unter besonderer Berücksichtigung der Öl/Wa-Emulsionen, das Wesen der Emulgatoren und die Emulgiermaschinen ausführlich besprochen. Die Wa/Öl-Emulsionen sollten eigentlich hier folgen, ich habe diese Form aber im Kapitel „Salben" eingehend behandelt. Der dortige Abschnitt wäre ein Fragment, würde ich diese Emulsionen herausnehmen.

6. Bedeutung der Emulsionen in der Pharmazie

Es sollen nun kurze Hinweise auf die Anwendung der Emulsionen in der Technik, mit denen der Apotheker täglich zu tun haben kann, gebracht werden. Zunächst eine Übersicht über die der Pharmazie besonders nahestehenden Emulsionen.

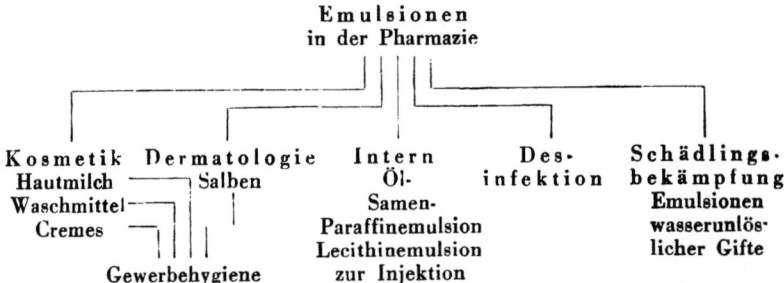

Die Emulsionen der Kosmetik und der Dermatologie können beiden Typen angehören. Die Wa/Öl-Emulsionen werden von der Nivea- und der Pfeilring-Creme vertreten, die Emulsionen vom Öl/Wa-Typ hingegen treffen wir als Mouson-Creme, Stocko-Creme und in Form aller der Hautmilchpräparate, die 5 bis 15 % Öl enthalten. Bei den älteren Produkten ist oft die Natron-Stearinseife der Emulgator, bei den neueren treten insbesondere die Cetylsulfate, die Monoglyzeride und von den Stearaten das des Triäthanolamins auf. Pharmazeutisch wird letzteres vielfach abgelehnt, da es bei empfindlicher Haut zu Reizungen führen kann, bei den Kosmetikern findet es ungeteilten Beifall, da es besonders schöne Cremes liefert. Es würde Bände füllen, alle Künste der Kosmetiker hier zu erwähnen, zu zeigen, wie man mit freier Stearinsäure den oft erwünschten Perlmutterglanz erzeugt, wie man den Puder mit Zinksalzen gleitend macht. Es ginge aber über den Rahmen des Buches hinaus.

In der Gewerbehygiene kann man ohne Emulgatoren überhaupt kein wirksames Schutz- und Pflegemittel herstellen, denn sie sind ja nicht nur Öl/Wa- oder Wa/Öl-, sondern darüber hinaus noch Öl/Haut- und Haut/Öl-Emulgatoren, also die Substanzen, die den innigen Kontakt des Fettstoffes mit der Haut ermöglichen. Ohne ihre Hilfe kann nur ein leicht abwischbarer, nicht pflegender Film, der oberflächlich aufliegt und abgerieben alle Werkstücke verschmutzt, erwartet werden.

Die Herstellung der Paraffinöl- und Lebertran-Emulsionen, meist in einfachster Art durch Schütteln dispergiert, bietet technisch keine besonderen Gesichtspunkte. Die Paraffinöl-Emulsion ist für die meisten Fälle zu schwach, und wird daher vielfach — mehr oder minder diskret mit dem Universalmittel Phenolphthalein „verstärkt". Deshalb und infolge der ungünstigen Eigenschaften des Öls an sich (Inhibition der Darmzotten) wurde sie in den letzten Jahren verschiedentlich abgelehnt.

Wasserunlösliche Desinfizientien, insbesondere die zur Grobdesinfektion geeigneten Produkte, werden ähnlich den Schädlingsbekämpfungsmitteln in der billigen Trägerflüssigkeit Wasser emulgiert, da dadurch eine feinere Verteilung erzielt wird. Die Emulgatoren sind meist gleichzeitig Netzmittel, so daß sie in der Lage sind, die Wirkstoffe an die Bakterien heranzubringen. Mann kann billigere Produkte verwenden, Ölsäure- und die Seifen der Vorlauffettsäuren der Paraffinoxydation, das sind die Fettsäuren mit 6 bis 9 C Atomen, die in der Seifenindustrie und Kosmetik schon wegen ihres Geruches, der hier von noch stärkeren Düften überlagert wird, abgelehnt werden.

Zahlreiche in der Schädlingsbekämpfung eingesetzte Fraß- und Berührungsgifte sind wasserunlöslich. Damit sie an die Insekten herankommen, müssen sie entweder in einem Lösungsmittel gelöst, wie z. B. Pyretrin in Petroleum als Flit, oder als Pulver (DDT Powder der Amerikaner) verwendet werden. Will man auf die Vorteile der wässerigen Flüssigkeiten nicht verzichten, so muß man die Gifte, etwa Pyretrin, emulgieren. Als Emulgatoren werden auch hier Kaliseife, Triäthanolaminseifen, Sulfosäureverbindungen, Emulphore und andere verwendet.

Die Netzmitteleigenschaften sind wieder ein Vorteil, da dadurch der Kontakt Insekt — Berührungsgift einerseits erleichtert, anderseits die Haftfestigkeit des Bekämpfungsmittels auf den Blättern oder auf den Kleidern ganz wesentlich erhöht wird.

Von den intern anwendbaren Emulsionen muß nur auf die bisher noch nicht besprochenen Samenemulsionen hingewiesen werden. In den ölreichen Samen ist das Öl als Tröpfchen in den Zellen feinst dispergiert, Eiweiß und Schleimstoffe sind die Emulgatoren. Um also eine Samenemulsion herzustellen, muß zuerst der Zellverband durch Quetschen oder Mahlen zerstört werden, dann kann man die nun als Konzentrat vorliegende Emulsion mit Wasser verdünnen und durch Filtration von den festen Teilen trennen.

7. Verwendung von Emulsionen in der Technik

Die Emulsionen, die in anderen Gebieten der Technik eingesetzt werden, interessieren den Apotheker nur in zweiter Linie, ich kann mich daher auf einen Überblick beschränken.

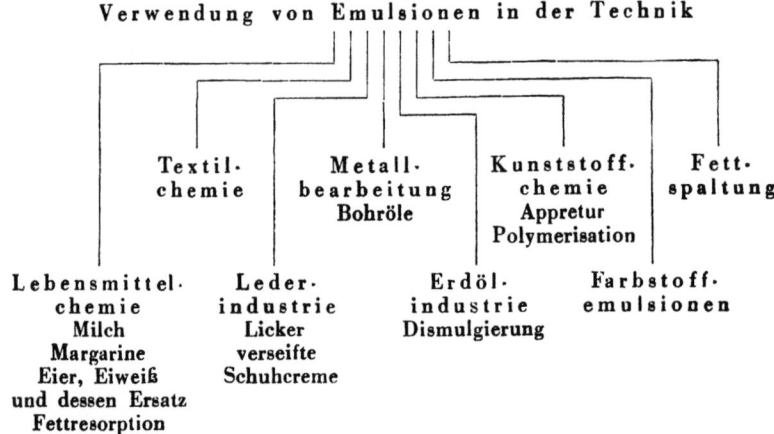

In der Lebensmittelchemie gehören die Milch und die aus ihr hergestellten Produkte zu den wichtigsten Emulsionen überhaupt. Milch ist, kolloidchemisch gesehen, eine Emulsion des Butterfettes in einer Lösung verdünnter Kolloide. Beim Aufrahmen steigert sich die Konzentration der Fettpartikelchen von 3 auf 30 Prozent. Beim Sauerwerden des Rahms werden die Kolloide zum Teil dehydratisiert und damit geschwächt. Außerdem sucht man die Kolloide, die zwischen den Tröpfchen lagern, durch Stoßen und Schlagen herauszupressen, die Tröpfchen werden durch dieselbe Maßnahme gleichzeitig zusammengeklebt. Man „buttert aus", die Emulsion schlägt um, das wässerige Milchserum ist nun nicht mehr äußerer, die Fetttröpfchen umschließender Emulsionsteil, sondern selbst vom Fett umschlossene, innere Phase.

Butter besteht aus durchschnittlich 84 % Fett, 14,7 % Wasser, 0,54 % Kasein und Albumin, 0,65 % Milchzucker, Milchsäure und 0,11 % Salzen.

Der Emulgator der Milch ist natives Kasein, das wir in verarbeiteter Form auch in der Salbenbereitung gebrauchen. Als Handelskasein ist es denaturiert, wasserunlöslich. Als „Aminogen" (durch Pektinbehandlung von anderen Eiweißstoffen getrennte Substanz), dürfte es die Grundmasse des Milei G sein. Das Pektin, das aus der Milch einige Eiweißstoffe herausnimmt, bildet mit diesem zusammen dann das Milei W. Milei kann auch pharmazeutisch eingesetzt werden.

Margarine nennt man ein Ersatzmittel für Butter, in dem billigere tierische und pflanzliche Gewebe-Fette und -Öle das teure Butterfett vertreten. Die wässerige Komponente ist Milchserum, als Emulgator werden Eigelb, Lecithin, Gelatine verwendet.

Die Eiweißstoffe des Hühnereies, die uns in der Majonnaise, einer gewürzten Olivenöl-Emulsion, als Emulgatoren gewärtig sind, können auch pharmazeutisch, z. B. zur Salbenherstellung, eingesetzt werden. Das eierölhaltige Eigelb ist ein stärkerer Emulgator als das Hühnereiweiß, denn es enthält das Lecitho-Protein, das als Emulgator von der Natur gedacht war.

Die Fettverdauung ist ohne Emulgatoren und Emulsionsbildung nicht möglich. Die Fette werden im Magen von der Lipase nur soweit gespalten, als sie fein verteilt zugeführt werden. Der Großteil der Fette wird erst im Darm im alkalischen Milieu feinst dispergiert. Als Alkali ist Carbonat vorhanden. Nun tritt die durch die Galle aktivierte Pankreaslipase in Aktion, die gebildeten Seifen werden kolloidal gelöst und die Lösungen am Gelatinieren verhindert.

In der Darmwand scheinen die resorbierten, gespaltenen Fette wieder zusammengefügt zu werden, sie werden dann mit dem unzersetzt resorbiertem Fett gemeinsam in die Lymphgefäße weiterbefördert. Von dort wandern sie, in Form einer Emulsion, dem Cylus, ins Blut, wo die Fette neuerdings gespalten werden. Die Seifen gelangen ins Depotgewebe und werden dort, nach erfolgter zweiter Synthese entweder verbrannt oder gespeichert.

In der Textilindustrie gebraucht man Emulgatoren, um zu fetten, zu entfetten und zu waschen. Sie bedient sich der Fachausdrücke: Avivage, Schlichte, Egalisierung, Appretur, Walke. Außerdem brauchen sie noch Netzmittel,

Imprägnierungs- und Färbereihilfsmittel. Es würde zu weit führen, auf dieses Gebiet, das seine Fachleute selbst ausbildet, näher einzugehen.

In der Lederindustrie werden die Emulsionen zur Fettung der gegerbten Häute herangezogen. Der dort gebrauchte älteste Emulgator ist das Eiklar. Heute verwenden wir zur Herstellung der „Licker" Seifen oder Sulfonate, die beide auch Mineralöle emulgieren und gemeinsam mit Tranen und Ölen in das zu fettende Leder hineinarbeiten. Die Schuhcremes der Zeiten freier Handelsbeziehungen sind feste Lösungen von Wachsen in Terpentinöl. Bei Störungen der Wirtschaft fehlt zuerst das Terpentin, so daß diese Komponenten ersetzt werden müssen. Man nimmt dann zu Seifengelen, in denen die Wachse einemulgiert schweben, Zuflucht. Statt Stearinseifen kann man die der Montansäure mit 24 bis 28 C Atomen verwenden, da diese langkettigen Seifen bessere Gelbildner und billiger sind.

In der metallverarbeitenden Industrie werden Emulsionen als Bohr- und Ziehöle eingesetzt. Darüber hinaus gibt es Emulsionsschmieröle.

Bohröle sind Mischungen von Ölen und ölartigen Emulgatoren, die, mit Wasser verdünnt, in Form von Öl/Wa-Emulsionen beim Drehen, Fräsen, Bohren, Schleifen und Schneiden sowohl die Werkzeugmaschine als auch das Werkstück kühlen und schmieren. Als Emulgatoren dienen Seife, Tallölseife und insbesondere die Emulphore, das sind Produkte, die durch Einwirkung von Äthylenoxyd auf höhere Fettalkohole entstehen. Schneidöle sind reine Mineralöle mit Rübölzusatz.

Die Bohröle werden leicht durch Bakterienkulturen verunreinigt und geben dann häufig zu Eiterungen Anlaß. Es empfiehlt sich, in solchen Fällen ein mit Seifen nicht reagierendes Desinfiziens zuzusetzen und die Öle von Zeit zu Zeit zu erhitzen.

Emulsionsschmieröle sind durch Wasserzusatz (Wa/Öl-Em) gestreckte Schmieröle für den Temperaturbereich zwischen -40^0 und $+90^0$. Als Emulgator dienen Kalkseifen. Der Wassergehalt beträgt 25 bis 30 %. Wenn die Erwartungen und Hoffnungen, die in Kriegszeiten auf diesen Emulsionstyp gesetzt wurden, sich nicht als Propagandaschlager entpuppen und wirklich zutreffen, so ist die wirtschaftliche Bedeutung ungeheuer. Rußland allein gibt an, im Jahre 1942 durch Verwendung solcher Öle eine Million Tonnen Schmiermittel eingespart zu haben.

In der Erdölindustrie benötigt man Substanzen, die unter bestimmten Voraussetzungen Emulgatoren sind, unter anderen Bedingungen aber Emulsionen zerstören, als sogenannte Dismulgatoren. Sie werden eingesetzt, um Emulsionsbildungen in der Lagerstätte und beim Fördern, Umpumpen, Lagern und Verschicken zu trennen und die Aufarbeitung der Altöle zu erleichtern.

Bei der Herstellung von Kunststoffen spielen Emulgatoren eine nicht unbedeutende Rolle, da viele Polymerisationen in Emulsionen durchgeführt werden, die fertigen Produkte hingegen wieder in Emulsionsform als Klebstoffe, Latex und dgl. verwendet werden. Ähnliche Verhältnisse finden wir auch in der Farbstoffchemie.

Wir sehen aus dieser kurzen Anführung der wichtigsten Anwendungsgebiete, wie ungeheuer die Bedeutung der Emulsionen außerhalb der Pharmazie ist. Einen Sektor, in dem die Emulgierung eine bedeutende, wenn auch nicht die einzige Rolle spielt, wollen wir im folgenden eingehend — da für die Pharmazie wichtig — besprechen, den der Waschmittel.

III. Waschmittel

1. Definition

Von den Emulgatoren zu den Wasch- und Reinigungsmitteln ist nur ein Schritt, denn auch diese arbeiten vor allem auf Grund ihrer Emulgierwirkung.

Ein Reinigungsmittel ist ein Präparat, das zur Entfernung von Schmutz dient. Der Schmutz kann wasserlöslich sein, Eiweiß- oder Fettcharakter aufweisen, pigmentartig aus Kohle, Erde und anderem Material bestehen oder bituminös sein und auf der Haut, auf Textilien, Glas, Metall u. a. sitzen. Wir kennen daher Reinigungs- und Lösungsmittel für die verschiedensten Schmutzarten und Universalreinigungsmittel, die mit und ohne Wasserzusatz arbeiten. Der Begriff Reinigungsmittel umfaßt mehr als der des Waschmittels. Darunter ist ein Präparat zu verstehen, das unter Mithilfe von Wasser reinigt. Unter den Waschmitteln interessieren uns die große Zahl der Textilwaschmittel insbesondere deshalb, weil an ihnen die meisten Forschungen über den Wascheffekt durchgeführt wurden. Primär kommt für uns lediglich die Gruppe der Hautwaschmittel in Frage. Sie ist groß genug, um stundenlang darüber sprechen zu können.

2. Eigenschaften

Mehrere Komponenten arbeiten zusammen um das zu bewirken, was wir den Wascheffekt nennen. Die üblichen Waschmittel sind deshalb gleichzeitig Emulgatoren, Suspensionsmittel, chemisch und physikalisch angreifende Lösungsmittel, Netz- und Schaummittel. Fehlt eine der Komponenten, so kann das Mittel noch brauchbar sein, muß es aber nicht.

Den Begriff eines **Emulgators** haben wir schon besprochen. Ein Waschmittel muß emulgieren, um die fettartigen Schmutz-

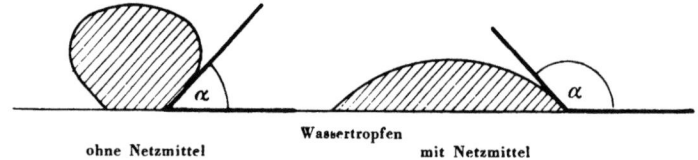

Abb. 59. Wirkung eines Netzmittels (schematisch). Der Randwinkel eines Tropfens wird durch Netzmittelzusatz je nach dessen Kraft und Konzentration vergrößert

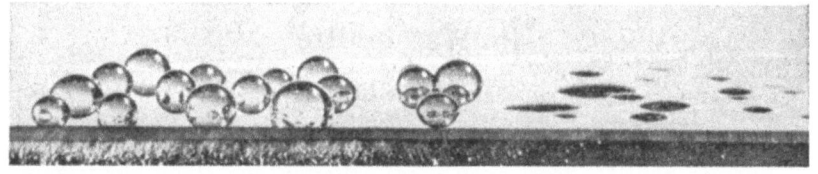

Abb. 60. Dasselbe Bild als Photographie. Die Tropfen links haben nahezu Kugelform behalten, die rechts haben sich durch die Wirkung eines Netzmittels in den Untergrund kapillar eingesaugt

teilchen einzuhüllen und abtragen zu können. Es muß also ein Öl-in-Wasser- oder besser Schmutz-in-Wasser-Suspensator sein. Derartige Emulgatoren sind also **Suspensionsmittel**, sie können feste Teilchen in Schwebe halten.

Einige Waschmittel arbeiten auch chemisch, sie verseifen Fette oder greifen manche Schmutzarten auf andere Weise an, (Alkalisierung, Phenolatbildung, Eiweißspaltung mit „Burnus"), andere wirken nur physikalisch wie etwa die Netz- und Emulgiermittel.

Ein **Netzmittel** ist eine wasserlösliche Substanz die in der Lage ist, die Oberflächenspannung des Wassers herabzusetzen. Ein Wassertropfen bleibt auf einer Textilunterlage lange Zeit kugelförmig, er rollt ab. Enthält das Wasser aber ein gelöstes

Netzmittel, so wird der Randwinkel um so größer, der Tropfen um so flacher, je stärker die Netzwirkung ist (Abb. 59 u. 60).

Es ist möglich, diesen Winkel, den man auf eine weiße Wand projiziert, direkt als Maßstab der Netzwirkung heranzuziehen. Außerdem kann man die Oberflächenspannung in einem Metallring mit der Torsionswaage messen. In der Textilchemie bedient man sich einfacherer Verfahren. Man nimmt Segeltuchplättchen, die man mittels eines Trichters unter die Oberfläche einer Netzmittellösung bestimmter Konzentration drückt (Abb. 61). Die Zeit, die nötig ist, um das Blättchen zum Sinken zu bringen, gilt als Maß für die Netzwirkung. Manche Netzmittel, wie z. B. die Seifen mit 10 bis 18 C-Atomen, netzen in der Kälte überhaupt nicht, die Blättchen schwimmen tagelang infolge ihres Luftgehaltes. Die Netzwirkung beginnt erst bei 70°, sie sind Heißnetzer, im Gegensatz zu den auch in der Kälte wirksamen Kaltnetzern.

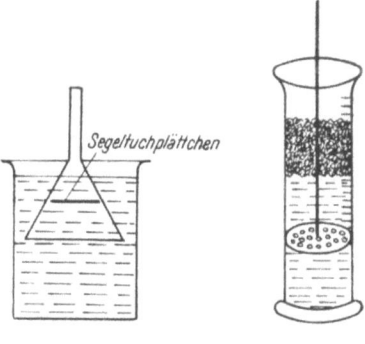

Abb. 61   Abb. 62

Abb. 61. Netzmittelprüfung. Je schneller das untergetauchte Segeltuchplättchen sinkt, um so stärker das Netzmittel

Abb. 62. Schaummittelprüfung. Messung der Schaumhöhe und -beständigkeit

Das Schaumvermögen mißt der Pharmakognost mit einer recht umständlichen Methode, in einem Reihenversuch mit 10 und mehr Gläsern. Die Textilchemie arbeitet einfacher. Ein langer Stab, der am Ende eine Lochplatte trägt, wird in einem Literstutzen, in einem halben Liter Waschmittellösung 1:500, zwanzigmal auf- und abgeschlagen und dann die so erzielte Schaumhöhe gemessen (Abb. 62). Die Ablesung kann man alle 5 Minuten wiederholen und bekommt so auch einen Überblick über die Schaumbeständigkeit. Messungen der durchschnittlichen Bläschengröße sind gleichfalls bei dieser Methode möglich.

Das Schmutztragevermögen kann gleichfalls gemessen werden. Es würde zu weit führen, darauf einzugehen.

Prüfungen eines Waschmittels, in denen die Eigenschaften in einzelnen Komponenten aufgespalten gemessen werden, können, so wichtig sie sind, die Waschprüfung nicht ersetzen. In der Textilchemie werden diese Untersuchungen an „unendlichen", zusammengenähten, beschmutzten Wollstreifen, die durch die Flotte bewegt werden, festgestellt. Die Bänder sind mit einem Standardschmutz, z. B. einer Farbstofflösung, einer Aufschwemmung eines immer gleich anfallenden Staubes oder einer Suspension einer bestimmten Rußart, verunreinigt. Der Wascheffekt wird in einem Leukometer, mit einer Selenzelle oder durch vergleichende Versuche festgestellt (Abb. 63).

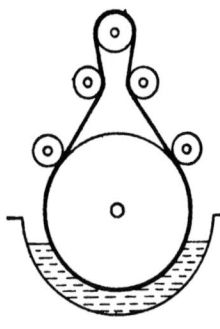

Abb. 63. Waschmittelprüfung. Eine Waschmittellösung, Flotte genannt, wird durch ein „unendliches" Band, das künstlich verschmutzt wird, auf die Reinigungskraft geprüft

Die Versuche an Textilien sind für den Textilfachmann wichtig. Auf die Haut läßt sich das Resultat der Modellversuche nicht in allen Fällen übertragen. Man muß sie an ihr, in besonderen Versuchsanordnungen, an verschiedenen Personen durchführen. Es empfiehlt sich hier, mit Standardschmutz zu arbeiten, der im Ultraviolett-Licht aufleuchtet, etwa gebrauchtem Autoöl oder Leuchtpigment; die Abnahme der Leuchtwirkung bei den einzelnen Waschungen ermöglicht eine vergleichende Beurteilung.

Bei Stückseifen muß auch noch die Löslichkeit in Wasser, die z. B. durch Glyzerinzusatz außerordentlich gesteigert wird, also der sogenannte Abrieb beim Waschen, gemessen werden. Seifen, die zu schnell verbraucht werden, sind unökonomisch. Der „Abrieb" wird durch Wiegen der jedesmal getrockneten Seife vor und nach dem Waschen gemessen. Zur Waschung von $1 m^2$ Haut sollen im Durchschnitt 2 g Natronseife verbraucht werden.

3. Substanzen

Nach diesem Überblick wollen wir als erstes die Seifen, als die nach wie vor wichtigsten Waschmittel, besprechen. Unter einer Seife versteht man die Natrium-, Kalium-, Ammonium- und Aminsalze bestimmter Fettsäuren (der „Seifenfettsäuren") und einiger anderer, sich ähnlich verhaltender organischer Säuren wie die der Harz-, Naphten- und Tallölsäuren. Wir sind also in der Lage, das Anion wie auch das Kation zu wechseln und erhalten ganz verschiedene Seifen. Das Kation beeinflußt das Endprodukt in den Fällen, in denen die Fettsäure dieselbe bleibt, wie folgt:

Die Natronseifen sind hart, kolloid wasserlöslich, schäumen gut, netzen mäßig und emulgieren schlecht.

Kaliseifen sind weich, wasserlöslich, emulgieren besser, schäumen und netzen schlechter als die Natronseifen.

Die wasserlöslichen, weichen Ammonseifen sind in ihrer Emulgierwirkung den Natron- und Kaliseifen überlegen. Diese Eigenschaft wird in der Kosmetik aber nur selten ausgenützt, da andererseits die Geleigenschaften des wasserhältigen Na-Stearates Vorteile bieten. Die Mono-, Di- und Triäthanolaminseifen, Triisopropanolamin-, Piperazin- und Morpholinseifen sind gute Emulgatoren, aber keine Waschmittel.

Die Kalzium- und Magnesium-Seifen sind fettlöslich, wasserunlöslich und schwache Wa/Öl-Emulgatoren. Sie werden im harten Wasser ausgeschieden und sind unerwünscht, ohne der Haut zu schaden haften sie darauf. Von den weiteren Metallseifen spielen nur die Quecksilberseifen in Salben, die Aluminium- und Zinkseifen als Puderbestandteile, eine Rolle.

Genau wie das Kation kann auch das Anion der Seifen ausgetauscht werden und auch mit diesem Wechsel sind verschiedene Effekte zu erzielen. Man erhält ganz unterschiedliche Seifen je nach dem man gesättigte, ungesättigte, gerad- oder verzweigtkettige Fett- oder ähnliche organische Säuren verwendet. Die Kurven in Abb. 64 sollen zeigen, wie es sich mit den gesättigten Fettsäuren verhält. Auf ihrer Abszisse ist, von links nach rechts steigend, die Anzahl Kohlenstoffatome der Natronsalze von Seifen-Fettsäuren, eingetragen. Ganz links steht die der Ameisensäure mit einem C Atom im Molekül, die C_1 Fettsäure, dann folgt die der Essigsäure mit 2 Kohlenstoffatomen als C_2 Fettsäure, dann die der Propionsäure mit C_3 und weiter z. B. C_{16} die Palmitin, C_{18} die Stearinsäureseife mit 18 Kohlenstoffatomen bis zur Seife der C_{28} Säure. In der Natur kommen im Bereich C_{12} bis C_{18} nur die geradkettigen Fettsäuren vor, die ungeradkettigen C_{13}, C_{15}, C_{17}, sind aber synthetisch zugänglich und wurden in die Versuche einbezogen (C_{13} und C_{15}) oder extrapoliert (C_{17}). Die Ordinate ist in dem Sammel-Kurvenbild allen Kurven gemeinsam und zeigt also bei der Schaumhöhenkurve die Höhe des Schaumes, bei den Netzprüfungsergebnissen die Stärke der Netzwirkung an. Diese Kompromißlösung wurde getroffen, um die optimalsten Seifen beim Studium eines einzigen Bildes herausfinden zu können. Mit einem Wort, je höher die einzelnen Kurven, an der Ordinate gemessen, hinaufreichen, um so besser die Wirkung der betreffenden Seifen. Man sieht daraus folgendes:

1. Nur die Seifen der Fettsäuren von 10 bis 18 C Atomen sind Waschmittel im engeren Sinne.

2. Seifen mit 8 bis 10 C Atomen reizen die Haut.

3. Die Netz- und Schaumwirkung haben bei C_{14}, die Emulgierwirkung bei C_{18} ein Optimum. Die Wasserlöslichkeit sinkt, die

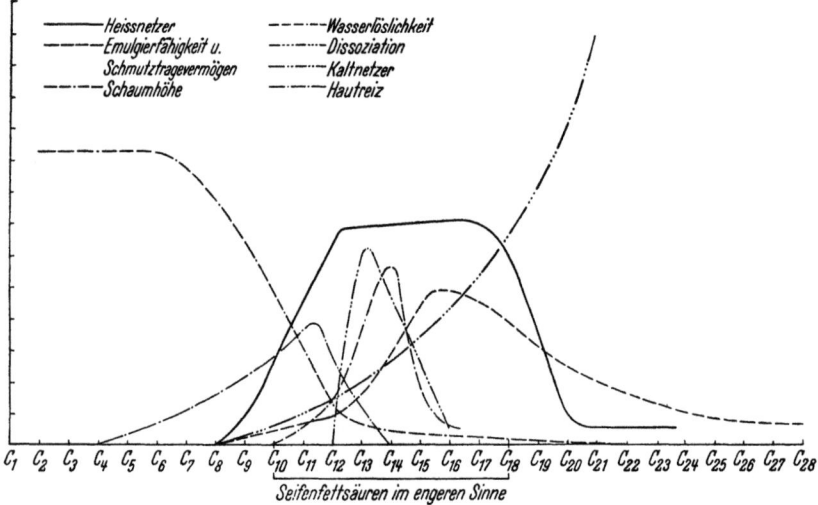

Abb. 64. Waschmitteleigenschaften der gesättigten Seifen mit 1 bis 28 Kohlenstoffatomen

Dissoziation steigt mit der Kettenlänge. Die beste Seife ist die C_{14}ner; ihr nahezu gleichwertig sind die Ölsäure- und Rizinusölseife, die beide in die Kurven nicht eingetragen wurden. Naphtensäuren- (aus der Erdölgewinnung), Harz- und Tallölseifen sind, wie weitere Versuche ergeben, gute Netzmittel für die Textilwäsche, in der Pharmazie sind sie nicht im Gebrauch.

Die Seifen mit weniger als 10 C Atomen sind als Waschmittel unbrauchbar, sie bewähren sich aber als Lösungsvermittler in Desinfektionsmitteln vom Typ des Lysol. Sie sind natürlich nur in Fällen anwendbar, in denen die Hautreizwirkung nicht stört und die Geruchsbelästigung vernachlässigt werden kann, also in der sogenannten Grobdesinfektion.

Nach diesem Überblick über die allgemeinen chemisch-physikalischen Eigenschaften der Waschmittel wollen wir uns der Anwendung der Seifen in der Pharmazie zuwenden. Seifen kommen dort als
1. Waschmittel
2. Medikamententräger
3. Salbenbestandteile in Frage.

Der dritte Punkt soll zuerst besprochen werden, denn er ist am schnellsten zu bearbeiten. Man setzt Seife einer Salbe zu, um
1. sie zu alkalisieren,
2. zu keratolysieren und
3. um die Wirkung der anderen Bestandteile einer Salbe zu verstärken; sie ist hier als Gleitschiene zu betrachten.

Die Vorzüge der alkalischen vor den sauren und neutralen Schwefelsalben sind bekannt und, wenn auch nicht unbestritten, bewiesen.

Die Kaliseife hat ein p_H von ca. 11,0 und ist damit im Stande, die Haut zur Quellung zu bringen und zu keratolysieren.

Chrysarobin-, Teer-, Salizyl- und andere Salben erhalten vielfach Seifenzusätze, um die Wirkung zu verstärken. In vielen Fällen sind diese Vorschriften zu revidieren. Chrysarobinsalben wirken nicht stärker und Salizylsäure-Seifensalben ergeben ein anderes, als das erwartete Produkt, es entstehen Salicylatsalben, so daß keine Steigerung der Keratolyse zu erwarten ist.

Mit Stückseifen, denen Medikamente zugesetzt sind, kann man auf verschiedene Weise und mit unterschiedlichem Erfolg Therapie betreiben.

1. Schwache Form: Die Haut wird mit Seife gut eingeschäumt und der Schaum nach einigen Minuten mit warmen Wasser wieder abgespült.

2. Mittlere Form: Die Haut wird eingeschäumt, der Schaum nach einigen Minuten mit einem trockenen Tuch wieder abgerieben. Nahezu die Hälfte des Seifenschaumes bleibt auf der Haut und der Hornschicht einverleibt und bringt dort die Medikamente zur Einwirkung.

3. Starke Form: Der Schaum wird dick aufgetragen. Man läßt ihn dann auf der Haut eintrocknen.

Für diejenigen Seifen, die nur mechanisch wirken sollen, wie z. B. die Marmorseifen und die Bimssteinseifen, kommt natürlich nur die erstgenannte Form in Betracht. Weiches und warmes, oder wenigstens laues Wasser ist beim Gebrauch aller, insbesondere der überfetteten Seifen, dem kalten, harten vorzuziehen.

Neben Schleich, dessen Marmorseife sehr verbreitet war, hat Unna viele medikamentöse Seifen empfohlen. Er hat Seifen mit Benzoe, Bimsstein, Borsäure, Chininsulfat, Chrysarobin, Creolin, Dermatol, Eucalyptol, Fetten und vielen weiteren Stoffen und ein anderer Autor sogar Tabakseifen angegeben. Viele davon sind noch in Verwendung, andere haben kritischer Prüfung nicht standgehalten und sind verschwunden.

Seifen mit scheuernden Bestandteilen, wie Bimsstein, haben lediglich einen mechanischen Reinigungseffekt, der bei Dauergebrauch Reizerscheinungen auslösen kann. Diese Kombinationen empfehlen sich daher nicht für die ständige, sondern nur für gelegentliche Anwendung.

Seifen mit Säurezusätzen, freier Öl- oder Salizylsäure, haben sich nicht eingeführt. Ursache hiefür ist im ersteren Falle die Emulgierwirkung der Seife, welche die fettartige Ölsäure einhüllt und abspült, im letzteren die Natrium-Salizylat-Bildung. Das Salizylat keratolysiert nicht, dringt aber durch die Haut aus dem Seifenmilieu in den Körper ein.

Pyrogallol, β-Naphthol-, Resorcin- und Chrysarobinseifen sind noch im Handel. Ihre Wirkung ist recht unsicher, da sie sich während des Lagerns zersetzen.

Sauerstoffentwickelnde Seifen, denen ein Peroxyd zugefügt wurde, erfreuen sich insbesondere in der Kosmetik großer Beliebtheit. Unter den Borax- und Borsäureseifen dürfte nur erstere beständig sein. Es ist aber unwahrscheinlich, daß letztere noch eine wesentliche Borsäure- und nicht auch eine Boraxwirkung entfaltet.

Der reduzierende und leicht desinfizierende Schwefel wird den Stückseifen meist in Dosen von 2 bis 10% zugemischt. Neben elementarem kann auch organisch gebundener Schwefel eingearbeitet werden, so z. B. Mitigal oder Schwefeladditionsprodukte an ungesättigte Fettsäuren. Da Schwefel in verhältnismäßig kleinen Dosen wirksam ist, kann eine therapeutische Beeinflussung der Haut durch die kleinen Mengen, die zur Verfügung stehen, für jede Waschung bei 2%igen Seifen etwa 0,004 g, bei 10%igen Seifen 0,02 g nur erhofft, aber nicht unbedingt erwartet werden, zumal auch diese Mengen nicht voll ausgenutzt werden, sondern großenteils in das Waschwasser übergehen. Die Hauptanwendung der Schwefelseifen ist auf dermatologischem Gebiet zu finden, doch gibt es auch Schwefelalkaliseifen für die Gewerbehygiene, die bei Bleiarbeitern das Metall in unlösliche, dunkelgefärbte und daher einerseits ungiftige, andererseits sofort kenntliche Sulfide umwandeln sollen. Der Wert derartiger Präparate ist sehr umstritten, zumal Sulfid-Seifen nur sehr kurze Zeit haltbar sind und beim Verbraucher meist schon zersetzt eintreffen.

Bei den Teer- und Schieferteerseifen genügen kleine Mengen des Wirkstoffes, beim Eintrocknen des Seifenschaumes ist es daher immerhin wahrscheinlich, daß eine kleine Menge zur Wirkung kommt.

Seifen sind, wie schon Robert Koch festgestellt hat, selbst schwache Desinfizientien. Die Wirkung ist nicht gegen alle Bakterienarten gleich intensiv und die Seifen der verschiedenen Fettsäuren sind unterschiedlich wirksam. So sind die der niederen Fettsäuren keine Desinfizientien, denn die Desinfektionswirkung nimmt mit dem Molekulargewicht und dem Grad der Hydrolyse bis zu einem Optimum bei 10 bis 12 C Atomen zu. Lang-kettige Seifen sind wieder schwächer wirksam. Um die den Seifen von sich aus zukommende mechanische, bakterienabspülende und chemische Wirkung zu verstärken und zu ergänzen, wurden in den Stückseifen Desinfizientien eingefügt. Sie können in dieser Form recht wirksam sein und werden von vielen Autoren empfohlen, von anderen wieder abgelehnt. Die Gegner der Zusätze geben an, daß die desinfizierende Wirkung der Seife vollkommen genüge, und behaupten, daß die Desinfizientien die Lage kaum verbessern und nur durch den Geruch unangenehm auffallen. Beim eingehenden Studium des Themas kommt man zur Überzeugung, daß die Wirkung der desinfizierenden Stückseifen im hohen Grad von der Wahl des richtigen Zusatzes abhängig ist. Phenol-, Thymol- und Kresol-Seifenlösungen sowie Naphtolderivate und chlorierte Körper enthaltende Seifen sind anerkannte Produkte. Wir wissen ja, daß Phenol im wässerigen Milieu besser wirkt als in Fetten, und können daher von Seifen eine gute Desinfektionswirkung, insbesondere durch die neuen 4×8- und Dreiturmseifen, erreichen. Interessant sind auch die Silberseifen, die das Metall in sehr feiner Verteilung enthalten; es soll eine oligodynamische Wirkung zur Geltung bringen.

Sublimat ist noch immer Bestandteil mancher Seifen, obwohl es sich mit dem Seifenkörper zu unlöslichen, völlig unwirksamen, dafür aber resorbierbaren, giftigen Quecksilber-Seifen verbindet. Bei der Afridolseife ist diese Umsetzung vermieden, denn sie enthält ein Quecksilbersalz, das in der Seife beständig ist. Ähnlich, wenn auch aus anderen chemischen Gründen, sind Jodoformseifen unwirksam, ferner Seifen, die andere Jodsalze oder das Element enthalten. Nipagin, Chinosol und Chloramin sind in Seifen wirksam. Viele Desinfizientien kann man den Seifen nicht zufügen, da sie statt anion- kationaktiv sind. Daran scheiterten alle die Versuche, eine Zephirolseife herzustellen, ja selbst die nach einer Waschung auf der Hand vorhandenen Seifenreste stören die Zephirol-Wirkung sehr erheblich, so daß vor der Desinfektion mit quarternären Ammoniumbasen die Seifenreste sorgfältig abgespült werden müssen. Bei der Ausarbeitung eines Zephirol enthaltenden Waschmittels muß daher, sollte die Waschwirkung des Zephirols allein nicht genügen, ein weiterer kationaktiver oder nicht ionogener Emulgator zugefügt werden.

Ätherische Öle ziehen aus dem wäßrigen Seifenmilieu zu den Hautlipoiden, in denen sie leichter löslich sind. Vorwiegend darauf beruht die Parfümierung der Haut bei den Waschungen mit parfümierten Seifen mit ihren Vor- und Nachteilen. Seifen, die einen Zusatz therapeutisch wirksamer ätherischer Öle enthalten, werden eine gewisse Wirkung des zugesetzten Produktes zeigen.

Elektrolyte, etwa Badesalze, in Seifen einzuarbeiten, ist irrationell, sie kommen kaum zur Wirkung, behindern aber die Schaumkraft und Waschwirkung. Man hat den Versuch gemacht, Seifen durch Zusatz von wasserlöslichen Karbonaten oder Laugen noch stärker zu alkalisieren, um besonders wirksame Keratolytika zu gewinnen. Derartige Präparate haben sich nicht durchgesetzt, da die Anwendung beschränkt ist und für die wenigen geeigneten Fälle Sapo kalinus und Sapo viridis, billige Produkte, die genügend freies Alkali enthalten, zur Verfügung stehen.

Eiweiß und Eiweißspaltprodukte sind als Seifenbestandteile ebenfalls in Verwendung. Sie sollen u. a. als Emulgatoren die Wirkung verbessern und als amphotere Kolloide die Alkaliwirkung mildern. Man verwendet Magermilch, Kasein und Hühnereiweiß, Albumosen, Kleberbestandteile und gewinnt durch ihren Zusatz Seifen, die sich auch als Medikamententräger eignen.

Seifen mit Vitaminzusätzen fehlen in der Liste der Kosmetiker natürlich nicht, denn einerseits sind die Vitamine in kleinen Dosen wirksam, andererseits sind solche Produkte propagandistisch recht gut zu bearbeiten. Wir können hier, da es sich ja wohl meist um öllösliche Substanzen, wie Vitamin A und D handelt, bei einigem Optimismus eine therapeutische Wirkung erhoffen, sofern die Gewähr besteht, daß die Produkte unzersetzt zur Wirkung kommen, was z. B. beim alkaliempfindlichen Lactoflavin zweifellos nicht der Fall ist.

b) Sonstige Waschmittel. Die Seifen sind nur ein Teil der in der Technik verwendbaren Waschmittel. Der Wunsch der Textilfachleute nach Produkten, die mit Säuren und Erdalkalisalzen keine Niederschläge bilden, hat zur Herstellung von kalk- und säurebeständigen Waschmitteln geführt. Man fand die Sulfonate, Kondensate, Amine, Stoffe, die in ihrer Wirkung Zwischenstufen in der Reihe vom reinen Netz- zum ausgesprochenen Emulgiermittel darstellen und vielfach stärker waschen als Seifen.

Ein Teil der Produkte ist auch pharmazeutisch brauchbar. Die Türkischrotöle gehören hiezu, die durch Schwefelsäurebehandlung von Ölen hergestellt werden und als wirksamen Bestandteil neben dem unveresterten Öl Schwefelsäureester von Rizinusöl, Olivenöl oder von Tranen und Talgen enthalten und mit Alkalien, Ammoniak oder dessen Substitutionsprodukten, wie z. B. Triäthanolamin neutralisiert sind. Sie können allgemein durch die Formel

$$R - (CH_2)_x - \underset{\underset{SO_3Me}{O}}{\overset{H}{C}} - (CH_2)_y - CH_2 - COOMe$$

gekennzeichnet werden. Wenn derartige Fettprodukte nach Art des Türkischrotöls auch hauptsächlich typische Textilhilfsmittel sind und insbesondere als Netz-, Färbe- und Appreturöle, als Wollschmelzöle und Ölbeizen, und nicht als Wasch- und Reinigungsmittel Verwendung finden, so sollten sie doch an dieser Stelle angeführt werden, da eines von ihnen, das Prästabitöl, ein hochsulfiertes Öl der Firma Stockhausen, die fettende Komponente des Präcutans darstellt. Das gewöhnliche Türkischrotöl wurde von Dermatologen als Waschmittel empfohlen, aber kaum angewendet, da es im pharmazeutischen Handel nicht erhältlich ist.

Die Fettalkoholsulfonate sind wie die Türkischrotöle Schwefelsäureester, die durch Sulfonierung (Veresterung) von Fettalkoholen (meist mit einer Kohlenstoffkette von etwa 10 bis 18 Kohlenstoffatomen) hergestellt werden. Diese Alkohole sind einerseits, wie z. B. die Spermölalkohole, natürlichen Ursprungs, anderteils werden sie durch katalytische Reduktion aus den entsprechenden Fettsäuren bzw. deren Estern gewonnen. Wenn die Alkohole Doppelbindungen in ihrem Molekül enthalten, so kann die Esterbildung nicht nur an der Hydroxylgruppe, sondern auch an der Doppelbindung auftreten. Als Salze starker Säuren mit einer starken Base zeigen die Fettalkoholsulfonate in wäßriger Lösung neutrale Reaktion. Eine Abspaltung von Alkali durch Hydrolyse, wie bei der Seife, tritt nicht ein. Es ist mit ihrer Hilfe also möglich, alkaliempfindliche Textilien und die Haut einerseits neutral, andererseits mit einem Waschmittel von hohem Reinigungsvermögen zu behandeln. Bei aller Schwierigkeit der Ermittlung exakter, allgemein gültiger Vergleichszahlen kann man auf Grund der bisherigen Erfahrungen sagen, daß der Waschwert der Fettalkoholsulfonate denen von Seifen durchschnittlich erheblich — je nach Anschmutzungen und nach Arbeitsbedingungen bis zu einem Vielfachen — überlegen ist.

Im Bölo und im Rivonit, zwei Produkten der Kriegszeit, waren Fettalkoholsulfonate enthalten. Beide Mittel reinigten sehr gut, entfetteten aber die Haut außerordentlich stark, so daß diese Produkte und die jetzt in Österreich als „neu" herausgebrachte „Waschsulfe" für den Dauergebrauch nur bei unempfindlichen Personen in Frage kamen bzw. kommen.

Hostapon, ein Textilhilfsmittel, ein Kondensat eines Sulfonates mit Taurin, hat man zur Verwendung in der Dermatotherapie weiterentwickelt. Beim Präcutan ist das Hostapon die reinigende, das fettende Prästabitöl die hautkonservierende Komponente, so daß das Endprodukt zwar intensiver als Seife wäscht, aber nicht stärker entfettet.

Eiweißkondensationsprodukte sind durch Hydrolyse von Leim, Kasein oder Leder gewonnene Polypeptide, die meist mit Fettsäureresten verbunden sind. Das Präparat Satina, ein sehr angenehm mit einem Fichtennadelaroma parfümiertes Waschmittel, ist der dem Apotheker bekannte Vertreter dieser Gruppe.

Präcutan und Satina enthalten, um die Entfettung und Hautschädigung weiter herabzusetzen, synthetische Gerbstoffe, die „Dermolane". Der Theorie nach ziehen dieselben auf die Haut auf und schützen sie, indem sie freie Valenzen sättigen und empfindliche Stellen abdichten. Eine irreversible Gerbung tritt infolge der Langsamkeit des Gerbeprozesses beim lebenden Gewebe praktisch nicht auf, sie wäre auch nicht von Vorteil, denn wir benötigen kein Leder, sondern den Komplex der Haut. Leder würde als tote Substanz abgestoßen werden. Der Ausdruck „Lebendgerbung" war werbetechnisch gut, hat aber zu Mißverständnissen geführt.

Saponine können im alkalischen, neutralen oder sauren Bereich ihre, allerdings unzureichende, Waschwirkung entfalten. Als Reinigungsmittel besitzen sie weder textiltechnisch, noch pharmazeutisch Bedeutung, sie sind aber Emulgatoren und Netzmittel, die Teere und Öle in Lösungen bzw. in Suspension und auf der Haut zur Wirkung bringen. Der Liquor carbonis detergens wird nach allen Arzneibüchern noch heute im Zeitalter der hochwirksamen Textilhilfsmittel mit Saponinen hergestellt.

Der Überblick über die Waschmittel zeigt zweierlei: Die wichtigste Erkenntnis ist die, daß der Waschvorgang aus den verschiedensten Komponenten zusammengesetzt ist. Das eine Waschmittel ist mehr Netzmittel, das andere mehr Emulgator, das dritte chemisches Lösungsmittel. Aus diesen Beobachtungen geht die zweite wichtige Erkenntnis zwangsläufig hervor. Die riesige Auswahl an Waschmitteln ermöglicht, die verschiedensten Effekte zu erzielen, wer die Klaviatur spielen kann, wird gute Erfolge haben. Bisher hat sich kaum ein Apotheker oder Arzt mit den Waschmitteln beschäftigt. Es wird nötig sein, daß sich das ändert, und daß wir nicht nur auf die Textilchemiker angewiesen sind, sondern selbständig der Therapie optimale Produkte zuführen.

IV. Salben

1. Definition

Das deutsche Arzneibuch definierte die Salben folgendermaßen: Salben sind Arzneimittel zum äußeren Gebrauch, deren Grundmasse in der Regel auf Fett, Öl, Wollfett, Vaseline, Zeresin, Glyzerin, Wachs, Harz, Pflaster und ähnlichen Stoffen oder aus deren Mischungen bestehen. Sie sind bei Zimmertemperatur von meist butterähnlicher Konsistenz und schmelzen, mit Ausnahme der Glyzerinsalbe, beim Erwärmen.

Wenn wir heute unser Salbenrepertoir durchmustern, so

stimmt diese Definition nicht mehr. Die Grundlagen sind andere geworden und heute schmelzen auch nicht mehr alle uns zur Verfügung stehenden Salben.

2. Grundstoffe

Wir müssen uns daher mit den Rohstoffen eingehender beschäftigen, wollen sie dann im Gesamtrahmen durcharbeiten und schließlich eine neue Definition versuchen, um dann auf die apparativen Möglichkeiten überzugehen.

a) Fette. Die ältesten Salbengrundlagen sind die tierischen und pflanzlichen Fette, also die Glyzerinester der Fettsäuren mit 10 bis 18 Kohlenstoffatomen. Längerkettige Fette nennt man Talge und kürzerkettige haben noch nicht Fettcharakter, sie sind Weichmacher und Lösungsmittel der Technik und kommen als Salbenbestandteile nicht in Frage.

Das bekannteste Salbenfett war und ist das Schweinefett, das durch Wachszusatz härter, durch Ölzusatz weicher gemacht werden kann und durch eine Beifügung von Benzoeharz in beschränktem Umfange konserviert wird. Weitere Glyzeride der Pharmazie sind das Mandelöl, Sesamöl, Arachisöl, Rinderfett und Hammeltalg. Die natürlichen Öle und Fette besitzen alle einen großen Anteil an Ölsäure. Die Ölsäure hat nun den Vorzug, daß sie trotz ihrer Kettenlänge, sie ist ja bekanntlich eine Säure mit 18 Kohlenstoffatomen, flüssig ist und flüssige oder weiche Fette liefert. Ihr Nachteil liegt darin, daß die Ester, weil ungesättigt, verhältnismäßig leicht ranzig werden. Durch Wasserstoffanlagerung, Hydrierung genannt, wird das Olein zur Stearinsäure, sie ist fest, ihre Ester werden je nach dem Grad der Hydrierung schmalzig, salbig oder vollkommen fest. Die Fetthärtung ist nicht nur für die Herstellung von Lebensmitteln von großer Bedeutung, sondern auch für die Galenik der Salben wichtig, denn gehärtete Öle, wie das Arachisöl, sind salbig, schmiegsam wie Schweinefett und viel weniger dem Verderb ausgesetzt. In der Schweiz ist partiell gehärtetes Erdnußöl bereits offizinell, es ist dort die Grundlage zahlreicher Salben. Ähnlich ist das Vasadeps der Unilever geartet. Es enthält Octylgallat als Mittel gegen die Ranzidität, einen Emulgator, der die WZ 100 gewährleistet, und hydriertes Öl. In Zukunft werden auch rein synthetische Glyzerinester von Öl-, Fett- oder Talgkonsistenz Bedeutung als Salbengrundlage erhalten. Diese Produkte haben mit dem hydrierten Öl die Vorteile gemein, werden aus Paraffin durch Oxydation (Luftdurchblasung) hergestellt und werden von Imhausen (Witten) in den Handel gebracht.

b) Kohlenwasserstoffe. Im Jahre 1878 kam aus Amerika eine neuer Grundstoff, das Vaselin, das berufen war, auf dem Salbensektor der Galenik eine Umwälzung hervorzurufen. Vaselin ist der gereinigte Rückstand der Petroleumraffination. Es besteht aus Paraffinen mit vorwiegend verzweigten Ketten und zum geringen Teil aus Aromaten. Die Kettenverzweigung ist die Ursache für die „zügige" Konsistenz. Die Moleküle ordnen sich in kristalloide „Trichite" ein und diese schmiegsam weichen, haar- bzw. stäbchenförmig gerichteten Gebilde setzen dem Abreißen Widerstand entgegen. Paraffin, Öl und deren Gemische weisen geradkettige Moleküle auf und sind kristalloid „kurz"-körnig und nicht faserig (Ungt. paraffini). Die Aromaten sind die Träger der Fluoreszenzwirkung, sie scheinen im Vaselin keine kanzerogene Wirkung zu entfalten. Ein im Ultraviolettlicht stark fluoreszierendes Vaselin ist gleichwohl nicht ganz einwandfrei.

Das Vaselin kommt in verschiedenen Handelssorten in den Verkehr und besitzt den überragenden Vorteil der Paraffine, chemisch vollkommen indifferent zu sein. Es ist ferner billig, praktisch unbeschränkt haltbar und kann mit allen Chemikalien zusammen verarbeitet werden. Seine Nachteile sind:

1. Vaselin nimmt kein oder doch nahezu kein Wasser auf, sofern kein Emulgator, wie Wollfett, zugefügt wird.

2. Vaselin ist nicht imstande, mit der Haut in innigen Kontakt zu treten. Es liegt nur oberflächlich als Film auf und kann leicht abgewischt werden.

Beide Punkte beruhen auf dem Paraffincharakter und sind auf das Fehlen jeder Emulgiereigenschaft zurückzuführen. Sie können durch Zusatz von Emulgatoren weitgehend ausgeschaltet werden.

Ich erwähnte die Gemische von festem und flüssigen Paraffin, die in Form des Unguentum paraffini als Vaselinersatz vielfach verwendet werden und gegenüber dem Vaselin eher Nachteile als Vorteile besitzen. Auch Zeresin, Ozokerit und Montanwachs können in derartigen Mischungen verwendet werden.

Eine neue Gruppe von Salbengrundlagen ist in den Polyäthylenglykolen gefunden worden. Sie sind niedermolekular flüssig, hochmolekular fest und kommen als Carbowax in Amerika, als Cremolane in Deutschland in den Handel. Ein Gemisch gleicher Teile von Carbowax mit Mol. Gewicht 450 und 4500, ist das Polyethyleni glycol ointment USP. XIV.

Wachse, insbesondere Fettsäureester primärer Alkohole, dienen zur Versteifung von Glyzeridfettsalben oder sind Emulgatoren, die zur Herstellung von Wa/Öl-Emulsionen dienen. Der Terminus technicus Wachs ist kein chemischer, sondern ein physikalischer, er zeigt die Konsistenz, nicht aber die Konstitution an.

c) **Emulsionssalben.** In die meisten Salben wollen wir Wasser einarbeiten, denn nur auf diesem Wege sind wasserlösliche Medikamente wirksam in Salbenform unterzubringen. In Fette, höhere Alkohole, Wachse oder Kohlenwasserstoffe, die sich mit Wasser nicht mischen, also hydrophob sind, kann man die hydrophilen Anteile nur in Emulsionsform einarbeiten. Je nach der Wahl des Emulgators erhält man Öl/Wa- oder Wa/Öl-Emulsionen. Die beiden Emulsionstypen führen auch in Salbenform zu ganz verschiedenen Produkten mit sehr unterschiedlichen Eigenschaften. Die Öl-in-Wa-Emulsionen sind wässerige Flüssigkeiten, Gallerten oder wasserlösliche Cremes, in deren äußerer, geschlossener Phase Ölkugeln oder Fettbrocken eingelagert sind. Wasser und der wasserlösliche Emulgator sind außen. Das Wasser verdunstet, die Emulsion leitet den Strom, verschwindet in der Haut, ohne Fettglanz zu hinterlassen, trocknet ein und darf nicht in Eisenblechgefäßen verwahrt werden, da diese rosten. Bei der Wa/Öl-Emulsion ist das Wasser vom Fett und dem fettlöslichen Emulgator umschlossen. Die Salbe trocknet nicht ein, leitet den Strom nicht. Die Haut wird fettig und hydrophob, Blechgefäße werden nicht angegriffen.

Der bekannteste Wa/Öl-Emulgator ist das Wollfett, das, mit Wasser vermengt, selbst Salbe sein kann und hydrophobe Salbenbestandteile mit seiner Emulgierwirkung ergänzt. Warm oder kalt der Fettphase zugefügt, ermöglicht es dieser, Wasser in kleinsten Tröpfchen aufzunehmen, es macht „hydrophil". Im Wollfett ist das unveresterte Cholesterin der Träger der Emulgierung. Cholesterin, in Mengen von 1 % dem Vaselin zugefügt, ermöglicht es diesem, sein Eigengewicht Wasser aufzunehmen. An Stelle von Cholesterin kann man auch einige andere Sterine wie die Phytosterine verwenden. Sie sind, soweit sie durch Digitonin gefällt werden, Emulgatoren. Koprosterin aber, das mit Digitonin keinen Niederschlag bildet, emulgiert nicht. Beide Eigenschaften sind auf bestimmte sterische Stellungen der hydrophilen Gruppen zurückzuführen. Wollfett und die daraus gewonnenen Konzentrate der Industrie, wie Eucerin, Börocerin, Hydrocerin, Protegin usw., ermöglichen, den hydrophoben Salbenphasen zugefügt, die Wasseraufnahme. Derartige Wollfettalkoholgemische sind im In- und Ausland in genügender Menge im Handel und werden in den neuen Arzneibüchern zweifellos als Alkoholia lanae angeführt werden. Ihre Herstellung durch Autoklavenspaltung der Wollwachse ist einfach, ökonomisch (da die Fettsäuren als Seifen verwendet werden können) und zerstört die unangenehme Geruchskomponente, deren Entfernung anscheinend vielen Wollkämmereien Schwierigkeiten macht. Sie sind in der Lage, den Kontakt Salbe—Haut zu verbessern. Die Haut ist ja ein wasserreiches Organ, das, soll z. B. eine Hautcreme haften, mit ihr emulgiert werden muß. Man streicht die Creme nicht nur auf, sondern massiert sie ein. Vaselin bleibt trotzdem als Film oberflächlich liegen, eine Wollfettsalbe dringt in die obersten Zellschichten ein. Sie fettet dauerhafter und tiefer. Sie ist eine Fettcreme, die allerdings auch einen Fettglanz hinterläßt. Fettcremes können fettärmer sein als manche Mattcreme, trotzdem sind sie, da das Fett außen und das Wasser umschlossen ist, eben fettig, lyophil.

Außer Wollfett bzw. Cholesterinabkömmlingen kann man bis zu einem bestimmten Grad auch langkettige aliphatische Alkohole als Emulgatoren verwenden. Es sind dies der Cetyl- und der Stearylalkohol, geradkettige, gesättigte Fettalkohole mit 16 bzw. 18 Kohlenstoffatomen. In Mengen von 5 bis $10\,^0/_0$ den Fetten und Kohlenwasserstoffen zugefügt, ermöglichen sie diesem eine Wasseraufnahmefähigkeit von etwa $100\,^0/_0$ zu erreichen, man reiht sie aber vorteilhafter den Emulsionsverbesserern als den Emulgatoren zu. Amphocerin ist ein Gemisch verschiedener Zoosterine aus dem Unverseifbaren der Seifenherstellung. Es bedarf noch der Verbesserung und reicht zur Zeit an die Alkoholia lanae nicht heran.

Die Wasserzahl, die angibt, wie viel Wasser von einer wasserfreien Salbengrundlage dauernd aufgenommen wird, steigt bei kleinen Zusätzen dieser Alkohole schnell an, bei großen langsam. Wenn wir Gemische einer Fettkomponente mit einem Wa/Öl-Emulgator herstellen und mit $100\,^0/_0$ der einen Komponente beginnen und zuerst $1\,^0/_0$ des Emulgators zu $99\,^0/_0$ der Grundlage, dann $2\,^0/_0$ zu $98\,^0/_0$, $5\,^0/_0$ zu $95\,^0/_0$ und dann die eine Komponente immer von 10 zu $10\,^0/_0$ steigern, die andere entsprechend senken, dann die Wasserzahl bestimmen und die

Resultate zeichnerisch festlegen, bekommen wir eine sogenannte **Wasserzahlkurve** (Abb. 65), die eine gute Unterlage für die Beurteilung von Emulgatoren dieses Typs liefern. In dem nebenstehenden Bild sind drei derartige, mit Vaselin als Grundmasse gewonnene Kurven dargestellt. Man sieht, daß die Wollfettzunahme im Gemisch die Wasserzahl zuerst schnell, dann langsam steigert. Die Kurve des Emulgators X eines Versuchspräparates hat ein Optimum bei 5 % Emulgatorgehalt, gibt man mehr als 10 % des Produktes zu Vaselin, so sinkt die Wasseraufnahmefähigkeit, um dann stabil zu bleiben. Die mit Cetylalkohol gewonnene Kurve ist anfangs der Wollfettlinie ähnlich, gibt man von ihm aber mehr als 70 %

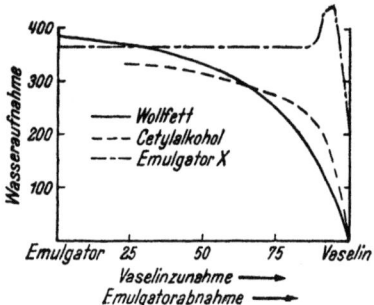

Abb. 65. Wasserzahlkurve. Der Emulgator X war ein Versuchspräparat. Seine Kurve zeigt, daß schon sehr kleine Mengen eine hohe Emulgierfähigkeit gewährleisten. Das Produkt konnte infolge der geringen Thermostabilität der Emulsionen nicht in den Handel gebracht werden

zu, so erhält man kein salbiges, sondern ein wachsartiges Produkt. Die Kurve endet daher bei diesem Prozentsatz. Der Stearylalkohol mit 18 Kohlenstoffatomen ist dem Cetylalkohol in allem sehr ähnlich. Die beiden Alkohole sind auch synthetisch herstellbar und unter den Namen Lanettewachs (Cetylalkohol) beziehungsweise Lanettewachs 0 (Gemisch von Cetylalkohol und Stearylalkohol) im Handel erhältlich. In England ist das Lanettewachs 0 mit einem nicht ionisierten Polyäthylenoxydderivat eines Sorbitanesters als Polawax, mit Natrium-Laurylsulfat als Emulsifying Wax BP im Handel. Letzteres ist unserem Lanettewachs N nahe verwandt, und wird von Marchon hergestellt. Einige Mono- und Diglyceride sowie ähnliche Präparate der Fettsäuren mit 10 bis 18 Kohlenstoffatomen sind weitere Emulgatoren. Partialglyceride sind Körper, die bei der Veresterung von viel Glyzerin mit wenig Fettsäure entstehen, so daß nur 1 oder 2 der 3 Hydroxylgruppen verestert werden. Die Monoglyzeride sind die wirksamen Emulgatoren im Tegin, außerdem sind sie von der Fabrikation her in den hydrierten Ölen und insbesondere in den synthetischen Fetten enthalten, diese Grundstoffe besitzen daher schon an und für sich eine nicht unbedeutende Wasseraufnahmefähigkeit.

In Fortentwicklung dieser Produkte hat Watford (London) als Estax 17 das Pentaerytroldi-oleat und Estax 22 Propylenglycolmono-oleat herausgebracht. Es sind dies die Wa/Öl-Emulgatoren dieser Gruppe, nahezu alle andern neuen Ester liefern ja bekanntlich den umgekehrten Typ.

In der Technik verwendet man noch die Ca- und Mg-Seifen der Fettsäuren als Emulgatoren. In der Pharmazie kommen sie nicht in Frage, da sie säureempfindlich sind und die damit bereiteten Salben auch sonst nicht befriedigen.

Vaselin und Wollfett sind trotz allem infolge ihrer Indifferenz und Billigkeit die wichtigsten Grundlagen in Europa und Amerika.

Die Wa/Öl-Emulgatoren kann man also in folgendem Schema zusammenstellen:

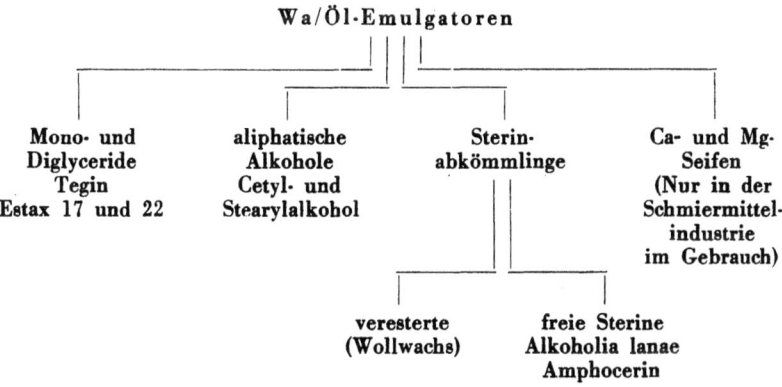

Die Öl-in-Wasser-Emulsionen werden mit hydrophilen Emulgatoren hergestellt. Sollen sie äußerlich salbig aussehen, so wird die äußere Phase ein Gel, aus Pflanzen-Schleim, Seifen, Sulfonaten oder geeignetem anorganischen Niederschlag bestehen. Solche Gele enthalten unter Umständen 80 bis 90 % Wasser. In Notzeiten kann man daher mit 10 Teilen Fettstoff und gegebenenfalls 5 bis 10 Teilen fettartig aussehender Substanzen 100 Teile Salbe herstellen. Ein Vorteil, der im Kriege zur großen Verbreitung der Lanettewachssalben geführt hat. Die ältesten Öl/Wa-Salben sind die Stearatcremes der kosmetischen Industrie. Man stellt durch Verseifen von Stearin eine Natron-, Ammonium- oder Triäthanolaminseife mit hohem Wassergehalt, die beim Erkalten gelartig erstarrt und zugerührtes Fett als Emulsionskügelchen aufnimmt, her, und erhält so ein Produkt, das die Fettmasse innig in die Haut einemulgiert, aber keinen Fettglanz hinterläßt. Diese Salben, mit Stearaten oder anderen Emulgatoren bereitet, sind die

Tagescremes der Kosmetiker, die diese von den fettenden Nachtcremes (Wa/Öl-Typ) scharf unterscheiden. Die Stearat- und sonstigen Seifencremes können mit Säuren, wie Bor- und Salicylsäure, nicht kombiniert werden. Pharmazeutisch ist ihre Bedeutung geringer als in der Kosmetik und Gewerbehygiene, denn die Seifen reagieren auch mit anderen zugesetzten Wirkstoffen. So werden sie beim Zusatz von Kalziumkarbonat, das in Schwefelsalben zur Alkalisierung beliebt, bei den sowieso alkalischen Seifen aber unnötig ist, flüssig.

Die **Lanettewachssalben** können mit allen Arzneimitteln der Dermatologie kombiniert werden. Lanettewachs N, der bekannteste Grundstoff, besteht zu 3 % aus Cetylsulfonat, das auch als Waschmittel ein bekannter Emulgator ist, kleinsten Mengen eines „künstlichen Lecithins", einer Fett-Phosphorsäureverbindung mit Emulgatorwirkung. Die restlichen 97 % des Lanettewachses N sind lediglich Cetylalkohol, der hier Emulsionsverbesserer und fette Phase der Emulsion in einem ist. Will man „Fett" zusätzlich beifügen, so verwendet man in diesen Salben Cetiol, das ist Ölsäure-Oleylester, also flüssiges Wachs.

Die **Sapamine** sind Kodensationsprodukte von Fettsäuren mit Diaminen, die als Salbenemulgatoren zwar brauchbar sind, aber keine Verbreitung gefunden haben.

Von den Fettsäuren leiten sich noch die **Lecithine** ab, die gleichfalls als Öl/Wa-Emulgatoren verwendet werden. Lecithine sind bekanntlich Glyzerin-Cholin-Phosphorsäureverbindungen. Sie waren in Japan, wo das Lecithin der mandschurischen Sojabohnen eine große Rolle spielte, wichtige Emulgatoren.

Eine andere Gruppe der Öl/Wa-Emulgatoren stellen die **Saponine** dar. Diese Glykoside werden als Salbenemulgatoren nicht gebraucht, sind aber als Lösungsvermittler im Liquor carbonis detergens auch pharmazeutisch anwendbar.

Eiweißstoffe, insbesondere frisches und konserviertes Eigelb, Gelatine, Kasein, Kalziumkaseinat und Milei G sind gute Salbenemulgatoren, die sehr brauchbare, pflegende Cremes liefern. Der Nachteil dieser Salben besteht in der geringen Haltbarkeit der Eiweißstoffe. Die daraus bereiteten Produkte sind genau so wie die Lecithincremes zu konservieren.

Wir haben bisher durchwegs echte, ionogene Öl/Wa-Emulgatoren besprochen, die vorwiegend auf Grund ihrer Oberflächenaktivität emulgieren. Die nun folgenden Substanzen hingegen sind nur wenig oberflächenaktiv und halten die Emulsion hauptsächlich durch ihre Viskosität zusammen. Die wichtigsten dieser Stoffe sind die natürlichen und künstlichen Schleime.

Die verderblichen Pflanzenschleime aus Carraghen, Tragant, Agar-Agar, Pektin, Psyllium, Cydonia und Leinsamen sind von den synthetischen Produkten überflügelt worden. Deren wichtigsten Vertreter sind die verschiedenen Zellulosederivate. Es gibt von diesen weniger verderblichen Estern und Äthern eine große Anzahl. Der Apotheker kommt mit einer einzigen aus, der Adulsion bzw. in Österreich Polyfibron Special C, die, 4:100 in Wasser gequollen, Schleime ergeben, die mit Fett, Ölen, Paraffinen zusammen oder allein als Salbe eingesetzt werden können. Die Tylose wird von Kalle-Biebrich hergestellt, die Fondin-Präparate der Sichelwerke sind analog anwendbar.

Die polyacrylsauren Salze, der Polyvinylalkohol und andere Hochpolymere sind gleichfalls, mit Wasser vermischt, brauchbare Grundstoffe für Schleimsalben, sie sind Verdickungsmittel, emulgieren aber nicht, so daß ohne Emulgator keine Fettkomponente zugefügt werden kann.

Einzelne Gummisorten wie Gummi-arabikum sind, wie die Saponine, vorwiegend Emulgatoren für flüssige Phasen. In Salben sind erstere wegen ihrer starken Klebewirkung nicht einsetzbar oder stehen nur in kleinen Zusätzen in Gebrauch.

Auf dem Gebiet der Öl/Wa-Emulgatoren sind in den letzten Jahren eine Unzahl neuer Typen aus den verschiedensten Gebieten der Chemie entwickelt worden.

Wir wollen sie in 4 Gruppen einteilen:

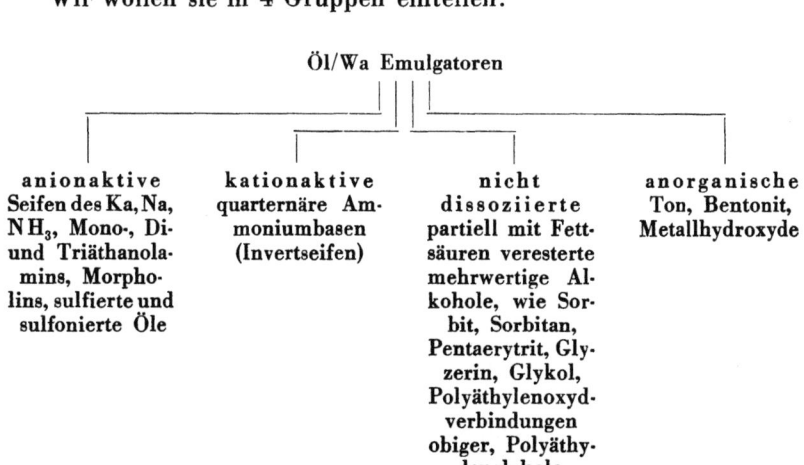

| anionaktive Seifen des Ka, Na, NH₃, Mono-, Di- und Triäthanolamins, Morpholins, sulfierte und sulfonierte Öle | kationaktive quarternäre Ammoniumbasen (Invertseifen) | nicht dissoziierte partiell mit Fettsäuren veresterte mehrwertige Alkohole, wie Sorbit, Sorbitan, Pentaerytrit, Glyzerin, Glykol, Polyäthylenoxydverbindungen obiger, Polyäthylenglykole | anorganische Ton, Bentonit, Metallhydroxyde |

Anionaktive Emulgatoren. Die Seifen und sonstigen Vertreter dieser Gruppe wurden bereits weiter oben besprochen.

Kationaktive Emulgatoren sind kräftige Desinfizientien, als Zephirol, Quartamon, Cetrimide, Cetavlon im In- und Ausland bekannt. In Salbenemulsionen trifft man sie nicht als Emulgatoren, sondern als Desinfizientien. Die Glasgow Cream Nr. 9 der Engländer enthält Cetyltrimethylammoniumbromid als Wirkstoff und Wollfett als Emulgator. Bei der Kombination derartiger Salben ist zu beachten, daß sich anion- und kationaktive Emulgatoren nicht gleichzeitig anwenden lassen, es müssen hier nicht dissoziierte Emulgatoren wie eben das Wollfett eingesetzt werden. Seifen sind unbrauchbar.

Die meisten nichtdissoziierten Emulgatoren sind erst in der Kriegs- und Nachkriegszeit entwickelt worden. Die Vielzahl hat zu einem ungeheuren Nomenklatur-Durcheinander geführt. Es dürfte sich um ungefähr 400 Emulgatoren handeln, deren richtiger Einsatz wohl nur in den seltensten Fällen und nur von speziellen Fachleuten durchgeführt werden kann.

Durch Wasserabspaltung entsteht aus Sorbit Sorbitan, durch nochmalige Abspaltung eines weiteren Wassermoleküls daraus Sorbid. Durch Veresterung meist nur einer OH-Gruppe dieser Alkohole entstehen zahlreiche Emulgatoren, die unter verschiedenen Namen herausgebracht werden. Die Croda, London, nennt sie Crills (Nr. 1 bis 6), Watford, London, bezeichnet ihre Präparate, die Monoester ähnlicher Alkohole (Pentaerytrit, Glyzerin, Glykol) Estax. Die Atlas Powder in Wilmington Delaware nennt ihre, den Crills ähnlich gebauten Emulgatoren Spans oder Tweens. Es ist also so, daß z. B. Sorbitan Monolaurat als Crill Nr. 1, als Arlacel Nr. 20 und Span Nr. 20 im Handel ist. Crill Nr. 123 ist gleichzeitig Tween 7596 D—.

Durch die Einführung der Polyäthylenoxydgruppen ergeben sich weitere Emulgatoren. Die Polyäthylenoxydwachse und Polyglykole aber sind keine Emulgatoren, sondern Salbengrundlagen. Aus dieser Gruppe werden zur Zeit in die Salbenlehre (als Emulgatoren anderer Sparten sind sie altbewährt) die Cremophore und die Salbengrundlagen Cremolane der Badischen Anilin- und Sodafabrik eingeführt. Uerdingen stellt ähnliche Produkte her, ferner die Anorgana Gendorf (Lanogene) und Merck hat in letzter Zeit aus seinem Sorbit verschiedene Ester, die Lanone, entwickelt.

In Amerika hat einer dieser Emulgatoren bereits Eingang in

das Arzneibuch gefunden. Es ist dies Polysorbas USP XIV, also Polyäthylensorbitanmonooleat, eine Substanz, die als Tween 80 (Atlas Powder) und Crill 10 (Croda) schon bekannt ist.

Die Cremophore sind durchwegs nicht ionogene Derivate von Fettkörpern mit Polyäthylenoxydresten. Cremophor O ist wachsartig und emulgiert Alkohole, Wachse; Cremophor EL ist ölig, emulgiert dieselben Gruppen, ist besonders für die Herstellung von flüssigen Emulsionen geeignet. Cremophor A fest emulgiert Paraffine und pflanzliche Öle. Cremophor A flüssig emulgiert dieselben Stoffe, ist besonders für flüssige Emulsionen einzusetzen.

Die Cremolane sind Salbengrundlagen, Polyäthylenoxyd-Kondensate und Polymerisate verschiedenen Molekulargewichtes und damit wechselnder Konsistenz.
Cremolan ist ein Fettalkohol mit 12 Mol. Alkylenoxyd,

Cremolan 9 ist mit dem Polyäthylenglykol 400 der USP 14 identisch,
Cremolan 12 mit Mol.-Gew. 500 ist ölig,
Cremolan 18 „ „ „ 800 ist halbfest FP 28°,
Cremolan 60 „ „ „ 2700 ist wachsartig knetbar FP 53°,
Cremolan 100 „ „ „ 4500 ist hartparaffinartig FP 60° =
= Carbowax 4500,
Cremolan 100 V „ „ „ 4500 ist schmalzartig,
es ist zur Zeit Versuchspräparat.

Eigene Versuche erstreckten sich insbesondere auf die letzte Sorte, auf Cremolan 100 V. Diese Substanz ist so, wie sie aus der Fabrik kommt, eine abwaschbare Salbengrundlage, die sich mit den Grundstoffen der fetten Salben trotz äußerer Ähnlichkeit schlecht bzw. nur unter Hilfe von Emulgatoren mischt. Viele Salbenwirkstoffe werden von der Salbe sehr gut gelöst. Um mit Vaselin, mit Wollfett pharmazeutisch und dermatologisch wirklich mit Erfahrungen und optimal arbeiten zu können, haben wir 70 Jahre lang gearbeitet. Manche neue Substanz wird sich schneller einführen, um aber wirklich die Therapie damit zu beherrschen, ist die Zeit noch zu kurz. Ein Beispiel soll dies zeigen.

Vor kurzem wurden die Silicone als vorteilhafte Salbengrundlagen empfohlen. Die Vorteile dieser Silizium-Kohlenwasserstoffe waren eigentlich gering, daß der Preis ein Mehrhundertfaches des Vaselins ausmacht, wurde überhaupt nicht berücksichtigt. Solche

Fehlzündungen können nur dann passieren, wenn Arzt und Apotheker nicht eng zusammenarbeiten.

Wir haben noch kurz die anorganischen Emulgatoren zu besprechen: Kaolin, Bentonit, Unemul. Bentonit, ein mit Wasser stark quellender vulkanischer Ton, hat Eingang in die National Formeln der USA gefunden, bei uns besitzt er geringe Bedeutung.

Unter den Metallhydroxyden ist das englische Unemul zu nennen, ein speziell als Emulgator erzeugtes Aluminiumhydroxyd.

Im letzten Krieg hat man versucht, Siliziumdioxydgele einzuführen; sie sind wieder verschwunden.

Mit Vaselin $\overline{aa}$ 50,0 vermischt, geben die anorganischen Gele (Kaolin) verwendbare Grundlagen, die immerhin wesentliche Mengen organisches Material einsparen helfen. Sie sind Kriegssalben, die bei Wiederkehr normaler Verhältnisse noch schneller verschwanden als sie kamen.

Die meisten Öl/Wa- und Schleimsalben sind bakteriell und von Schimmelpilzen angreifbar. Auch die Zellulose-Äther und -Ester, die man früher für völlig unempfindlich hielt, machen hier keine Ausnahme. Es ist daher nötig, Desinfizientien zuzufügen. In den deutschsprachigen Ländern ist Nipagin das bekannteste derartige Präparat. In Sonderfällen kann auch Salizyl- und Benzoesäure, Formaldehyd, Borsäure und Borax verwendet werden.

Chlorkresol, Chlorphenyl, Glyzerol und Quecksilberpräparate sind äußerst wirksame Desinfizientien, die als Sterilhaltungsmittel aber infolge ihrer betont starken Wirkung nur selten in Frage kommen.

Alle Öl/Wa-Emulsionen trocknen zu einem Film ein. Will man dies vermeiden, so muß man mindestens 30 % eines Feuchthaltemittels, wie Glyzerin, Glykol, Sorbit oder Karion (Merck) zufügen. Nimmt man an Stelle des Wassers ausschließlich Glyzerin, so bekommt man Salben vom Typ des Unguentum glycerini.

Wa/Öl-Emulsionen sind nicht abwaschbar, insbesondere mit Glyzerin versetzte Öl/Wa-Emulsionen sind hingegen abwaschbar. Der Arzt kann nach dieser und anderen Eigenschaften entscheiden, welche Grundlagen er wählt. Wir können alle Typen zu einem Schema zusammenfassen (Abb. 66):

Ganz links beginnt das Schaubild mit wasserfreien bzw. wasserarmen Schleimen, sie gehen dann in fettarme, dann in fettreiche Öl/Wa-Emulsionen über. Die meist noch fettreicheren Wa/Öl-Emulsionen folgen und schließlich die wasserfreien Fettsalben. Am Schluß, ganz rechts, sind noch die Pasten, das sind Salben mit größeren Mengen fester Bestandteile, auf die noch zurückgekommen wird, eingeordnet.

Parallel zu dieser Einteilung im Schaubild geht der dermatologische Einsatz. Es gibt Patienten mit starker Talgsekretion, die sogenannten Seborrhoiker, und solche mit trockener Haut, die Sebostatiker. Erstere, die häufigere Gruppe, vertragen zusätzliches Fett nicht immer und werden auf Schleime und Schüttelmixturen

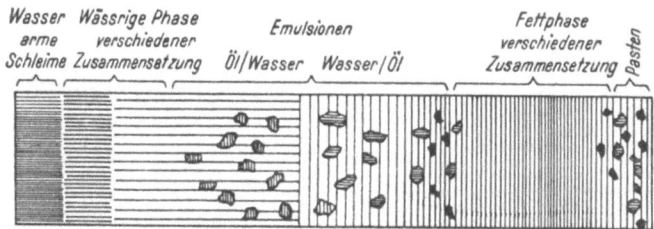

Abb. 66. Verschiedene Salbenarten und ihre Übergänge

besser ansprechen, allenfalls noch Pasten vertragen, reagieren aber unter Umständen mit ekzematösen Reizungen auf fette Salben. Umgekehrt bei den Sebostatikern. Keining schlägt daher vor, vor der dermatologischen Behandlung erst die Grundtypen der Externa Schüttelmixtur, Schleimsalbe, Paste, fette Salbe an jedem Fall zu prüfen und dann die verträglichste Grundlage mit dem Wirkstoff zu verarbeiten. Auf der Klinik ist dies möglich, in der Praxis jedoch nicht, obwohl damit natürlich die ideale Therapie erreicht wäre. Das dermatologische Schema unterscheidet sich von dem gezeigten nur dadurch, daß die Pasten von rechts in die Mitte gerückt sind. Links der Pasten stehen dann die Therapeutika für Seborrhoiker, rechts die für Sebostatiker.

Recht hübsch hat Polano die Dermatologica vom Standpunkt des Therapeuten zusammengestellt:

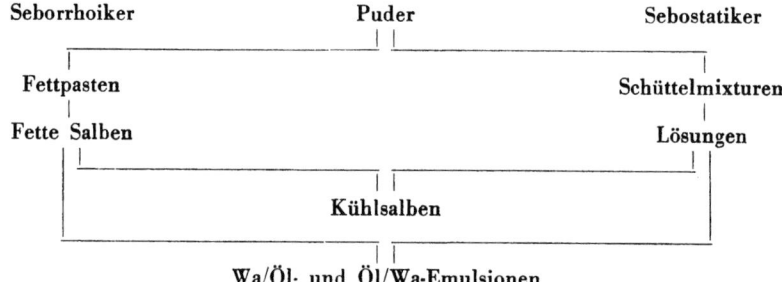

Auch hier gilt die Lehre Keinings.

3. Maschinen

Zur Herstellung der Salben dienen uns verschiedene Apparate, die für die einzelnen Typen mehr oder minder geeignet sein können. Zur Bereitung von Verreibungen fester oder flüssiger Bestandteile in wasserfreien oder wässerigen Salben beider Emulsionsarten sind andere Maschinen geeignet als zur Darstellung der Emulsionen und deren Homogenisierung.

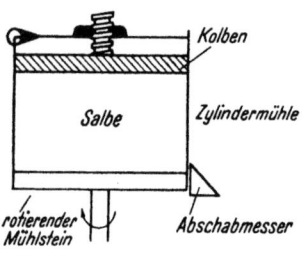

Abb. 67. Zylindermühle (schematisch)

Das Verreiben der Salbenbestandteile in kleinster Menge erfolgt auf einer Glasplatte und wird mit planem Pistill, das glatt oder rauh sein kann, durchgeführt. Man bekommt auf diese Weise sehr schöne Verreibungen, die denen in der Reibschale bereiteten überlegen sind. Größere Mengen werden im gegebenenfalls automatisch sich drehenden Mörser durch mechanisch angetriebene oder von Hand aus bewegte Pistille verarbeitet. Diese Apparate arbeiten noch recht unvollkommen, auch wenn ein Schabemesser mithilft, und sind zudem nur zur Bereitung beschränkter Mengen von 2 bis 10 kg im diskontinuierlichen Betrieb geeignet. Gleichfalls diskontinuierlich, aber mit Füllungen zwischen 100 cm^2 und 50 Litern arbeitet eine Gruppe von Salbenmühlen, die unter dem Namen Zylindermühlen (Abb. 67) im Handel sind. Ein Kolben drückt die vorgemischte Salbe zwischen dem feststehenden Zylinder und dem rotierenden Mühlstein durch, sie tritt feiner gemahlen aus und wird von einem Abschabmesser aufgefangen. Man muß diese Maschine, die auch nur recht unvollkommene Produkte liefert, jedesmal „laden", und erreicht trotzdem nicht die Ergebnisse, die mit den Walzenmühlen erzielt werden können. Die Zy-

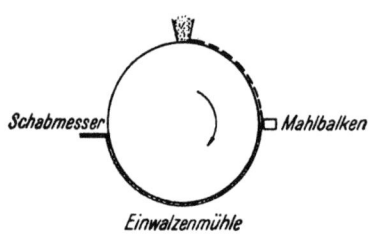

Abb. 68. Einwalzenmühle

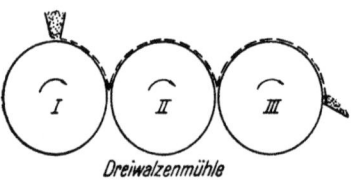

Abb. 69. Dreiwalzenmühle

lindermühlen sind heute ziemlich unmodern geworden und werden kaum mehr gebaut. Sie sind aber als Vorläufer der modernen Konusmühlen mit Karborundum-Mahlsteinen bemerkenswert. Diese Mühlen haben ein Zubringergerät eingebaut und arbeiten bei hoher Tourenzahl kontinuierlich. Der eine Stein, der Rotor, ist verstellbar, so daß verschiedene Feinheitsgrade erzielt werden können. Die Mühlen sind auch zum Naß-Mahlen von Pulvern geeignet.

Abb. 70. Dreiwalzenmühle

Einwalzenmühlen (Abb. 68) mahlen das Mahlgut zwischen einer Porzellanwalze, die rotiert, und einem Querbalken. Im Effekt sind sie den Zylindermühlen gleich, arbeiten aber bereits kontinuierlich.

Die Dreiwalzenwerke (Abb. 69) zerreiben die Salben, die ja schon im Mörser oder im Großen in Knetwerken vorgemischt sind, nicht nur an einer, sondern an zwei Mahlstellen. Die Salben werden durch den Trichter über der Walze I eingeführt, umlaufen, daran klebend, die Walze I bis zum Berührungspunkt mit der entgegenlaufenden Walze II, werden zerrieben und von ihr wieder bis Walze III weiter befördert. Von der letzten Walze werden sie durch ein Scherbrettchen abgeschabt. Walze I und III sind horizontal verschiebbar, so daß der Abstand feiner und gröber gestellt werden kann. Die Walzen sind bei Apothekermodellen aus Porzellan, bei Industriemodellen aus Granit oder Porphyr allenfalls aus Stahl (Abb. 70).

Die Mischwerke sollen innen verzinnt, verchromt, vernickelt, verkupfert oder versilbert sein. Reines Eisen und auch Aluminium sind nicht genügend korrosionsbeständig. Die Gummierung von Apparaten für die pharmazeutische Industrie soll mit Buna oder Oppanol durchgeführt werden, da der Naturkautschuk von den Mineralölen angegriffen wird.

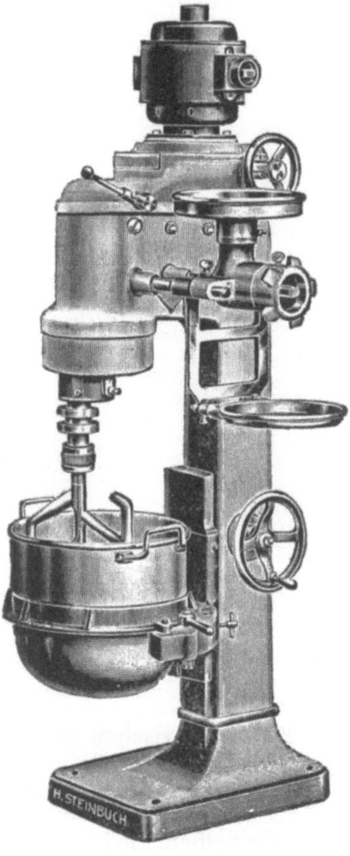

Zur Herstellung einer Wa/Öl-Emulsion genügt ein verzinnter Schmelzkessel mit Rührwerk und mit Doppelmantel, durch den erwärmt und auch gekühlt werden kann. Ich habe zur Herstellung von Versuchsproben ein kleines Modell gebaut, das in der Konstruktion von den großen nicht abweicht (Abb. 71 u. 72). Die darin voremulgierten Salben werden nachträglich homogenisiert. Die in der Emulsionstechnik sonst üblichen Homogenisierungsapparate und Turbomischer sind nicht für alle Salben brauchbar, da viele hievon ausschließlich für flüssige Emulsionen gebaut sind. Gut geeignet ist aber z. B. der Emulgor und der Unguentor, Apparate, die die voremulgierte Masse durch eine Düse drücken und für Hand- und Motorbetrieb gebaut werden. Das Schema auf S. 81 hat ihre Arbeitsweise erklärt. Ein Kolben saugt aus dem Fülltrichter Salbe an und preßt sie beim Rücklauf, durch einen Exzenter getrieben, um Ecken und Kanten herum, so daß gröbere Teile verfeinert werden. Weitere Möglichkeiten, um zu homogenisieren, sind in den schon erwähnten Kolloidmühlen gegeben.

Abb. 71. Salbenrührwerk, Industriemodell mit 50 Liter Fassung

Die Öl-in-Wasser-Emulsionen und Schleimsalben kann man durch Zylindermühlen oder Dreiwalzenwerke nicht verbessern, im Gegenteil, es gibt Fälle, insbesondere, wenn Schleime und Fette gemeinsam verarbeitet werden, in denen die Dreiwalzenmühlen die Emulsion zerstören. Das Fett haftet an den Walzen, die Gelstruktur wird zerstört und die Mühle hält das Fett zurück, die wässerige Phase aber fließt als trüber Brei oder als Flüssigkeit ab.

In der pharmazeutischen Großindustrie geht man ähnlich vor wie in der Apotheke, nur benützt man natürlich alle Möglichkeiten, die der Industrie zur Verfügung stehen. So werden die Vaselinfässer ein bis zwei Tage in einen warmen Raum gestellt und das verflüssigte Material herausgepumpt. In einem Betrieb taucht ein dampfbeheizter Saugrüssel in das Vaselinfaß ein, schmilzt die Salbengrundlage oberflächlich und saugt sie dann ab.

Die Salben werden meist bei erhöhter Temperatur (über dem Schmelzpunkt) gemischt. Meist wird in Amerika mit gewöhnlichen Rührwerken verschiedener Firmen gearbeitet. Interessant ist nur der Abbe-Lenhard-Mixer (Church Street, New York 7), der hochtourig im Vakuum arbeitet, um Lufteinschlüsse zu vermeiden. Er wird mit Chargen von 300 Kilo gefüllt und beendet einen Arbeitsgang in 3 Stunden.

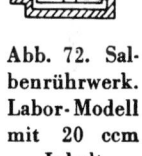

Die weitere Verarbeitung erfolgt meist in Kolloidmühlen, Dreiwalzenmühlen sind in Amerika seltener im Gebrauch. Die fertige Salbe rinnt halbflüssig in Gefäße mit langsam laufenden Rührern, wo sie allmählich abkühlt.

Abb. 72. Salbenrührwerk. Labor-Modell mit 20 ccm Inhalt

Für Spezialsalben, etwa zur Herstellung von Emanationssalben, sind besondere Maschinen konstruiert worden. Der Emanator nach Happel besteht aus einem Bleikasten, in dem sich zwei kleine Glaskölbchen mit emanierenden Präparaten befinden. Man verbindet eine evakuierte Vorlage mit dem Kölbchen, die Emanation wird darin als Gas aufgefangen und in der Grundlage, z. B. in 10 ccm Vaselin, gelöst.

Ein anderer, in Amerika verwendeter Apparat besteht aus einer Saugflasche und zwei Stutzen von denen einer mit einem kleinen Gefäß mit 2 Hähnen verbunden wird. Man gibt in die Flasche geschmolzenes Vaselin und evakuiert. Dann wird ein Glasröhrchen mit Emanation zwischen den Hähnen zerbrochen, der Hahn zum Vaselin geöffnet und das Gas durch Schütteln gelöst.

Rajewsky erhielt einen weiteren Apparat patentiert. Er besteht aus einer heizbaren Kammer, in der das Gas oder staubförmige Produkt mit dem Vaselin, das geschmolzen durch eine rotierende Düse eingepreßt wird, in Kontakt tritt. „Die hohe Adsorptionskraft frisch hergestellter Teilchen, die durch künstliche elektrische Ladung noch verstärkt werden kann, wird so maximal ausgenützt", berichtet uns die Patentschrift. Der Apparat, der ursprünglich nur zur Herstellung von Emanationssalben gebaut wurde, soll auch für galenische Präparate verwendet werden können, kommt aber, infolge seiner Kompliziertheit, kaum für irgend einen Betrieb in Frage.

4. Verpackung

Es muß noch über die Verpackung der Salben einiges gesagt werden. Der Apotheker füllt seine Rezeptursalben fast durchwegs in Salbenkruken ein. Am empfehlenswertesten sind Porzellan- und Glaskruken flacher Ausführung. Die hohen, dünnen Röhren, die hie und da geliefert werden, sind schwer zu füllen, zu reinigen und zu entleeren. Steingutkruken und Gefäße aus gutem Kunststoffmaterial sind den Porzellangefäßen gleichwertig. Die Harnstofformaldehydkondensate, das Polyvinylchlorid sowie insbesondere das Superpolyamid ist den Phenolkondensaten, die nicht genügend geruchfrei sind, vorzuziehen. Die Kunststoffkruken werden durchwegs im Spritzguß hergestellt.

Holzspanschachteln sind, sofern man überhaupt eine Wahl hat und nicht durch die Zeitumstände gezwungen wird, sie zu verwenden, abzulehnen, ebenso unparaffinierte Pappdosen. Ich bekam eine erstklassige Gewerbeschutzsalbe einer unserer besten und erfahrensten Firmen zur Begutachtung. Es handelte sich um eine Öl/Wa-Emulsion, die in innenlackierten Pappdosen zu 1 kg abgepackt war. Der Lack wirkte nur ungenügend abdichtend, die Wasserphase diffundierte durch die Papphülle, sie erweichend, heraus, und die Pappe zerfiel. Als Kern blieben in den Pappresten in jeder Dose etwa 200 g einer hornartigen Masse zurück. Diese Masse konnte zwar mit Wasser wieder zu einer Emulsion von recht ansprechendem Äußeren verarbeitet werden, doch zeigte sich ein zweiter Nachteil. Das Desinfektionsmittel (Nipagin, Fettabacterin oder dgl.), das jeder Öl/Wa-Emulsion zugefügt werden muß, um Gärungen zu verhindern, war vergessen worden, mußte, als schwer beschaffbar, wegbleiben oder war mit dem Wasser in die Pappe diffundiert. Jedenfalls wurde die Salbe beim Umarbeiten infiziert, gärte und wurde durch die Gasentwicklung immer voluminöser, sie wuchs und wuchs und quoll aus den Gefäßen heraus.

Hätte sich nicht eine mitleidige Bombe der Salbe erbarmt, so wäre eine neuerliche Umarbeitung und das Zufügen eines Desinficiens nötig geworden. Also: Da die Pappdosen nicht gut abgedichtet waren, mußte die Salbe 2mal umgearbeitet werden. Bei 1000 kg, um die es sich handelte, ergibt dies einen Verlust von ca. 100 kg. Neue 1000 Gefäße mußten angeschafft werden. Statt einem ordentlichen mechanisierbaren Arbeitsgang waren, nicht ganz im Sinne der Arbeitseinsparung, 5 Arbeitsgänge im Handbetrieb, Entleeren, Emulgieren, Füllen, Entleeren, Füllen nötig. Transportbelastung und sonstige Spesen waren noch zuzufügen.

Blechdosen aus Weißblech, gegebenenfalls aus Aluminium- oder lackiertem Eisenblech, sind für fette Salben und Wa/Öl-Emulsionen brauchbar, versagen aber bei Öl/Wa-Emulsionen, sie rosten oder korrodieren. Bei Quecksilbersalben ist außerdem noch zu bedenken, daß Amalgame entstehen können.

Für die Defektur der Apotheken und alle Erzeugnisse der Industrie sind Tuben das Haltbarste, und das den Forderungen der Hygiene am besten entsprechende Verpackungsmaterial. Sie können aus Zinn, Aluminium, Zink, Stahl, Pappe, Kunststoffolien und Glas hergestellt werden. Die letzteren sind kleine Spritzen aus Glasröhren mit Tubenmundstück und beweglichen Kolben, sie haben sich bisher noch am wenigsten eingeführt.

Es gibt Tuben von 3 bis 500 ccm Kapazität. Um sie zu füllen, benötigt man eine Tubenfüllmaschine, deren einfachste Ausführung in der abgebildeten Form (Abb. 73) mit einer Wurstpresse verglichen werden kann. Der Kolben drückt die Salbe durch das Füllstück in die rückwärts offene Tube, deren Verschlußstück abgenommen ist, um die Luft entweichen zu lassen. Diese Apparate können auch automatisiert, ja als Rundläufer ausgebaut und mit einer Schließmaschine kombiniert werden. Das Füllen der Tuben erfolgt hier durch einen Exzenter automatisch und kann, je nach Einstellung, verschiedene Tubengrößen genau dosieren. An Stelle des Kolbens kann eine Transportschnecke treten, die die Salbe von einem Einfülltrichter zum Füllstück kontinuierlich hinleitet.

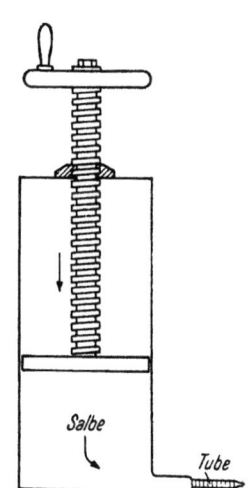

Abb. 73. Schema einer einfachen Tubenfüllmaschine

Beim Tubenschließen wird das Tubenende zunächst flachgedrückt und dann 2mal umgebogen. Die einfachste Form der Schließapparate ist einer breiten Flachzange nicht unähnlich. Die Automaten können zum Abschließen der Tuben noch Metallzwicken, die einen dichteren Verschluß bei weichen Salben gewährleisten, aufziehen.

5. Eigenschaften

Wir wissen nun wie die verschiedenen Salbengrundlagen zusammengesetzt sind, wie sie hergestellt und verpackt werden. Ihr optimaler Einsatz hingegen bleibt noch zu besprechen. Dies ist zwar dem Kliniker vorbehalten, doch kann gerade hier der Apotheker besonders gut helfen, beraten und an der Entwicklung mitarbeiten. Ich gehe daher auf die Erkenntnisse der letzten Jahre näher ein. Eine Salbe darf:

1. nicht reizen,
2. muß gegen Licht, Luft und Arzneimittel beständig sein,
3. sie muß selbst von der Haut aufgenommen werden und die zugefügten Arzneimittel entweder lokal oder nach erfolgter Resorption an bestimmten Körperstellen zur Wirkung bringen.
4. In besonderen Fällen (Ausnahmen von den Punkten 2 und 3) muß sie oberflächlich haften und Hautpartien als fetter oder eintrocknender Film abdecken können.

Die Salbengrundlagen der verschiedenen Typen bewirken natürlich ganz verschiedene Effekte. Salizylsäure, um nur ein Beispiel anzuführen, wird aus Schleimsalben 40mal stärker resorbiert als aus Vaselin, wirkt also nach erfolgter Resorption im Körper 40mal intensiver. Auf der Haut wirkt eine Schleimsalbe mit Salizylzusatz aber kaum intensiver als eine gleich stark eingestellte fette Salbe. Andere Grundlagen stehen zwischen diesen Extremen. Schon dies zeigt, daß es keineswegs gleichgültig ist, welche Grundlage man wählt. In einem Fall ist diese besser, im anderen jene.

Wir müssen daher die verschiedenen Medikamente in Gruppen einteilen und die hierfür jeweils geeignetsten Medien, soweit sie bekannt sind, in Vorschlag bringen. Wenn die wirksamsten Grundlagen noch nicht bekannt sind, muß man durch Modell- und insbesondere Simultanversuche am Kranken auszuwählen suchen. Die Modellversuche im Becherglas, an Gelatineblöcken, an Leder, auf gesunder Haut, geben nur Hinweise, entscheidend ist der Simultanversuch. Er wird an korrespondierenden, in gleicher Weise erkrankten Hautpartien desselben Patienten durchgeführt und ist langwierig, da man nach geeigneten Kranken auch in großen Anstalten lange Ausschau halten und größere Serien prüfen muß.

6. Spezielle Salben

a) **Decksalben** sind speziell angefertigte Salben, die empfindliche oder gefährdete Hautpartien vor der Einwirkung von Sekreten oder ätzenden Stoffen schützen sollen. Hier kommen in erster Linie hochschmelzende Vaselin-Wollfett-Mischungen ohne Wasserzusatz in Frage. Der Schmelzpunkt solcher Produkte soll 50 bis 60° betragen, andernfalls wird die Salbe auf der Haut zu weich und kann durch die Dochtwirkung des Verbandes oder der Wäsche abgesaugt und weggewischt werden. Der Wollfettzusatz verbessert die Klebwirkung der Decksalben auf feuchter Haut. Zinksalben sind als Decksalben ungeeignet, obwohl sie immer wieder hierfür empfohlen werden.

b) **Saure Salben**, die die Haut ansäuern und so deren Resistenz steigern, müssen wasserhaltig sein, denn wasserlösliche Säuren kommen nur in diesem Milieu zur Wirkung. Als Säure wird meist mit Laktaten gepufferte Milchsäure verwendet. Die Borsalbe ist eine saure Salbe mit nur schwacher Wirkung, denn die Säure ist sehr schwach und außerdem vom Vaselin umschlossen, so daß nur Bruchteile zur Lösung kommen. Wenn wir ihr nicht mit Siemens überhaupt jeden Wert absprechen wollen, und sie als Relikt aus der voraseptischen Zeit beiseite legen, so sollten wir sie durch Glyzerinzusatz verbessern, denn der Glyzerinborsäurekomplex ist stärker sauer und außerdem wasserlöslich, so daß ein direkter Kontakt, Säure — Haut, ermöglicht wird.

c) **Lichtschutzsalben** sind in den meisten Fällen alkalisch, da die fluoreszierenden Stoffe, die meist verwendeten Schutzmittel, nur in diesem Milieu zur Wirkung kommen. Welche Grundlage hier die beste ist, steht noch nicht fest. Wahrscheinlich sind es flüssigkeitsreiche Öl/Wa-Emulsionen, wie Stearatcremes und Lanettewachssalben, die die Perspiration nicht so hemmen wie fette Salben. Sollen Pigmente, wie Zinkoxyd, die Strahlen abschirmen, so kann jeder Salbentyp als Träger herangezogen werden. Gerbstoffe hingegen sind erst nach eingehenden

Versuchen zu verwenden, da sie in vielen Fettsalben unwirksam, in manchen Emulsionen aber nicht haltbar sind.

Am empfehlenswertesten sind als Lichtschutz- und Brandsalben zweifellos Schleimsalben mit Tanninzusatz. Bei ihrer Kombination sind umfangreichere Vorversuche nötig, denn viele Grundlagen, wie etwa die Tylosen, geben mit Gerbstoffen Niederschläge, die unlöslich sind und auch dann, wenn sie feinst dispergiert sind, keine Gerbstoffwirkung entfalten. Die Lichtschutzwirkung der Sulfonamide scheint der gerbenden Komponente zuzukommen.

d) **Kühlsalben** werden zur Entspannung und Kühlung verordnet. Sie müssen eine Fettkomponente besitzen und auf der Haut verrieben als Wärmeleiter Kalorien abführen. Nur einige wenige wasserhaltige Salbentypen spalten sich auf der Haut in ihre Komponenten, so daß das Wasser Wärme leiten und verdunsten kann. Es ist deshalb keineswegs jede Emulsionssalbe eine Kühlsalbe, sondern vorwiegend die vom Öl/Wa-Typ, also die Emulsionsart, die das Wasser in der äußeren Phase enthält. Wenn diese Salbe aufgestrichen wird, bleibt das Wasser außen und verdunstet. Eine Lanolinsalbe hingegen wird als Emulsion eingerieben, das Wasser bleibt auch in der Haut vom Fett umschlossen und kann weder verdunsten noch kühlen. Unter den Wasser/Öl-Emulsionen sind daher nur die Pseudoemulsionen Kühlsalben. Dies ist ein Typ, der nicht ausschließlich auf Grund von Oberflächenkräften eines Emulgators, sondern vorwiegend durch die Viskosität der Grundlage hier von Wachs — Ölmischungen zusammengehalten wird. Das Unguentum leniens, der bekannteste Vertreter dieser Gruppe, ist eine Salbe, die sich auf der Haut entmischt und dadurch dem Wasser Gelegenheit bietet, unter Wärmeverbrauch zu verdunsten und als Leiter die Wärme abzuleiten Das Unguentum leniens wird leicht ranzig und scheidet, als unstabile Emulsion auch im Salbentopf, leicht Wasser aus. Man kann nun Wollfett zusetzen und erhält dadurch stabilere Salben, die auch mehr Wasser aufnehmen und behalten. Die Kühlwirkung wird aber durch solche „Verbesserungen" vernichtet, die Salbe wird stabil, trennt sich auf der Haut nicht mehr, das Wasser kann weder verdunsten, noch als Wärmeleiter fungieren.

e) **Salizylsalben** sind einerseits Keratolytika, andererseits Rheumamittel. Im ersteren Fall ist es gleichgültig, welche Salbengrundlage man wählt. Die Säure kommt nach dem Prozentgehalt, in dem sie eingearbeitet wurde, zur Wirkung. Bei der

Rheumatherapie will man keine Lokal-, sondern, nach erfolgter Resorption, Fernwirkung im Körperinneren erzielen. Soll die Salizylsäure also durch die Haut hindurchgehen und im Körper zur Wirkung kommen, so inkorporiert man sie am besten in einem Schleim, aus dem, wie schon erwähnt, bei gleicher Dosis die vierzigfache Menge resorbiert wird. Seifenzusatz verstärkt die Salizylsäureresorption ebenfalls sehr wesentlich. Da die Seife aber schon bei der Herstellung der Salbe mit der Säure reagiert, entsteht aus der freien Säure Natrium- oder Kaliumsalizylat und diese Salze werden resorbiert. Der Seifenzusatz ist also zwecklos, sofern er die Keratolyse verstärken soll, fördert aber die Resorption.

f) Jodsalben können ganz verschieden wirken, je nachdem man freies Jod, öllösliche Jodverbindungen oder Jodkali zur Wirkung bringen will. Freies Jod wird fast ausschließlich in Form von Jodvaselin angewendet. Man stellt die Salbe durch Lösen von Jod in geschmolzenem Vaselin her. Nimmt man statt Vaselin ein Fett, insbesondere ein ungesättigtes, so addiert es das Jod allmählich, es entstehen jodierte Fette, die langsamer, aber intensiver wirken als Salben, die mit dem gelösten Element bereitet wurden.

Jodkalisalben werden mit Schweineschmalz hergestellt und sollen das Jod zur Resorption bringen. Nun gehen Elektrolyte zwar nicht durch die Haut hindurch, Resorption erfolgt aber trotzdem. Das Jodkali spaltet nämlich freies Jod ab, dieses wird im Fett angelagert und das jodierte Fett ist dann resorbierbar. Der Mechanismus der Wirkung von Jodkalisalben ist also ein ganz anderer, als erwartet wird. Man wollte das Salz zur Wirkung bringen und erzielt eine Jodfettsäurewirkung, die umso stärker ist, je ranziger das Fett war. Es ist daher wohl besser, an Stelle der in ihrer Wirkung unkontrollierbaren Jodkalisalben, gleich ein Jodfett zu wählen.

g) Ätherische Öle, Balsame und Acria, sind öllöslich. Sie verhalten sich in den verschiedenen Salbengrundlagen nahezu gleich und ziehen aus dem wässerigen Milieu zu den Lipoiden der Haut. Aus Fetten kommen sie durch Diffusion ebenfalls zur Wirkung, so daß wir die Wahl einer bestimmten Salbengrundlage aus Zweckmäßigkeitsgründen treffen können.

Manche Balsame, wie Perubalsam, vermischen sich ohne Kunstgriffe nicht mit den „fettbetonten" Salben. Man muß in diesem Falle als Bindeglied Rizinusöl oder als Lösungsvermittler Chloroform zu Hilfe nehmen. Die Myrrhensalben wiederum entmischen sich auf der Haut. Man nimmt daher nicht das Harz, das 5 bis 10 % ätherisches Öl enthält, sondern das isolierte Öl und stellt daraus eine Salbe her.

h) Hormone lassen sich, soweit sie öllöslich sind, in Fetten und im Vaselin mühelos unterbringen. Dies gilt vor allem vom Follikelhormon, welches, wenn auch unökonomisch, sowohl durch die Haut als auch durch die Schleimhaut, aus Salben resorbiert wird. Es gilt ferner von Testespräparaten. Die wasserlöslichen Hormone Insulin und Adrenalin kommen aus Salben nur auf Schleimhäuten und Wunden zur Wirkung. gleich, welche Salbengrundlage auch gewählt wird. Man kann durch Saponine, durch hautreizende Mittel, zwar eine geringe Resorption durch die Haut hindurch erzielen, sie bleibt aber immer unsteuerbar und unwirtschaftlich und erreicht im besten Falle einen Nutzeffekt von 10 % der angewendeten Menge.

Das „Hauthormon" ist vorläufig nur ein Bestandteil von Kosmeticis und entstammt der modernen Signaturlehre. Es wird aus gepanzerten Tieren gewonnen, also soll es den Schutz unserer Haut verstärken, eine reichlich naive Vorstellung, die durch die Werbung erfolgreich verschleiert wird.

i) Vitamine werden in Salben sehr viel verwendet. Die öllöslichen, darunter die Vitamine A und D und die essentiellen Fettsäuren „Vitamin F", lassen sich in fette Salben ohne weiteres einarbeiten. Es empfiehlt sich, diesen Präparaten keine sauerstoffabgebenden Medikamente und kein Wasser zuzufügen, da sonst die Haltbarkeit verringert wird. Die Wirkung der Vitamine A und D in Salben ist nachweisbar. Vitamin F ist kein echtes Vitamin, es bringt nur die Wirkung spezifischer ungesättigter Gruppen zur Geltung und ist durch die bombastische Werbung rein merkantiler Firmen in Mißkredit gekommen.

Das wasserlösliche Vitamin C und der Vitamin-B-Komplex kommen durch die gesunde Haut wohl nur unter Zuhilfenahme der Jontophorese zur Wirkung. Gegenteilige Ansichten dürften auf Versuchsfehler zurückzuführen sein. Auf der Schleimhaut und auf Wunden ist Resorption zu erwarten. (Auch aus Zahnpasten.)

Eine besondere Gruppe unter den Vitaminsalben bilden die Lebertranpräparate, in denen die Vitamine A und D sowie ungesättigte Fettsäuren wirksam zu sein scheinen. Die Literatur über den Wirkungsmechanismus ist noch reichlich widersprechend, so daß abschließend noch kein Urteil gefällt werden kann. Wir kennen aber einige Eigenschaften der Lebertransalben, die auch auf die Herstellung einen Einfluß haben. So wurde festgestellt, daß Bestrahlung ihren Wert herabsetzt. Auch das Chlorieren der Salbe und der Zusatz von Zinkoxyd ist nicht empfehlenswert. Das Desitinwerk ist daher von seinem zuerst gehandhabten Verfahren, bei dem chloriert wurde, abgegangen. Vaselin wird als Grundlage empfohlen, Fette sind brauchbar und selbst Schleime scheinen bei kurzer Aufbewahrung der Salben nicht schädlich auf den Tran und nützlich im Sinne der Wundheilung zu sein.

Chlorophyllsalben haben in den letzten 10 Jahren einen bedeutenden Aufschwung erhalten. Wie der Verfasser mit Ritter in umfangreichen Versuchen feststellen konnte, sind sie im Hinblick auf ihre Granulationsförderung den Lebertransalben überlegen. Manche Autoren bevorzugen wasserlösliches Chlorophyll, andere das Rohchlorophyll, das ohne Wärmeanwendung, also schonend, hergestellt werden kann.

j) Pyrogallolsalben werden nach den bisherigen Erfahrungen mit Vaselin bereitet. Der Wirkstoff ist in diesem Medium am besten haltbar, reduziert genügend, wenn auch die Fettsalben intensiver, aber schmerzhafter wirken. Emulsionssalben zersetzen sich durch den Pyrogalluszusatz leicht, so daß man bei der Kombination derartiger Produkte, die therapeutisch keinen Vorteil bringen, sehr oft Fehlschläge erzielen kann.

k) Tanninsalben. Gerbstoffe sind, in Vaselin suspendiert, so gut wie unwirksam. Sie müssen gelöst in der Wasserphase frisch bereiteter Wa/Öl-Emulsionen, also in Wollfettsalben, appliziert werden. Die beste Darreichungsform wäre die in Schleimsalben, doch geben die meisten Schleime und Gallerten, mit Ausnahme des Unguentum Clycerini und einer bestimmten Tylosesorte, mit Gerbstoffen Fällungen und inaktivieren sie. Hamamelisextrakt ist bei Erzeugern und Verbrauchern von Salben besonders beliebt, ob mit Recht, steht noch nicht ganz fest, denn es gibt keine Arbeit, die exakt dessen Vorteil vor anderen Gerbstoffen beweist.

Die umfangreichen Versuche von Jäger haben gezeigt, daß bei Brandwunden und Hautschäden verschiedenster Genese, insbesondere bei den Vorstadien der Gewerbeekzeme an Stelle der natürlichen Gerbstoffe die synthetischen Produkte verwendet werden können, ja sogar sollen. Diese Wirkstoffe geben mit Eisensalzen und Eisenspuren keine Tinten, die Haut und Wäsche färben.

l) **Chrysarobin** wird mit gelbem Vaselin verarbeitet. Zusätze von Salizylsäure und Seife sind nicht am Platze, da durch erstere Reizungen verursacht werden, letztere aber die Wirkung aufhebt.

m) **Resorcin** und β-**Naphtol** sind in Vaselinsalben wirksam, in wässerigen Salben unbrauchbar, da nur in ersterem Falle das Gefälle vom schlechteren Lösungsmittel: Lipoid, zum besseren: Haut, zur Geltung gebracht wird.

n) **Teersalben** sind zweckmäßigerweise aus Fett, gegebenenfalls aus Vaselin zu bereiten. Wasserhaltige Salben bieten keinen Vorteil, können sogar zu unerwünschten Zwischenfällen führen, da manche Emulsionstypen durch Teerzusatz zerstört werden. Aussicht auf größere Verwendung haben die künstlichen Teere, die Anthracen, Naphtalin, Phenanthren, Carbazol, sowie geringe Mengen Phenol, Pyridin, Picolin, Chinolin, und Kresol enthalten. Es sind dies also Gemische der Wirkstoffe des Teeres ohne die Pechbestandteile. Sie sollen therapeutisch dem Teer überlegen sein, ohne gleich dem Teer, bei zeitlich begrenzter Anwendungsdauer, kanzerogen zu wirken.

Teer- und Schieferteersulfonate bzw. deren wasserlösliche Salze wie Ammonium-sulfo-ichtyolicum haben ungesättigten Charakter und werden bei Verlust der Doppelbindung unwirksam. Sie scheinen aus allen Salbengrundlagen wirksam zu sein. Am ungeeignetsten ist Vaselin, das sich mit den Präparaten nicht innig mischt und auf der Haut trennt. Auch manche Emulsionssalben zerfallen bei Zusatz der Sulfonate, so daß zur richtigen Wahl der besten Grundlage Erfahrung nötig ist. Es wird eine Lanolingrundlage oder eine Lanettewachssalbe sein.

o) **Schwefelsalben** sind aus verschiedenen Grundlagen wirksam. Am besten wählt man den kolloiden oder den feinst verteilten, gefällten Schwefel und gibt ihn in einer der üblichen Salbengrundlagen, die je nach dem Verwendungszweck auszuwählen sind. Soll nur lokale Schwefeltherapie betrieben werden, so dürfte die Salbengrundlage nur eine untergeordnete Bedeutung besitzen. Soll der Schwefel aber resorbiert werden und im Körper Fernwirkung ausüben, so empfiehlt es sich, ihn in Glyzeridfetten verarbeitet zu applizieren, da er aus diesem Medium am besten durch die Haut dringt. Wichtig ist, daß jede Schwefelsalbe, sofern sie nicht kolloiden, durch Eiweiß oder ähnliche Schutzstoffe geschützten Schwefel enthält, frisch bereitet werden muß, da die

Schwefelkristalle in alten Salben, insbesondere in Fetten wachsen, so daß darin die feine Verteilung mit ihren Vorzügen durch Ostwaldsche Alterung ein Ende findet.

p) **Harnstoff- und Zuckersalben** wirken vorwiegend durch osmotische Kräfte. Es erscheint daher zweckmäßig, den Wirkstoff in Wasser zu lösen und dann in Wa/Öl-Emulsionsform, etwa in Wollfett suspendiert, zur Anwendung zu bringen. In Augensalben bewähren sich 30 bis 40%ige Suspensionen von Zucker in Vaselin. Die kleinen Zuckermengen, die jeweils gelöst werden, scheinen in diesem empfindlichen Schleimhautmilieu zu genügen.

q) **Desinfizierende Salben** enthalten den Wirkstoff, also ein Desinfiziens in einer Grundlage, die selbst keine, oder, wie Seifen, nur geringe desinfizierende Kraft besitzt. Weder Vaselin noch Glyzeridfette, wie z. B. Lebertran, wirken bactericid, sie sind lediglich kein Nährboden für Bakterien. Um ein wirksames Präparat mit wasserlöslichen Wirkstoffen herzustellen, muß man das Gefälle Salbe-Lipoid — Haut — Wasser — Bakterien-Lipoid so ausnutzen, daß der Wirkstoff zum Bakterienkörper hinzieht und nicht in der Salbe bleibt. Für eine Phenolsalbe ist eine Fettsalbe dementsprechend ungeeigneter als eine Mischung von Glyzerin und Alkohol oder ein Lanolin-Vaselingemisch. Für Resorcin als Desinficiens ist ein öliges Medium, in dem es schwer löslich ist, für Kresole ein wässeriges angezeigt, da sie darin schwer löslich sind und leicht in die Haut oder Schleimhaut und von dort zum Bakterium ziehen. Manche öllösliche Farbstoffe und Desinfizientien scheinen aus allen „fettbetonten" Grundlagen gleich zu wirken, neue Versuche weisen sogar darauf hin, daß diese Gruppen aus Tyloseschleimen, also aus wässerigem Medium, am besten zur Wirkung kommen. Über alle die Eigenschaften orientiert ausschließlich der Versuch, der unter den der Natur entsprechenden Bedingungen angestellt wird. Prüfungen mit gelöster oder ausgelaugter Salbe sind zwecklos, da sie das Geschehen auf der Haut nicht nachahmen. Sulfonamide befriedigen in Salben nicht besonders, sie wirken aus allen Grundlagen gleich schwach, Puder sind ihnen überlegen.

r) **Lokalanästhetica und Alkaloide** wirken durch die gesunde Haut hindurch nur, wenn sie lipoidlöslich, also in Form der freien Basen appliziert werden. Auf geschädigter Haut, auf Wunden und Schleimhäuten wirken auch die wasserlöslichen Salze, die gelöst in Wa/Öl-Emulsionen verwendet werden können.

s) Die Salben mit Metallen und Metallsalzen bilden eine Gruppe für sich, die ihrerseits wieder Desinfizientien oder andere Wirkstoffe sein können.

Aluminiumsalze z. B. sind, sofern sie unlöslich sind, nur Pastenbestandteile wie Bolus und Aluminium stearinicum. Die löslichen Salze hingegen sind Adstringentien oder leichte Desinfizientien. Arsensalze sind Ätzmittel von geringerer Bedeutung und werden gleich den Antimonsalzen von der Medizin kaum mehr verwendet, sie tauchen aber als Geheim- und Wundermittel gegen Krebs hie und da auf, ohne die Verheißung der Hersteller erfüllen zu können. Wichtiger sind die Bleisalze, insbesondere fettsaures Blei, Diachylon, das, in Glyzeridfettsalben eingearbeitet, am wirksamsten ist, aber nach den meisten Arzneibüchern als Vaselinsalbe verordnet wird. Es empfiehlt sich, einige Bleisalben, insbesondere die Bleiessigsalbe, jeweils frisch zu bereiten.

Salben, die metallisches Quecksilber enthalten, sind Metall-in-Öl-Emulsionen. Sie bedürfen zu ihrer Herstellung der Hilfe von Metall-in-Öl-Emulgatoren, es sind dies Pseudo-Wa/Öl-Emulgatoren: Wollfett und fettsaures Quecksilber. Bisher lassen die Arzneibücher die Quecksilbersalbe mit Schweinefett bereiten. Da ein Teil des Metalls darin bei längerer Lagerung zu resorbierbaren Seifen umgewandelt wird, hat man in einigen Ländern den Versuch gemacht, Vaselin als Grundlage zu wählen. Inwieweit diese Maßnahme von Vorteil ist, wird sich erst zeigen. Ich ziehe hydrierte oder synthetische Fette wegen ihrer besseren Emulgierfähigkeit vor. Technisch ist die Quecksilbersalbe nicht leicht herzustellen und angenehm anzuwenden. Es wurde daher empfohlen, das Metall in einer überfetteten Seife zu dispergieren, und von anderer Seite wurde die innige Mischung der Salbe mit Bolus zu einem fettigen Pulver, das nicht schmiert, vorgeschlagen.

Präzipitat- und Quecksilberoxyd sind praktisch aus allen Medien gleich wirksam, doch soll ein Cholesterinzusatz die desinfizierende Kraft erhöhen. Es ist also hier dasselbe wie bei all den andern Salben, je feiner der Wirkstoff dispergiert oder emulgiert ist, desto wirkungsvoller ist die Salbe. Eine frisch bereitete Salbe, die gefälltes Kalomel in kolloider Form von einem Schutzkolloid umschlossen enthält, soll so wirksam sein wie Sublimatsalbe.

Radioaktive Salben können Spuren eines Metallsalzes, Thorium oder, trotz der geringen Haltbarkeit das Häufigste, Emanation enthalten. Infolge der kurzen Halbwertszeit (die Zeit, in der die Strahlung auf die Hälfte zurückgeht) der Emanation sind solche Salben nur in kleinen Mengen und frisch bereitet wirksam. Schon das Öffnen der Packung führt zu Verlusten. Eucerin und Öl/Wa-Emulsionen, die Saponine enthalten, sollen als Grundlagen geeignet sein. Die Emanationssalben sind, wenn man nicht eines der ausgearbeiteten, meist patentierten Verfahren verwenden darf, nicht durch Einrühren der Emanationslösung, sondern durch Schütteln der geschmolzenen Salbe mit dem Gas in einem geschlossenen Gefäß herzustellen. Die hiefür geeigneten Apparate wurden auf S. 117 besprochen.

t) Salben mit Antibioticis. Die große Bedeutung des Penicillins, des Streptomycins und anderer Antibiotika haben natürlich auch in der Salbenlehre ihren Niederschlag gefunden.

Wasserfreie Penicillinsalben halten mehrere Monate, wasserhaltige nur tagelang. Die Herstellung erfolgt steril und sofern sie wasserhältig sind, unter Zusatz von $0,1\,°/_0$ Chlorkresol, um die Penicillase auszuschalten. Auch Pufferzusätze verbessern die Haltbarkeit der an sich therapeutisch wirksameren wässerigen Verarbeitungen. Borsäure, Sublimat, Resorcin, Ichtyol und Schwefel zerstören bei höheren Temperaturen als 0 Grad das Penicillin. Alle Grundstoffe, die mehrere OH-Gruppen enthalten (Alkohole, auch Glyzerin), vernichten Penicillin schnell. Salben und Lösungen sind damit nicht herstellbar.

Thyrotricin, Bacitracin stehen ebenfalls in Verwendung. Alle diese Salben sollten nur bei strenger Indikation und nicht bei jedem Schnupfen angewandt werden, da anderenfalls resistente Bakterienstämme gezüchtet werden. 3 bis $10\,°/_0$ der Patienten sind zudem auf dieses oder jenes Antibioticum überempfindlich.

u) Augensalben. Friede hat festgestellt, daß Schleimsalben in der Augenbehandlung weitaus besser wirken als fette Salben. Er empfahl Polyfibron-Salben, es ist anzunehmen, daß völlig strukturlose Gele, wie Natrium-Polyacrylat und Polyvinyl-Pyrolidon, noch besser sein werden.

v) Arbeitsschutzsalben. Einiges noch über die Arbeitsschutzsalben. Man dachte bisher, daß jede gut in die Haut eindringende Salbe die Funktionen eines solchen Präparates übernehmen kann. Dies ist auch bis zu einem gewissen

Grad der Fall. Mehr erreicht man ohne Zweifel mit Salben, die individueller die einzelnen Noxen berücksichtigen. Arbeiter, die gegen Säuren geschützt werden sollen, wenden eine alkalisch gepufferte Salbe an, die fest haftet. In Betrieben hingegen, die Alkali verarbeiten, sind saure Salben aus schwer- oder unverseifbarem, fetthaltigem Material wie Lanolin angezeigt. Ist die Noxe ein Fettlöser, so nützen die Fette nichts, wohl aber nicht eintrocknende Schleime, Gelatine oder andere Grundlagen, die im Lösungsmittel unlöslich sind, wie z. B. Adipinsäureglykolester. Wir müssen also, von der Noxe ausgehend, eine Salbe bereiten und nicht umgekehrt verfahren.

Die Sterilisation der Tuben ist schwierig. Die mit hitzebeständigem Lack versehenen Metallteile sind bei 160° trocken, und die Kunststoffteile durch Auskochen zu sterilisieren. Dann ist aseptisch zu arbeiten.

Der kurze Überblick über die zweckmäßigste Salbentherapie zeigt schon, daß man in vielen Fällen individualisieren kann und soll und damit viel erreicht.

V. Puder

Neben der Salbenbehandlung besitzt die Pudertherapie in der Dermatologie ein von der Zeitströmung abhängiges, sehr wechselndes Interesse. In der Gegenwart nimmt die Bedeutung der Puder, die rohstoffmäßig günstig liegen, infolge der guten Erfahrungen mit Penicillin- und Sulfonamidpudern wieder zu, sodaß wir uns dieser Arzneimittelart etwas eingehender widmen müssen.

1. Definition

Ein Puder ist, um eine Definition vorauszustellen, ein äußerlich anwendbares, pulverförmiges, trockenes Arzneimittel, das meist aus mehreren Komponenten, Trägersubstanzen und Wirkstoffen zusammengesetzt ist. Die Trägersubstanzen sind auf der Haut indifferent oder verursachen eine schwache Kühlung, sie können daneben aber auch noch eine eintrocknende oder fettaufsaugende Wirkung besitzen. Die Wirkstoffe sind dieselben, die wir als Salbenbestandteile kennen lernten.

2. Konstanten

Im dermatologischen und kosmetischen Schrifttum finden sich zwar unzählige Rezepte, wie dieser oder jener, vorwiegend kosmetische Puder zusammenzusetzen sei, alle beruhen aber auf Empirie; irgendwie bewußte Forschung über die Art optimaler Puder betrieb man nur in den seltensten Fällen.

Ich habe mich bemüht, auf den Arbeiten Enslins und anderer Forscher aufbauend, verschiedene Konstanten zur Beurteilung von Pudergrundlagen auszuarbeiten, um jeweils exakte Zahlen heranziehen zu können. Es sind dies:
1. Die Wasseraufnahmefähigkeit.
2. Ölaufnahmefähigkeit.
3. Schüttgewicht.
4. Oberflächenadsorptionskraft.
5. Kühlvermögen.
6. Haltbarkeit.
7. Das pH der Komponenten (in Wasser aufgeschlämmt).
8. Die Deckkraft.
9. Haftfestigkeit.
10. Verstaubungsneigung.
11. Resorbierbarkeit.

Die **Wasseraufnahmefähigkeit** mißt man mit der Enslinapparatur (Abb. 74). Das U-Rohr wird mit Hilfe der Hähne mit Wasser gefüllt. Das Wasser steht im waagrechten, graduierten

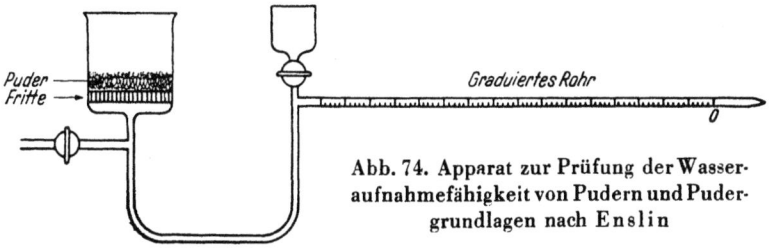

Abb. 74. Apparat zur Prüfung der Wasseraufnahmefähigkeit von Pudern und Pudergrundlagen nach Enslin

Rohr bei 0. Jeder Lufteinschluß muß vermieden werden. Dann wird die Glasfritte mit 1 g Pudergrundlage bestreut und die Menge Wasser, die aufgesaugt wird, am graduierten Rohr abgelesen. Mißt man gleichzeitig die Zeit, die nötig ist, um völlige Absättigung der Pudermasse mit Wasser zu erreichen, und schreibt beide Zahlen in Form eines Bruches $\frac{\text{Zeit}}{\text{g Wasser}}$, so erhält man den sogenannten Wasseraufnahmefaktor. $W = \frac{2}{1,3}$ bedeutet, daß vom Puder X in 2 Minuten 1,3 g Wasser aufgenommen werden. Arbeitet man statt mit Wasser mit einem gefärbten Standardparaffinöl bestimmter Viskosität, das an Stelle des Wassers eingefüllt wurde, und stellt die Apparatur, einschließlich des graduierten Rohres und der Fritte, in ein Wasserbad von 37°, so erhält man den **Ölaufnahmefaktor** $Ö = \frac{Zeit}{Ölmenge}$, der ein Bild der Ölaufnahmefähigkeit einer Grundlage ergibt.

Das **Schüttgewicht** ist das Volumen in Kubikzentimetern, das ein Gramm einer Substanz ausfüllt. Man wiegt 1 g ab und mißt das Volumen in einem Meßglas nach Art derer, die zur Messung von Flüssigkeiten verwendet werden.

Die **Oberflächenadsorptionskraft** kann man mit Farbstoffen nach dem im deutschen Arzneibuch, 6. Auflage, für Tierkohle angegebenen Verfahren messen.

Die **Dispersität** eines Puders interessiert gleichfalls.

Das **Kühlvermögen** eines Puders ist nicht, wie man bisher annahm, von der Wasseraufnahmefähigkeit, sondern von der Wärmeleitfähigkeit und der Wärmekapazität der Grundlage abhängig und kann vorläufig nicht in Zahlenform ermittelt werden. Man muß sich auf Schätzungen verlassen und diese mit Hilfe mehrerer Personen festlegen. Ein Puder von 20° wird auf die Haut der Probanden aufgestreut. Die Prüfer müssen die Kühlwirkung mit Noten klassifizieren.

Note 0 bedeutet keine Kühlung
„ 1 „ schwache „
„ 2 „ gute „
„ 3 „ sehr gute „

Die Noten werden zusammengezählt und durch die Zahl der Prüfer dividiert. Man erhält so ganz gut reproduzierbare Werte, die das Kühlvermögen beurteilen lassen.

Die **Haltbarkeit** eines Puders wird im Hinblick auf mehrere Eigenschaften festgestellt. Zunächst darf eine Pudergrundlage sich in der Packung nicht verändern, also weder hygroskopisch sein, noch zusammenballen oder mit den Wirkstoffen reagieren. Auch auf der Haut und Schleimhaut soll die Pudergrundlage sich nicht verändern, von Ausnahmen abgesehen, nicht quellen und vor allem keinen Nährboden für Bakterien darstellen. Diese letztere Eigenschaft trifft z. B. bei den verschiedenen Stärkesorten nicht zu, so daß diese Grundlagen viel von ihrer früheren Beliebtheit eingebüßt haben.

Das pH der mit Wasser verrührten Puder soll leicht sauer sein. Dieser Wunsch wird wenigstens von den meisten Therapeuten vorgetragen und ist auf die Lehre vom Säuremantel der Haut zurückzuführen. Wie eingehende Untersuchungen der wichtigeren Handelspuder feststellten, waren 1938 alle diese Produkte, mit Ausnahme des Lenicetpuders schwach alkalisch. Die Puder erfüllen trotzdem ihren Zweck, so daß die Alkalität allein wohl kein Grund für die Ablehnung sein wird, umsomehr, als man von einer überspitzten Beurteilung der Lehre vom Säuremantel mehr und mehr abkommt.

Die Deckkraft oder Färbekraft, also die Intensität, mit der ein Puder die Haut färbt, ist vorwiegend für die Beurteilung der kosmetischen Präparate wichtig. In der Pharmazie muß nicht jeder Puder decken, das heißt, die Haut in geringen Mengen so intensiv wie möglich färben. Die Deckkraft von Titandioxyd ist weitaus stärker als die des Zinkoxyds, dieses wieder deckt stärker als Bolus und Talkum. Die Deckkraft kann auf der Haut direkt gegenüber einer Barytweissscheibe in reproduzierbaren Werten abgelesen werden.

Die Haftfestigkeit auf der gesunden und kranken Haut müssen wir in Modellversuchen zu klären suchen. Man streut mit einer Streudose eine gewogene Menge Pudergrundlage auf die trockene, bzw. feuchte Haut auf, bläst den Überschuß ab (gegebenenfalls nach dem Eintrocknen der Feuchtigkeit) und wiegt die haftende Menge, die man mit einer Federfahne abstreicht. Man kann auch indirekt die Menge wiegen, die abfiel, und daraus auf die Haftfestigkeit schließen.

Die Verstaubungsneigung eines Puders mißt man folgendermaßen: Man füllt eine gewogene Menge Puder in eine Streudose und streut sie auf das Zentrum konzentrischer Kreise, die auf einem Blatt Papier in Abständen von 10 zu 10 cm gezogen sind. Die auf jedem Kreise niedergefallene Menge wird getrennt gesammelt und gewogen. Man bekommt so Tabellen, die z. B. vom Magnesiumoxyd zeigen, daß 93 % in den innersten Kreis,

6 % in den nächsten und der Rest bis zu 1 m weit verstäubt. Bolus alb. hingegen verstäubt gar nicht, alles fällt in den innersten Kreis. Die Verstäubung darf, insbesondere bei Grundlagen, die als Staub gesundheitsschädlich wirken, z. B. Zinkstearat, nicht zu groß sein.

3. Rohstoffe

Die wichtigsten Pudergrundlagen, die wir nun nach den genannten Beurteilungsmöglichkeiten besprechen können, sind:

Bolus alba (Kaolin) ist eisenfreier, natürlicher Ton. Die Wasser- und Ölaufnahmefähigkeit sind mittelmäßig. Es würde zu weit führen, alle Konstanten anzuführen, ja in den speziellen Fällen bei Bolus und Talcum ist das sogar unmöglich, da die verschiedenen Ton- und Talcumsorten recht ungleiche Werte zeigen. Bolus deckt wenig, verstaubt nicht, ist unbeschränkt haltbar und hat geringe Adsorptionskraft.

Bolus rubra enthält Spuren von Eisen, ist deshalb rot gefärbt und dient zum Färben der Puder in der Pharmazie, wogegen in der Kosmetik neben den Ockersorten auch synthetische Produkte als Farben gebraucht werden. Die Konstanten entsprechen denen von Bolus alba.

Talcum ist gleichfalls ein Mineral, ein Magnesiumpolysilikat, das mäßig viel Wasser und überhaupt kein Öl aufnimmt. Obwohl sich Talcum fettig anfühlt, fettet er selbstverständlich nicht, er deckt nur wenig, adsorbiert nicht, hat ein Schüttgewicht von 1,4, haftet gut und reagiert schwach alkalisch, so daß fast alle Puder, die vorwiegend aus Talk bestehen, alkalisch sind.

Nachteilig ist auch die Unresorbierbarkeit in Wundtaschen, die zu Granulombildung führen kann. Man hat für Wundpuder der Chirurgie daher durch Hitzebehandlung wasserunlösliche Gelatine, Kaliumbitartrat und Kalziumalginat empfohlen, doch sind diese Präparate durch neue Grundlagen (s. S. 137) überholt.

Kieselgur, Diatomeenerde nimmt viel Wasser und mäßig viel Öl auf, ist leicht (Schüttgewicht etwa 5,0), haftet aber schlecht auf der Haut, ist oberflächenaktiv und unbeschränkt haltbar.

Das Schüttgewicht der hochdispersen künstlich gewonnenen Kieselsäure (Aerosil der Degussa) ist mehr als viermal so groß wie das der Magnesia usta. pH 4—5. Innere Oberfläche von 1 g

Aerosil 200—300 cm². Aerosil kann als Verdickungsmittel von Flüssigkeiten verwendet werden. Die Degussa bringt darüber folgende interessante Tabelle:

Flüssigkeit	Aerosil Zusatz	Aerosil Zusatz
Wasser	12 %	17 %
Butylalkohol	9 %	12 %
Benzol	7 %	10 %
Glykol	11 %	15 %
Terpentinöl	8 %	9,5 %
	nicht mehr flüssig	feste Salbe

Man kann also damit Salben verdicken und auflockern. In der Pudertherapie lockert es den Puder auf, saugt gut und verteilt sich gleichmäßig. Wir alle kennen seine Wirkung in Pudern von den Fissan-Präparaten her. Das früher so geheimnisumwitterte Fissankolloid ist nichts anderes als Aerosil. Bei allen Silikaten ist auf die Silikosegefahr bei der Herstellung und dauernden Verwendung (Kliniken) Rücksicht zu nehmen.

Magnesiumkarbonat und Oxyd sind sehr leichte, viel Wasser, aber kein Öl aufnehmende Substanzen, die stark stäuben und keine Adsorptionskraft besitzen. Zum Unterschied von den bisher genannten Grundlagen kühlen die Magnesiumverbindungen infolge ihrer fehlenden inneren Oberfläche gut, haften aber schlecht.

Zinkoxyd ist gleichfalls nicht oberflächenaktiv, nimmt aber Wasser und Öl auf. Es kann mit manchen Puderwirkstoffen chemisch reagieren. Will man dies verhindern, so nimmt man das indifferente Titanoxyd, das zudem besser deckt. In Amerika wird das Zinkkarbonat (Calamine) dem Oxyd vorgezogen.

Alle anorganischen Pudergrundlagen sind unbeschränkt haltbar. Die genannten wie auch die selteneren: Zirkon- und Berylliumkarbonat, Bariumsulfat, Strontiumsulfat, Gips, Kreide, Galmei, Aluminiumoxyd sind Bestandteile der modernen Puder.

Die organisch-anorganischen Pudergrundlagen werden von den Zink- und Aluminiumsalzen der Fettsäuren vertreten. Man verwendet sowohl die Salze der Undekansäure wie insbesondere auch die Stearate. Sie mattieren die Haut, glätten sie, fühlen sich fett an, nehmen aber weder Wasser noch Öl auf. Die fettsauren Salze werden vom Kosmetiker auf Grund der oben genannten Eigenschaften und wegen der Gleitwirkung, die inbesondere den Undekansäure-Salzen und deren Mischungen zukommen, verwendet. Der Dermatologe gebraucht sie als Wirkstoffe, als milde Adstrigentien.

Die organischen Pudergrundlagen sind, wie schon erwähnt, von den anorganischen weitgehend zurückgedrängt worden. Trotzdem müssen wir uns mit den wichtigsten auch heute noch auseinandersetzen.

Die Reisstärke mit ihrem kantigen Korn besitzt infolge ihrer Feinheit die größte Bedeutung. Sie nimmt, wie die anderen

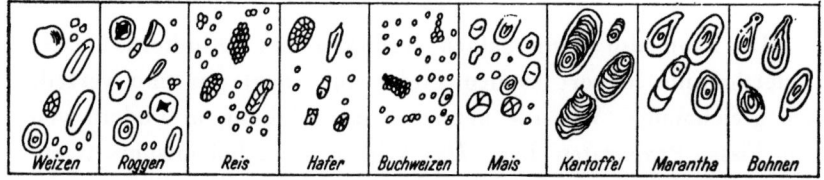

Abb. 75. Formen der als Pudergrundlagen verwendeten Stärkesorten

Stärken, pro g nur etwa 0,5 g Wasser und unter 0,1 g Öl auf. Die Weizenstärke besteht aus verschieden großen Körnern, die Kartoffelstärke nur aus großen, geschichteten Stücken. Die Bohnenstärke, Maranthastärke und die der Literatur zufolge für die Kosmetik sehr geeignete Buchweizenstärke besitzen recht verschiedene Korngrößen, so daß sie sich auf der Haut auch recht unterschiedlich verhalten (Abb. 75).

Die Kosmetik zog immer schon bestimmte Stärkesorten vor, und bei meinen mit Schmidt La Baume durchgeführten Simultanversuchen gaben die Träger der verschiedensten Dermatitiden übereinstimmend an, daß die Reisstärke besser kühle und angenehmer wirke, eine Beobachtung, die mit besserem klinischen Befund auf der Seite, die mit Reisstärke behandelt war, parallel ging. Die Mehle sind den Stärken nicht gleichwertig, da sie die Zellwände, Eiweißstoffe und andere Zellinhaltsstoffe, die die Wirkung beeinflussen, enthalten. Stärke zersetzt sich leicht, quillt und vergrößert dadurch die Poren. Man hat versucht, durch

Formaldehydbehandlung die Nachteile aufzuheben. Die Gefahr der Formaldehydabspaltung ist jedoch bedeutend.

In Amerika wurde der Biosorb-Powder entwickelt, ein aus Maisstärke gewonnenes Gemisch aus Amylose und Amylopectin, das nach Behandlung mit Epichlorhydrin mit 2 °/₀ Magnesiumoxyd und Spuren von Natriumsulfat und -chlorid versetzt wird. Er soll reizlos sein und gut resorbiert werden.

Fiedler und Schöller haben durch Einwirkung der Tetramethylolverbindung des Azethylendiharnstoffs auf Reisstärke den ANM-Puder (Amylum non mucilaginosum) hergestellt. Das Präparat hat eine wesentlich größere Wasseraufnahmefähigkeit und ist mit einem pH von 5,9 sauer, autosteril und quillt nicht. Er wird von Fermenten abgebaut und scheint die geeignete Grundlage für chirurgische Puder zu sein (Neckar Chemie, Oberndorf).

Weitere resorbierbare Pudergrundlagen sind Milchzucker, der osmotisch aber einen Strom nach außen statt nach innen verursacht und wahrscheinlich reines Inulin, das sich gegenwärtig in Prüfung befindet und durch die Inulase ganz allmählich zu resorbierbaren Stoffen abgebaut wird. Trocken-Magermilch könnte — theoretisch gesehen — eine ideale Puderbasis sein. Sie reizt aber die empfindliche Haut.

Mandelkleie besteht aus den entölten und gepulverten Preßkuchen echter Mandeln. Sie emulgiert, im Überschuß angewandt, Fett und Schmutz von der Haut herunter und dient daher als Reinigungspuder.

Lykopodium, Bärlappsporen, werden immer seltener, da das Sammeln trotz vieler Arbeit nur geringe Erträge erbringt. Die Sporen enthalten vorwiegend fettes Öl, die Eigenschaften sind aber auf die Form, die dreiseitigen, ölgefüllten Pyramiden mit konvexen, hervorstehenden Leisten, zurückzuführen (Abb. 76).

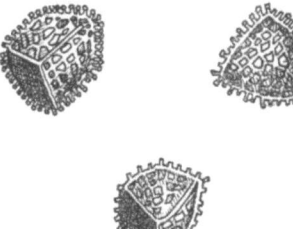

Abb. 76. Lycopodium

Ihre wasserabstoßenden Häutchen bedingen seine Gleitwirkung, durch die ein Lykopodiumpuder lockerer und fließender wird. Da die Sporen schwer zu beschaffen sind und häufig Idiosynkrasien verursachen, hat man schon vor 60 Jahren versucht, Ersatzstoffe herzustellen. Nach Unna kann man 98 Teile Kartoffelstärke mit einem Teil Karnaubawachs oder — ihm moderner nachempfunden — einem hochschmelzenden synthetischen Wachs umhüllen und fügt noch einen Teil Magnesiumkarbonat zu. Man erhält so ein Gleitpuder, das dem Lykopodiumpuder in der Wirkung ähnlich ist.

Als Prüfer und Begutachter von Arzneimitteln erhält man von Erfindern, die jedes weiße Pulver als Pudergrundlage verwertet haben wollen, die verschiedensten organischen Produkte zugesandt. So mußte ich Seidenpulver, Seidenbastpulver und Kunstharzmehle untersuchen. Ich glaube nicht, daß diese Produkte in der Lage sein werden, die Auswahl der Pudergrundlagen zu verbessern, denn es sind meist Pulver ohne jede charakteristische Eigenschaft. In Emulsionsform polymerisierte Kunststoffpulver dürften besser abschneiden als Mehle, sind aber noch keine Handelsartikel. Ihr Nachteil liegt im Preis; mit dem billigen Talcum können sie nicht konkurrieren, denn ihre Vorteile sind nicht so groß, daß erhebliche Aufpreise gerechtfertigt wären.

Gepulverte Drogen, wie Eibischwurzeln, Salbeiblätter, Eichenrinde, die öfters Idiosynkrasien durch das Öl und Reizungen durch die Raphiden verursachenden gepulverten Iriswurzeln, werden nur mehr selten verwendet. Als Pudergrundlagen sind sie vergessen, als Wirkstoffträger durch geeignetere Mittel ersetzt.

Bei der Untersuchung der Handelspuder der Pharmazie auf ihre Inhaltsstoffe finden wir bei allen Talcum und Kieselgur als Wirkstoffträger. Da man damit allein weder besondere therapeutische Effekte noch Propaganda und keine Preise machen kann, hat jede Firma ihr besonderes Agens, ihren Blickfang eingebaut. Im Vasenolpuder haben wir einen „überfetteten" Puder vor uns. Als Überfettungsmittel dient Vasenol, eine Mischung von Cholesterinestern, die physikalisch und chemisch dem Hautfett ähnlich sind. Man hat den Eindruck, daß hier ernste Forschung ihren Niederschlag fand.

Dialonpuder ist ein Talcumpuder mit Bleiseifenzusatz. Im Fissan ist labiles Milcheiweiß, besonders bearbeitetes Kasein, das sogar antibiotische Eigenschaften haben soll, und Fissankolloid, das sich als Aerosil entpuppte, zugesetzt.

Die Desitinpuderarten enthalten kleine Mengen Lebertran, der früher chloriert war. Nachdem sich herausstellte, daß das Chlor die Vitamine schädigt, ließ man die Chlorierung weg.

4. Pudermischungen

Bei der Kombination und Erprobung der Puder kann man feststellen, daß die einzelnen Komponenten sich gegenseitig beim Haften auf der Haut helfen bzw. behindern. Ein 10%iger Schwefelpuder auf Talcumbasis bringt nur 30% des Schwefels zum Haften, ein gleichstarker, mit Magnesia usta bereiteter aber 60%. Es ist schon deshalb nicht gleichgültig, welche Grundlage man zur Unterstützung der Wirkstoffe heranzieht. Wir müssen also die Puder in indifferente und differente unterteilen und sehen, inwieweit wir in der Lage sind, durch gezielte Wahl der Komponenten Änderungen herbeizuführen.

a) **Indifferente Puder** nehmen Wasser auf und kühlen in manchen Fällen. Die Wasseraufnahmefähigkeit des Fertigpräparates ist in hohem Maße von der Grundlage und deren Benetzbarkeit abhängig. Man kann also durch die Wahl von benetzbaren und saugfähigen Grundstoffen stark wasseraufnehmende Puder herstellen, darf sich aber trotzdem über die Mengen Wasser, die gebunden werden können, keinerlei Illusionen hingeben. Ein Puder, der pro g Eigengewicht 1 g Wasser aufnimmt, wirkt schon recht stark aufsaugend. Wenn man nun mit 2 bis 3 g einen Säugling pudert, so saugt man bestenfalls 2 bis 3 g Wasser auf, ein paar Tropfen von einem großen Überschuß, ein Nichts gegenüber den Flüssigkeitsmengen, die vom Gewebe der Windeln aufgesaugt werden. Kein Wunder, daß man in der Kinderpflege von Pudern immer mehr abkommt bzw. sie nur in angezeigten Fällen und nicht überall verwendet.

Die Kühlwirkung der Puder glaubte man früher durch recht komplizierte Vorgänge erklären zu müssen. Man war der Ansicht, der Puder nehme Wasser auf und dunste es dann ab. Die Verdunstungskühlung bewirke dann das Kältegefühl. Nun kühlen aber einerseits auch einige hydrophobe Puder und andernfalls kühlt kein einziger Puder, wenn er auf 37° erwärmt ist. Man mußte daher die Erklärung revidieren und weiß jetzt, daß die Kühlung, die beim Pudern selbst und nicht erst später, wie es bei der Verdunstungskälte anzunehmen wäre, eintritt, lediglich durch das Wärmeleitvermögen und die Wärmekapazität des Puders bedingt ist. Ein Puder von Zimmertemperatur (20°), der gut leitet, entzieht der Haut (33°) immerhin eine spürbare Wärmemenge, deren Verlust wir als Kühlung empfinden.

Zu den indifferenten Pudern kann man auch die überfetteten Puder rechnen. Es sind dies Präparate, die einerseits entwässern und auftrocknen, andererseits aber die Haut fetten oder doch wenigstens die Entfettung verhindern sollen. Diese beiden Wünsche stehen sich zum Teil diametral gegenüber, denn der Fettfilm, der auf dem Puder haftet, beeinflußt die Aufsaugfähigkeit der Grundlagen ungünstig. Manche Puder verlieren ihre Saugfähigkeit durch künstliche Fettung vollständig. Um die fettende oder entfettende Wirkung dieser Puder nachzuweisen, hat man bisher meist den „Handschuhversuch" herangezogen. Man bestimmt die chemischen Konstanten des Hautfettes, wie Jodzahl, Verseifungszahl, Unverseifbares, zieht einen mit Puder gefüllten Gummihandschuh über und bestimmt dann nochmals die Konstanten des nach dem Versuch auf der Haut haftenden Fettes. Da die Verseifungs-, Jod- und Rhodanzahl ihrerseits, das Unverseifbare der fettenden Substanz bekannt sind, kann man die Mengen des aufgenommenen Fettes durch Gegenüberstellung der gewonnenen Zahlen wenigstens annähernd bestimmen. Ich bediente mich eines einfacheren und im Resultat eindrucksvolleren Verfahrens, das von dem unphysiologischen Schwitzmilieu im Gummihandschuh unabhängig ist. Der Fettstoff der Puder wird mit einer öllöslichen fluoreszierenden Farbe gefärbt, man schließt aus der Intensität des Aufleuchtens der Haut im Ultraviolettlicht auf die Menge des haftenden Fettes, das durch Pudern auf die Haut gebracht wird. Die Methode arbeitet unter natürlichen Bedingungen und kann durch Vergleiche mit bekannten Fettmengen recht genau gestaltet werden.

Die Ergebnisse zeigen, daß rauhe Haut durch Puder besser gefettet wird als glatte. Ferner ist die Fettung von der Pudergrundlage weitgehend abhängig. Stärken fetten weitaus besser als oberflächenaktive Substanzen. Die Entfettung der Haut durch alle Puder, die man fürchtete, ist in der Praxis zu vernachlässigen. Das feste Hautfett mit einem Schmelzpunkt von $54°$ wird nur in Spuren abemulgiert und überhaupt nicht aufgesaugt.

b) Medikamentöse Puder. Wenn wir nun die medikamentösen Puder im engeren Sinne, die Schwefelpuder, Tanninpuder usw. besprechen, so wollen wir, wie bei den Salben, jeweils auf einzelne Gruppen getrennt eingehen, denn jedes Medikament hat seine Eigenheiten, die in den meisten Fällen ganz bestimmte Grundlagen erfordern.

Schwefelpuder können mit kolloidem, sublimiertem und präzipitiertem Schwefel hergestellt werden. Die kolloide Form ist die wirksamste, ihr folgt der präzipitierte Schwefel. Schwefelpuder sollen außerdem ein pH von 8,5 bis 9,0 aufweisen, also alkalisch reagieren. Das Altern eines Schwefelpuders, also das Zusammenwachsen von Kristallen, verhindert man durch Zugabe von Schutzkolloiden oder Niederschlagen des Schwefels auf Talcum u. dgl. Diese Verfahren sind größtenteils patentrechtlich geschützt.

Teerpuder. Man kann sowohl die unverarbeiteten Teere und Schieferöle wie auch wasserlösliche Sulfonate, ja sogar Liquor carbonis detergens in Puder einarbeiten. Welche Form am wirksamsten ist, wissen wir noch nicht.

Metallsalze wie die des Aluminiums (Casil), Bleioxyd (Dialon), Protargol, Wismut und Zinkoxyd entwickeln in Pudern die von ihnen erwartete dermatologische Wirkung. Man hat die Puder empirisch zusammengestellt und weiß bis jetzt noch nicht, welche Grundlage optimal wirkt. Zu achten ist jedenfalls darauf, daß das Schüttgewicht des Wirkstoffes von dem der Grundlage nicht zu weit differiert, da sonst eine Entmischung in den Verpackungen eintritt.

Die Gerbstoffpuder haben durch die Tanninbehandlung der Verbrennungen Interesse erhalten. Wir können

a) Gerbstoffdrogen pulvern und sie als Puder oder Puderbestandteile verwenden (Frekasan = gepulverte Eichenrinde). Schwierig ist in diesen Fällen die Sterilisation, durch die die Gerbstoffe mindestens zum Teil zerstört werden.

b) Tannin und natürliche Gerbstoffextrakte in Pudergrundlagen einarbeiten. Hierbei ist zu bedenken, daß die Gerbstoffe alle nur bei einem bestimmten pH-Bereich gerben. Er liegt, außer beim Formaldehyd, der aber nicht als Gerbstoff, sondern als Desinfiziens eingearbeitet wird, im sauren Bereich. Es hat also keinen Sinn, einen alkalischen Puder mit Tannin zu kombinieren. Die natürlichen Gerbstoffe geben mit Metallsalzen, insbesondere mit Eisenverbindungen, dunkle Niederschläge (Tinten), die unwirksam sind, man muß dies bei der Wahl der Zusätze und beim Entwurf der Verpackung berücksichtigen.

c) Synthetische Gerbstoffe, wie die Dermolane, ferner Ligninsulfosäuren und gerbende Äthylenoxydabkömmlinge werden als Gerbmaterial in der Lederindustrie bereits verwendet und haben auch therapeutisch Bedeutung erhalten. Sie geben mit Eisensalzen keine Fällungen und gerben wie die natürlichen Gerbstoffe bei einem bestimmten pH am besten. Die Gerbwirkung ist, je nach dem Präparat, verschieden intensiv, tief oder oberflächlich. Man hat bisher damit allerdings noch nicht gerechnet, wird aber durch richtige Auswahl recht gut differenzieren können.

Die Gerbstoffpuder besitzen eine gewisse Lichtschutzwirkung und leiten damit zu den **Lichtschutzmitteln in Puderform** über. Man kann derartige Mittel auf verschiedene Art bereiten. Die bekanntesten Lichtschutzpuder enthalten einfach weiße, das Licht abschirmende Pigmente, wirken also als Sonnenschirm. Daneben kann man auch fluoreszierende Stoffe, die sich im Hautsekret lösen und die Strahlen inaktivieren, in Pulverform zusetzen. Einem Patent zufolge löst man öllösliche fluoreszierende Stoffe in Fett oder Öl und sprayt diese auf die Grundlage, etwa Talcum, auf. Erwähnt sei auch noch, daß die Sulfonamide Lichtschutzwirkung besitzen und dadurch auch als Strahlenschutzmittel eingesetzt werden können. Die speziell dafür ausgearbeiteten Produkte sollen die Haut nicht sensibilisieren.

Desinfizierende Puder, die von den antiseptischen nomenklaturmäßig nur sehr schwer zu trennen sind, gibt es in größerer Zahl. Ein Desinfiziens ist streng genommen eine Substanz, die auf die Dauer ihrer Anwesenheit alle Bakterien in ihrer Entwicklung hemmt, ein Antiseptikum wirkt intensiver und tötet sie ab. Diesen Wunsch erfüllen die Puder nicht. Sie sind nur Hilfsmittel, die andere Maßnahmen ergänzen. Eines der häufigsten Desinfizienzien ist der Formaldehyd, dann die schwach wirksame, aber dafür zusätzlich ansäuernde Borsäure. Man nimmt als Grundlage zu desinfizierenden Pudern immer anorganische, durch Glühen sterilisierbare Substanzen wie Talcum oder Kieselgur.

Besonders interessant sind die **Bienengift-, Sulfonamid- und Penicillinpuder**. Das Bienengift dient im Puder als Desinfiziens und nicht, wie wir es bei Salben und Injektionen gewohnt sind, als Antirheumatikum, und soll recht brauchbar sein. Die Sulfonamide mischt man 1:10 oder 1:5 mit Borsäure, Harnstoff-Milchzuckergemischen oder verwendet sie unverdünnt (Marfanil-Prontalbinpuder). Der Harnstoff und insbesondere der Milchzucker sollen das Zusammenballen der Farbstoffe verzögern, lenken den Säftestrom aber nach außen, entgegen der Zugrichtung der Wirkstoffe.

Penicillin kann man ebenfalls in Pudern verordnen, desgleichen auch andere Antibiotika. Borsäure, Calomel, Resorcin, Ichtyol und Schwefel kann man mit Penicillinkalzium kombinieren, nicht aber Salizylsäure.

Das Natriumsalz des Penicillins war wegen seiner Hygroskopizität in Pudern unbrauchbar. Heute sind die Salze so rein, daß sie nicht mehr hygroskopisch sind.

Sulfonamid- und Penicillinpuder und -Salben verursachen in ca. 10 % aller Fälle Allergien. Eine gewisse Vorsicht ist daher am Platze.

Die Salizylpuder, die nicht nur desinfizieren, sondern meist keratolysieren sollen, dürfen natürlich nicht mit alkalischen Medien verarbeitet werden. Auch eisenhaltige Grundlagen (Talcum ist bisweilen eisenhaltig) dürfen nicht verwendet werden, da sie zu Verfärbungen Anlaß geben.

Die Herstellung der Puder kann auf verschiedene Weise und in mehreren Etappen erfolgen. Meist wird als erstes das Sieben der Komponenten durchgeführt, dann folgt das Mischen. In der Apotheke wird in einer Dose gemischt, in der durch kreisende Bewegungen einige Stahlkugeln rotieren. Diese Apparatur mischt besser als die Reibschale, der Spatel u. s. w.

In der Technik benützt man Mischtrommeln, die evtl. mit Sieben kombiniert sind, oder Kugelmühlen.

Muß der Puder gefärbt werden, so färbt man eine Komponente und mischt sie dann dem Rest zu. Beim Überfetten der Puder kann man

1. einen kleinen Teil des Puders mit dem Fett verreiben und dieser Paste das restliche Material zufügen.

2. Das ganze Material mit dem in Äther, Petroläther oder Benzin gelösten Fettstoff tränken und das Lösungsmittel beim weiteren Mischen verjagen.

3. Das gelöste oder geschmolzene Fett dem Puder unter Rühren aufsprayen.

Die beiden letzteren Verfahren verteilen die Fettkomponente natürlich weitaus intensiver als das erstere, das immer einzelne Partikeln ungefettet läßt, andere dagegen überfettet.

Das zweite Verfahren hat den Nachteil, daß nicht nur die äußere, sondern auch die innere Oberfläche der Puderbestandteile, wie etwa der Kieselgure, gefettet wird. Dadurch wird Fett verschwendet und die adsorptive Kraft der Grundlage herabgedrückt.

Das dritte Verfahren ist daher das empfehlenswerteste.

In der Pharmazie spielen die Kompaktpuder nicht die Rolle, die sie in der Kosmetik inne haben. Kompaktpuder sind durch Pressen oder Gießen räumlich zusammengedrängte Puder, von denen man die jeweils benötigte Menge mit einem Leder oder Tuch abreibt. Sie sparen Raum, doch wird dieser Vorteil mit dem Verlust an Kornfeinheit erkauft. Gegossene Kompakte enthalten als Füll- und Verbundstoff Gips, gepreßte werden ohne Zusätze feucht oder trocken gepreßt.

VI. Pulver

Innerlich dargereichte Medikamente werden sehr häufig in Pulverform verordnet. In Frage kommen:

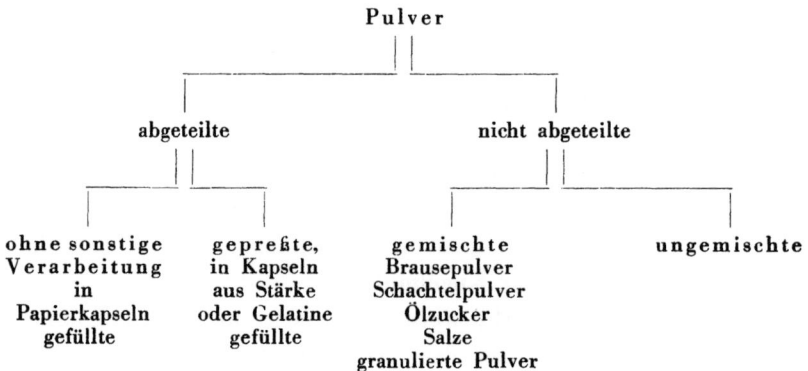

1. Schachtelpulver

Die einfachste Form der nicht abgeteilten Pulver sind die ungemischten Schachtelpulver, die nur aus einer einzigen Substanz bestehen. Ein solches Präparat, das messerspitzenweise oder löffelweise genommen werden soll, ist billig und kann dem Patienten in all den Fällen zur Dosierung anvertraut werden, in denen es sich um ein verhältnismäßig ungiftiges Material handelt, so daß keine Überdosierungsgefahr besteht.

Die Herstellung dieser Präparate erfordert nur geringe maschinelle Einrichtungen zum Zerkleinern, Sieben und Abfüllen.

Die Zerkleinerung von Drogen und Chemikalien erfolgt in der Apotheke je nach dem vorliegenden Material im Mörser, in Reibschalen oder Mühlen. Das Stampfen im Mörser ist mühevoll, man kann sich die Arbeit erleichtern, wenn man die Stampfkeule an eine Feder hängt, so daß diese beim Aufheben der Keule mithilft. Das Verreiben mit Pistill und Reibschale ist gleichfalls mühsam, kann jedoch mechanisiert werden. Die Ausbeuten dieser beiden Verfahren sind gering und nur sprödes Material kann auf diese Weise verarbeitet werden. Dasselbe gilt von den Kollergängen und Kugelmühlen. Am leistungsfähigsten sind auch hier Schlagkreuz-, Hammer- und Zahnmühlen.

Jedes Schachtelpulver muß gesiebt werden. Die Arzneibücher schreiben normierte Siebe vor. Im Kleinbetrieb werden sie in Rahmen gespannt und gegebenenfalls, um das Stauben zu verhindern, mit einem Tuch bedeckt, mit dem zu siebenden Pulver beschickt und durch Schüttelschläge gesiebt.

In der Technik ahmen die für das Sieben konstruierten Apparate entweder die schlagenden oder die kreisenden Bewegungen, die das Sieb bei Handbedienung durchführt, nach oder man verwendet schräge Trommeln, in die das Material oben eintritt. Es läuft, der Schwerkraft folgend, langsam durch die Trommel und verliert durch die feinen Siebe die kleinsten und durch die folgenden Lochplatten und Siebe die gröberen Anteile.

Die meisten Zerkleinerungsmaschinen sind mit Siebvorrichtungen kombiniert. Die Schlagkreuzmühlen z. B. sind so gebaut, daß der Rotor als Gebläse wirkt und das Mehl durch Siebplatten hindurchbläst.

Das Mischen der Schachtelpulver aus mehreren Komponenten erfolgt in Trommeln oder Mühlen. Alle zu einem Pulver zusammengemischten Einzelbestandteile sollen annähernd dieselbe Korngröße und dasselbe Schüttgewicht haben, da sich die Komponenten andernfalls leicht trennen.

Zwei Sonderanfertigungen seien hier noch erwähnt, die Ölzucker und die Granulate, die beide häufig wie Schachtelpulver expediert werden.

a) Ölzucker. Unter einem Ölzucker versteht man ein mit ätherischen Ölen versetztes Zuckerpulver. Man verreibt das Öl mit kleinen Portionen Zucker und verdünnt diese bis zur vorgeschriebenen Konzentration (Elaeosacchara).

b) Granulate sind grobkörnige, unregelmäßig geformte Krümel, die man beim Durchpressen teigartiger Massen durch ein Sieb und Trocknung der anfallenden Körnchen gewinnt. Sie werden hergestellt, um das Stäuben beim Einnehmen zu vermeiden, die Löslichkeit zu erhöhen und die Dosierung zu erleichtern. Beim Anstoßen des Teiges werden Bindemittel wie Gummiarabikum oder Gelatine zugefügt. Bei adsorptiv wirkenden Granulaten, wie bei Tierkohle, muß man von der Granulatform mehr nehmen als vom Pulver, da die angenehme Darreichungsform auf Kosten der Wirksamkeit gewonnen wird.

Als selbständige Arzneiform werden die Granulate verhältnismäßig selten verwendet (Carbo medicinalis, granulierte Salze, Glutaminsäure), sie spielen aber eine überragende Rolle als Zwischenprodukt bei der Tablettierung.

Das Pressen durch die Siebe ist eine verhältnismäßig mühevolle und zeitraubende Arbeit. Um sie zu beschleunigen, kann man sich einer Fleisch- oder Wurstmaschine mit entsprechendem Einsatz bedienen. Man erhält so kleine Stangen, die ohne große Apparate hergestellt werden können. Auch mit den Stada-Zusatzgeräten kann man kleinere Mengen sowohl trocken wie auch naß granulieren. Im großen arbeitet man mit Maschinen, über die später berichtet wird.

Die feuchte Granulierung teilen Münzel und Akay einerseits in Krusten-, Sinter- und Klebstoffgranulate, anderseits in Preß-, Schüttel- und Lochscheibengranulate ein. Von ihnen fallen letztere am schönsten aus und werden am häufigsten als fertige Arzneiform verwendet.

Als Granulierflüssigkeit hat sich ein Klebstoff mit 8 % löslicher Stärke am besten bewährt.

Die volumenmäßige Dosierungsgenauigkeit der Granulate ist eine Funktion ihrer morphologischen Eigenschaften. Auf diese Dosierungsgenauigkeit kommt es in erster Linie beim Füllen der Matrizen einer Tablettenmaschine an. Die Fließfähigkeit ist bei Schüttel- und Lochscheibengranulaten weitaus besser als bei Preßgranulaten. Von den Granulaten sind die Granulae, Arzneizubereitungen in Gestalt von Kügelchen, deren Grundmasse aus Zucker besteht, scharf zu unterscheiden.

2. Abgeteilte Pulver

Differente Arzneimittel werden meist in Form von abgeteilten Pulvern in Papier, oder, falls sie hygroskopisch oder flüchtig sind, in Wachspapier dispensiert. Diese Arzneiform hat für die Kleinhersteller in Rezeptur und Defektur dieselbe

Bedeutung, die die Tablette für die Industrie aufzuweisen hat. Die Pulverkapseln, die nicht mit dem Munde, sondern durch einen Luftstrom eines kleinen Gebläses geöffnet werden sollen, werden mit dem in die vorgeschriebenen Dosen abgeteilten Pulver gefüllt und verschlossen.

Das Abteilen von Hand aus, die häufigst geübte Methode, arbeitet nach dem Augenmaß und ist — Übung vorausgesetzt — auf $\pm$ 5 % genau. Dies genügt in den meisten Fällen, denn Fehler in der zweiten und dritten Dezimale spielen bei Pulvern, deren Masse 0,2 bis 1,0 g schwer ist, keine Rolle.

Diese Angabe, daß Pulver, von Hand aus abgeteilt, auf 5% $\pm$ genau dosiert werden können, hat Widerspruch hervorgerufen, da andere Prüfer 20% $\pm$ und mehr Unterschiede fanden. Es kommt da auf Übung und Geschicklichkeit an. Goldstein (J. Amer. Pharm. Assoc. 1948, 9. 8.) stellt fest, daß man Normabweichungen von $\pm$ 10 % ohne weiteres anerkennen kann. Von seinen 37 Prüfern hatten 29 weniger als 5%, vier zwischen 5 und 10%, vier weitere haben Fehler bis 26%. Nur diese wenigen kommen an die schlechten Resultate anderer Amerikaner und der Schweizer heran und verdarben die statistische Auswertung.

Das Abteilen mit der Pulverschere erbringt auch bei Ungeübten genauere Resultate. Noch besser, mit einer Streuung von nur $\pm$ 1%, arbeitet der Pulverstöpsler, der in bezug auf Genauigkeit noch vom umständlichen Auswiegen übertroffen wird. Die ausgewogenen Pulver sind ebenso genau dosiert wie die besten Tabletten.

Das Abwiegen der Pulver bleibt die genaueste Methode, auch in Verbindung mit einem recht sinnreichen Apparat, dem Dosierapparat nach Grade, der gewogene Pulver durch die Zentrifugalkraft weiter unterteilt. Bei diesem Apparat, den man leider kaum irgendwo findet, tritt das Pulver durch einen Trichter in das Zentrum einer langsam laufenden, durch Trennwände in 10 bis 12 Unterabteilungen eingeteilte Scheibe, und wird durch die Fliehkraft gleichmäßig nach außen in die durch die Trennwände gebildeten Kammern geschleudert. Auch mit einigen kleinen Tablettenpressen, wie denen von Engler Wien, und Kilian, Köln, kann man Pulver unterteilen, doch haben sich alle die empfohlenen Apparate eigentlich nicht so recht durchsetzen können. Die Apotheker sind nach wie vor Anhänger der Pulverteilung durch das Augenmaß und arbeiten mit Kartenblättern.

Für den Großbetrieb wurden Maschinen konstruiert, die das Falzen, Füllen und Schließen der Kapseln in einem Gang durchführen. Ihre Konstruktion kann hier nicht erläutert werden.

Im Kleinbetrieb werden schlecht schmeckende Pulver mit Oblaten zusammen abgegeben oder in schüsselförmige, mit Deckeln versehene Oblatenkapseln eingefüllt. Diese Arzneiform erfreut sich bei uns einer nicht unbedeutenden, in Frankreich sogar der größten Beliebtheit. Die beiden Näpfchen aus Stärkemehl, das schüsselförmige untere und der Deckel, werden übereinander geschoben oder verklebt. Zur Füllung dienen zwei durch Scharniere zusammenklappbare Rahmen mit Aussparungen für die Schüsselchen, die mit Trichtern geladen werden. Die gefüllten Schüsselchen werden durch das Zuklappen der Rahmen, in denen alle Deckel stecken, gleichzeitig verschlossen.

Eine weitere Möglichkeit, schlecht schmeckende Pulver abzufüllen, ist die in zweiteilige Gelatinekapseln, die wie Oblaten in Rahmen gefüllt und verschlossen werden.

Gelatine-Kapseln

Die Darreichung von Gelatine-Kapseln ist in Amerika weitaus populärer als bei uns. Die Herstellung weicher Kapseln und deren Füllung von Hand aus ist theoretisch möglich, praktisch aber viel zu teuer. Man taucht Metallformen, die mit Stielen auf einem Brett fixiert sind und die dem Volumen der Kapseln entsprechen, in Gelatinelösung. Die Gelatine umgibt die Form, erstarrt gallertig und wird im Moment ihrer größten Plastizität abgezogen. Man trocknet sie, füllt sie mit einer kleinen Spritze mit z. B. Rizinusöl oder Extraktum filicis und verschließt sie mit einem Tropfen Gelatinelösung, die alsbald erstarrt.

Harte Gelatine-Kapseln bezieht man fertig, füllt sie in Apparaten wie die Cachets und verklebt Ober- oder Unterteil, falls dies notwendig ist. Wesentlich interessanter erscheint die maschinelle Herstellung und Füllung sowohl der weichen wie auch der harten Kapseln.

Für erstere haben Colton in Detroit und die Norton Company Worcester Mass. vollautomatische Maschinen ausgearbeitet. Die Colton-Maschine besteht aus zwei Teilen. Zuerst wird die Gelatine-Masse auf eine gekühlte Walze gespritzt, von dort abgenommen und als Blättchen durch Vakuum in Formen gesaugt. Das Medikament wird nun durch Dosierpumpen mit einer Genauigkeit von $\pm 2\%$ eingetragen. Nun wird das zweite Blättchen von einem Tisch aus über das erste gelegt. Vereinigt wandern sie in die Presse. Anschließend werden sie in einem Lösungsmittelbad von der das Ankleben verhindernden Ölschicht befreit und bei 40 Grad und 10% Feuchtigkeit getrocknet. Der Ausstoß pro Stunde beträgt ungefähr 40000 Kapseln. Die Maschine der Norton Company erzeugt 19800 Kapseln pro Stunde und arbeitet ähnlich. Harte Gelatine-Kapseln werden gleichfalls halb- oder vollautomatisch hergestellt und gefüllt.

Die Formen für die Ober- und Unterteile sind zu 30 auf Stahlleisten montiert und tauchen kreisend in ein niveaugleiches Gelatinebad ein, die Kapseln trocknen und werden auf einen Tisch und anschließend auf einer von unten beleuchteten Mattglasplatte auf ihre Gleichmäßigkeit kontrolliert.

Die Füllung erfolgt in perforierten Metallplatten, in denen die Kapseln oben bzw. unten eingelegt sind. Die Unterteile werden automatisch gefüllt, die Oberteile drübergestülpt. Die Genauigkeit der Füllung beträgt 1 bis $3\% \pm$, der Ausstoß einer Maschine bis 40000 Stück pro Stunde. Gelatine-Kapseln werden bei ungefähr $30°$ und 30% Luftfeuchtigkeit hergestellt. Klimaanlagen sind in derartigen Fabriken unerläßlich. Die Gelatine-Kapseln sind nach den Tabletten die populärste Arzneiform der Vereinigten Staaten. Außer mit Medikamenten kann man sie mit Hühnerfett (Suppenbereitung), mit Badezusätzen, Benzin (für Feuerzeuge) füllen.

Zur Herstellung der mit Formaldehyd magenresistent gehärteten Gelatinekapseln gehört außerordentlich große Erfahrung. Zu stark gehärtete lösen sich überhaupt nicht, zu wenig behandelte schon im Magen. An Stelle der Härtung kann eine geeignete darüber dragierte Schicht dienen.

Man hat mit derartigen, mit Penicillin gefüllten Kapseln am Penicillin-Blutspiegel nachgewiesen, daß das Trypsin bereits bei pH 4 seine verdauende Tätigkeit beginnt, daß die Kapseln also schon verdaut sind, ehe sie nach den Darmabschnitten gewandert sind, die ein für Penicillin zuträgliches pH aufweisen. Sie stärker zu härten war unmöglich, da die Colibazillen der tieferen Darmabschnitte Penicillase produzieren.

VII. Pillen

1. Definition

Pillen sind kleine, kugelige Gebilde, die einen bestimmten Gehalt an meist stark wirksamen Medikamenten aufweisen und nach ihrem Zerfall im Magen-Darmtrakt die Wirkstoffe zur Entfaltung bringen sollen. In den Lehr- und Wanderjahren meiner Apothekerpraxis hat sich beim Eintreffen eines Pillenrezeptes der Apotheker jedesmal gefreut, denn die Taxe für die Pillenherstellung ist günstig. Ich persönlich schätzte die Pillen weniger, da sie mir immer eine lange Zeitspanne wenig anregender Arbeit brachten. Ein Künstler in seinem Fache, ein Pillenspezialist, wird zweifellos diese Arzneiform vorziehen, man kann da seine Erfahrungen verwerten, Kniffe anwenden. Bei mir waren Pillen immer Stiefkinder, ich hoffte immer, es werde uns einmal ein Konstrukteur einer handlichen, kleinen Pillenmaschine ein Werkzeug bescheren. Allein, wir stellen die Pillen auch heute noch nach Väterart her.

Diese ketzerischen Sätze wurden mir von einem holländischen Kritiker recht übel genommen. Sie hatten aber nicht den Zweck, die Apotheker zu beleidigen, sondern wollten in Erinnerung bringen, daß meiner Meinung nach diese Art der Abteilung einzelner Dosen genau so wie die Tablettierung von Hand aus oder das Pastillenstechen unmodern geworden sind. Wenn in der Defektur einer großen Apotheke von geübten Kräften viele tausend Pillen bereitet werden, ist dies etwas anderes, aber 30 oder 50 Pillen, 20 Tabletten von Hand aus nach Rezept herzustellen, ist nicht mehr zeitgemäß.

2. Bestandteile

Eine Pillenmasse besteht vorwiegend aus dem vielfach stark wirksamen Medikament (Atropin, Arsen, aber auch Fe''), Trägersubstanzen und Bindemitteln.

Als Trägersubstanzen stehen Pflanzenpulver, wie pulvis liquiritiae, pulvis gentianae, faex medicinalis, Bolus, Talkum; als Bindemittel Wollfett, Wasser, extractum faecis, Sirup, Süßholz-, Hefe- und Gentiana-Extrakt, enzymbefreiter Gummi, Traganth, Glyzeridfette und Postonal zur Verfügung.

Nicht von den Enzymen befreiter Gummiarabicum ist völlig abzulehnen, da durch die Fermente zahlreiche Wirkstoffe zerstört werden. Aber auch sonst sind Gummiarten nicht zu empfehlen, da die damit bereiteten Pillen sehr langsam zerfallen. Als Bindemittel noch ungünstiger zu beurteilen ist das im Magendarmtrakt nicht spaltbare Wollfett.

Besser schneiden Glyzerin-Bolusgemische (Zerfallzeit 10 Minuten), extractum faecis, extractum valerinae und extractum gentianae (Zerfallzeit 30 bis 40 Minuten) ab. Glyzeridfette (wie Kakaobutter) und Postonal sind unter besonderen Bedingungen brauchbar. Zur Pillenbereitung mit Postonal haben Kaiser und Dräxl schon 1939 geraten. Tatsächlich gelingt es mit Glyzerinwasser, Sirup oder einer wässerigen Medikamentenlösung, das Polyalkylenoxydwachs so zu „plastifizieren", daß sich damit in üblicher Weise Pillen guter Löslichkeit und Haltbarkeit herstellen lassen. Silbersalz- und gerbstoffhaltige Pillen können mit Postonal nicht bereitet werden.

Glyzerin ist in Pillen auch Feuchthaltemittel, die Pillen trocknen durch den Zusatz nicht ein und bleiben weich. Das Verbot, Magnesiumoxyd zu verwenden, geht wohl auf die Beachtung zurück, daß manche Alkaloide wie z. B. Atropin durch diesen Körper zerstört werden. Eibischpulver würde zu leicht erhärten und die Pillen unzerfallbar machen.

Manche Pillen bedürfen eines Sprengmittels, einer Substanz, die mit Wasser quillt und so den Zerfall in die Wege leitet bzw. beschleunigt. Hierzu dienen Maranthastärke, Laminaria- und Agar-Agar-Pulver. Eine Pille muß, nach dem Schweizer Arzneibuch, in 50 ccm Wasser von $37°$ (einmal leicht umschwenken) innerhalb von 2 Stunden zerfallen. Vorrätig gehaltene Pillen müssen dieser Prüfung jeden Monat unterzogen werden.

3. Bereitung

a) Im Kleinbetrieb. Aus den zu einer plastischen Masse verarbeiteten Bestandteilen werden zwischen planparallelen Brettchen Stangen ausgerollt. Diese Stangen müssen die Länge einer bestimmten Anzahl aneinandergereihter Pillen (25 bis 30 Stück) und die Dicke der Pillen aufweisen und werden nun in der Pillenmaschine durch zwei, meist bronzene Platten, die aufeinanderpassende, halbzylindrische Aussparungen aufweisen (Abb. 77), in, je nach Übung des Herstellers, mehr oder minder kugelige Rohlinge geteilt. Sie werden auf einer ebenen Unterlage (Abb. 78) mit einem runden Brettchen, das an den Rändern einen Überfall aufweist (damit die Pillen nicht wegrollen können), rund gemacht. Um das Ankleben an anderen Pillen und an der Unterlage zu verhindern, werden sie beim Ausrollen und Abpacken mit einem Pulver, meist pflanzlichen Ursprungs oder Talkum, dem Konspergens bestreut. Die Pillen haben meist Kugel-, in Ausnahmefällen auch Ei- oder Walzenform. Große Pillen für die Veterinärmedizin nennt man Boli. Pillen sollen, wenn nichts anderes auf dem Rezept vermerkt wurde, 0,1 g schwer sein. Als Bestreuungsmittel sind, wenn Vorschriften fehlen, trotz ihrer Seltenheit auch heute noch Lykopodiumsporen zu verwenden.

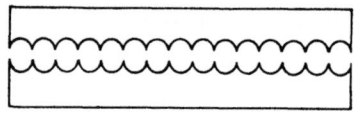

Abb. 77. Pillenschneider (schematisch)

Die Pillenmaschinen sind aus Bronze oder Leichtmetall, die Ausrollbretter aus Holz oder mattiertem Glas.

Schwierigkeiten sind bei der Herstellung von Pillen mit oleophilen Flüssigkeiten zu überwinden. Man kann sich da zweier Methoden bedienen.

Die Verdickungsmittel- oder Plastifiziermethode läßt den öllöslichen Wirkstoff mit Fett plastisch anstoßen und mit indifferenten Pulvern rollfähig machen. Diese Pillen zerfallen schlecht. Es empfiehlt sich daher, derartige Fettpillen, die dann mit Talkum konspergiert und dragiert werden müssen. nach dem weiter unten geschilderten Tropfverfahren zu bereiten.

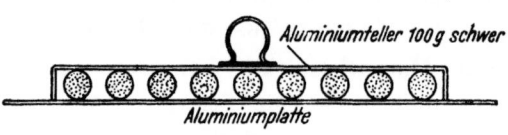

Abb. 78. Pillenroller

Das zweite Verfahren, die sogenannte Adsorptionsmethode, läßt die Flüssigkeit aufsaugen und dann mit quellbaren Pulvern oder Gelen anstoßen.

b) Fabrikation. Die Industrie kann Pillen auf mehrere Arten herstellen. Bei dem ersten Verfahren werden kugelförmige Tabletten in halbkugeligen Matrizen gepreßt. Man kann hierzu jede Art von Tablettenpressen und jeden zur Tablettierung geeigneten Rohstoff bzw. jedes Granulat verwenden, braucht also keine Pillenmasse im engeren Sinne anstoßen. Dieses Verfahren ist einfacher als die Herstellung echter Pillen, die eine Pillenmasse, den Besitz einer Strangpresse und einer Pillenmaschine voraussetzen. Die resultierende Arzneiform ist eigentlich keine Pille im engeren Sinne, sondern eben eine kugelförmige, kleine Tablette bzw. bei Dragees ein Kern mit Kugelform.

Weichherz und Schröder befassen sich noch sehr eingehend mit der Pillenherstellung im engeren Sinne, also der zweiten Methode, die etwas veraltet ist. Da schon zur Zeit des Erscheinens ihres Buches (1930) keine Literatur vorlag und mittlerweile auch keine neuen Arbeiten hinzukamen, kann ich ihre Angaben wiederholen. Den Autoren zufolge ist auch die Fabrikation der Pillen in 5 Phasen unterteilbar.

1. In die Vorbereitung der Rohstoffe.
2. In das Ankneten der Pillenmasse.
3. Die Herstellung des Stranges.
4. Das Zerschneiden des Stranges.
5. Das Runden und Formen der Pillen.

Die 5 Phasen treten auch bei der Kleinherstellung der Pillen auf, doch sind die einzelnen Handgriffe, die durchzuführen sind, naturgemäß in vielen Fällen andere.

Die Vorbereitungen der Rohstoffe, Lösen, Sieben und gegebenenfalls Emulgieren unterscheiden sich in nichts von der Kleinherstellung. Die Verfasser weisen jedoch ausdrücklich darauf hin, daß alle Rohstoffe genau gewogen werden müssen, denn die Strangpressen und Ausrollmaschinen, die ja nicht so elastisch arbeiten wie die Handarbeit, ermöglichen nur dann eine exakte Dosierung der einzelnen Pille, wenn die entsprechenden Gewichte vorher genau berücksichtigt wurden. In der Apotheke können wir eine mißlungene Masse durch Zusätze korrigieren, es schadet dies nicht, die Pillen werden etwas größer, das Einzelgewicht steigt, die Wirkstoffmenge pro Gramm Pille wird zwar geringer, pro Pille aber bleibt sie unverändert, da ja nur eine gewisse Anzahl Pillen gemacht werden und in ihnen eben die gewogene Wirkstoffmenge vorhanden ist. Würde man aber im Großbetrieb eine Masse mit Zusätzen umarbeiten, so käme Unordnung in die Dosierung, die Pillen werden nicht entsprechend größer, sondern nur ihre Anzahl, Unterdosierung ist die Folge.

Das Ankneten der Masse braucht viel Kraft und muß daher mit Knetwerken erfolgen. Man soll in kleinen Portionen, aber nicht unter 1 kg ankneten (2 bis 5 kg). Die Knetmaschinen sollen von massiver Bauart sein, da die Massen entweder sehr viskos sind oder so erhärten, daß eine zierliche Maschine brechen kann. Die Flügel sollen sich in entgegengesetzter Richtung drehen und durch Kupplungen ein- und ausgerückt werden können. Durch das Wechseln der Drehrichtung erreicht man die erwünschte Gleichmäßigkeit rascher und kann verhindern, daß die Masse plötzlich erstarrt (einfriert). Man verknetet zuerst die weicheren Anteile und gibt zum Schlusse noch etwa 5 $^0/_0$ der pulverförmigen Massen zu. Bleibt die Masse auch dann noch klebrig, so muß man weiter 1 $^0/_0$ fester Stoffe einarbeiten.

Die Herstellung der Pillenstränge erfolgt in Strangpressen oder durch maschinelles Ausrollen in eigens dazu konstruierten Maschinen. Die Pressen arbeiten meist diskontinuierlich. Sie bestehen aus einem Zylinder, einem Kolben und einem Mundstück, sind also ähnlich, aber wesentlich kräftiger konstruiert wie die einfachen Tubenfüllmaschinen.

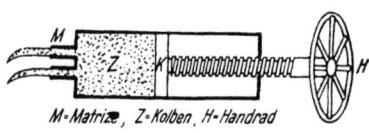

Abb. 79. Schema einer Pillenstrangpresse

Das Handrad soll sehr groß bemessen sein (Abb. 79), um an Kraft zu sparen (1,5 m Durchmesser, Hersteller sind z. B. Kilian, Köln, Engler, Wien).

Das Mundstück hat 2 bis 3 Austrittsöffnungen, die man Matrizen nennt und deren Durchmesser man aus dem Satz je nach der gewünschten Pillengröße wählt. Man kommt mit Matritzen von 3,5 bis 6 mm Durchmesser aus.

Der Strang darf weder brüchig oder knotig noch dünner als die Matrize, noch blasig oder geringelt ausfallen.

Die mit der Hand angetriebenen diskontinuierlichen Strangpressen werden nur in seltenen Fällen durch kontinuierlich arbeitende Apparate ersetzt. Eine solche Maschine ist mit einem Fülltrichter, durch den die Masse in Stücken eingebracht wird, ausgerüstet. Eine Schnecke, die statt des Kolbens läuft, mischt die Masse nochmals durch und preßt sie durch die Matrizen. Es ist schwierig, mit diesen Apparaten ganz gleichmäßige Stränge herzustellen.

Die Pillenmaschinen der Dreißigerjahre (Abb. 80) und auch die neue Colton-Maschine pressen keine kugelförmigen Tabletten, sondern zerschneiden die von den Strangpressen gelieferten Stränge (Tagesleistung des abgebildeten Modells 300.000 Pillen). Ein anderer Typ stellt zuerst größere Kugeln her und rollt diese zu Strängen aus. Die Kugeln werden mit der Hand oder maschinell erzeugt. In letzterem Fall, dem einzig wichtigen, werden ganz dicke Stränge in gleichmäßige Teile zerschnitten und zu Kugeln gerollt. Die dazu nötigen Maschinen, die vollautomatisch fertige Pillen herstellen, hat A. Colton, Detroit, ausgearbeitet. Sie wird, wenn auch selten, in den USA verwendet. Die Maschine zeigt sehr hübsch, wie ein an und für sich komplizierter Vorgang mechanisiert werden kann, und soll daher auch in dieser Auflage besprochen werden. Die Masse gelangt zuerst in einen Fülltrichter, passiert eine Schnecke, eine Grobstrangpresse, einen Abschneider und wird sodann zwischen 2 Gummitreibriemen, durch deren Bewegung herumwirbelnd, zu Kugeln geformt. Ein Elevator fördert die Kugeln zur Ausrollmaschine, die gleichfalls

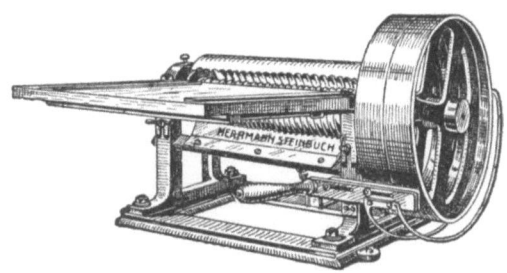

Abb. 80. Pillenmaschine

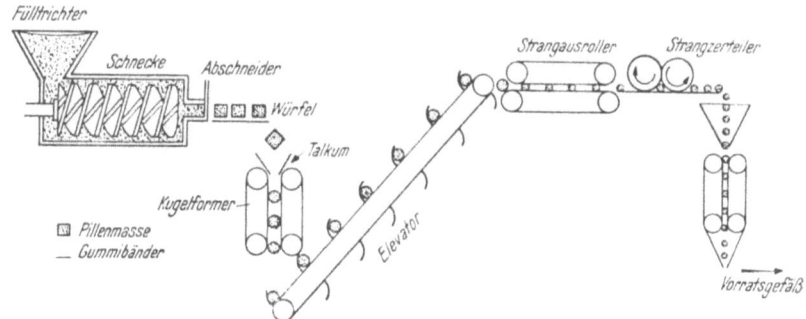

Abb. 81. Schema einer vollautomatischen Pillenmaschine nach Weichherz-Schröder

aus zwei Gummibändern besteht. Die Kugeln, die alle dieselbe Masse beinhalten, werden dort zu gleichen Strängen ausgewalzt (Minutenleistung 20 bis 30 Stränge). Sie werden zerteilt, ausgerollt und fallen als fertige Pillen in ein Gefäß.

Die Aggregate Kugelpresse, Kugelformer, Ausroller, Strangzerteiler und -Ausroller können also zusammengebaut werden. Die Abb. 81 zeigt diese so zusammengestellte Maschine ganz schematisch.

Die Schneidemaschinen bestehen aus einer großen Anzahl von Schneiden, die sich entweder an einer beweglichen und einer ruhenden oder an zwei beweglichen Flächen befinden. Die Walzen sind austauschbar, die ausgefrästen Aussparungen bestimmen die Pillengröße. Die Schneidemaschinen sind also nichts anderes als

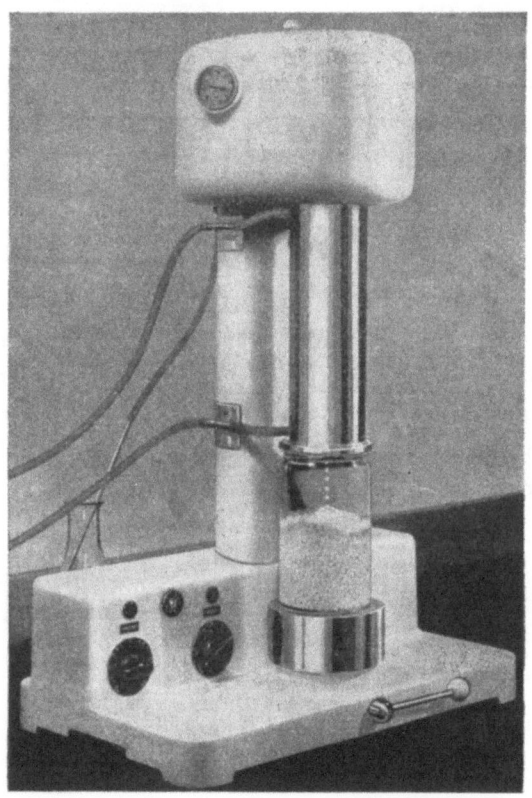

Abb. 82. Pillenmaschine zur Erzeugung von Pillen auf Fettbasis.
Hersteller: Schubert, Kopenhagen

die in den Apotheken üblichen und ins Technische übertragenen Apparate. Das Schneiden der Pillen bringt die meisten Betriebsstörungen mit sich. Abhilfe bringt hier nur die Erfahrung, die man entweder selbst macht oder aus dem Buch von Weichherz-Schröder übernimmt.

In kleineren und mittleren Betrieben erfolgt das Runden der Pillen mit der Hand auf Glas- oder Aluminiumplatten mit einer Scheibe in der Form, die auch der Apotheker benützt. Maschinell arbeitet man entweder mit exzentrisch angetriebenen Scheiben über festen Platten, die die Handarbeit völlig nachahmen (Grimsley, Leicester) oder den Coltonschen Maschinen, die in den oben skizzierten Automaten eingebaut sind und wie bei der Kugelformmaschine aus Gummibändern besteht.

Zur Herstellung von Pillen aus Fetten hat Schubert, Kopenhagen, einen sehr schönen Apparat herausgebracht (Abb. 82). Die laut Berechnung gemischte Masse wird im oberen Teil geschmolzen, gerührt und gelangt durch ein gekühltes Rohr zu einer Teilvorrichtung, in der sie mittels einer Meßspritze und eines Ventils in genau gemessener Menge kontinuierlich in $60^0/_0$igen Alkohol gepreßt wird. Das Material reißt sich von der Düse los, nimmt Kugelgestalt an und fällt langsam durch den Alkohol, dessen obere Schicht erwärmt und dessen untere auf 12 bis 14 Grad gekühlt ist.

Die Fettstoffe erstarren und die entstandenen Pillen fallen in ein Auffanggefäß.

4. Pillenähnliche Arzneiformen

Granula sind eine Arzneiart von Pillenform, deren Grundmasse aus Zucker oder Milchzucker besteht. Ihr Durchschnittsgewicht beträgt 0,05 g. Bei ihrer Herstellung wird der Wirkstoff unbehandelt oder gelöst mit einer Mischung von 4 Teilen Zucker und einem Teil, zweckmäßig desenzymatisierten, Gummi gemischt. Daraus wird mit glyzerinhältigem Sirup eine Masse angestoßen, eine Stange und sodann Pillen ausgerollt.

Streukügelchen sind pillenähnliche, kleine Zuckerkugeln, die in Dragierkesseln gerollt werden. In der Homöopathie werden sie mit Arzneimitteln besprengt und getrocknet. In der Allopathie werden sie nicht gebraucht.

Granula, Streukügelchen und insbesondere Pillen sollen unzerkaut geschluckt werden. Es ist also zwecklos, Medikamente, die im Munde zur Wirkung kommen, in Pillenform abzugeben. So selbstverständlich dies sein mag, so häufig wird die Vorschrift vergessen. Wie selten wird z. B. daran gedacht, daß Bittermittel nur von der Zunge aus reflektorisch wirken und daß ihre Darreichung in Pillenform sinnlos ist. Extractum gentianae ist im Magen nahezu unwirksam und Chinin in Pillenform nicht als Bittermittel, sondern nur als Stoffwechselbremse anwendbar.

Pillen, Granula und Streukügelchen müssen auf ihre Zerfallbarkeit im Magen- oder Darmsaft untersucht werden. Insbesondere ist dies bei der Erarbeitung neuer Vorschriften unumgänglich nötig.

Ein künstlicher Magensaft ist

Rp.

Natrium chloratum	1,4
Kalium chloratum	0,5
Calcium chloratum ($CaCl_2 + 6\,H_2O$)	0,1
Acidum hydrochloricum dilutum	35,46
Pepsinum „Parke, Davis" 1 = 3000	3,2
Acqua destillata ad	1000 ccm

und ein künstlicher Darmsaft

Rp.

Pancreatinum USP. XI	2,8
Phosphatpuffer $p_H = 7,73$ ad	1000 ccm

Es wurde auch vorgeschlagen, derartige künstliche Verdauungssäfte ohne Fermentzusatz herzustellen.

VIII. Pastillen

Pastillen sind Arzneizubereitungen, in denen der Wirkstoff mit Füll- und Bindemitteln, wie Zucker und Gummi, in eine plastische oder gießbare Masse gebracht wird. Hieraus werden Scheibchen, Zylinder, Kugeln, Plätzchen oder andere Formen gepreßt oder aus gewalzten Fellen ausgestochen und dann bei gelinder Wärme getrocknet.

Diese Arzneiform kann also tablettenähnlich aussehen, in der Herstellung unterscheidet sie sich aber sehr von ihnen. Die Pastillen werden in den Apotheken kaum noch hergestellt, auch die pharmazeutischen Fabriken im weiteren Sinne beschäftigen sich mit dieser Arzneiform, die Spezialbetrieben vorbehalten bleibt, nur selten. Falls es geschieht, wird der angestoßene Teig mit Walzen zu 2 bis 4 mm dicken Fellen ausgewalzt. Messer schneiden diese Felle, die allenfalls beiderseits versilbert werden können (Wybert „Tabletten") in quadratische, rhombische oder sonst erwünschte Form. Kreise sind unbeliebt, da dadurch Abfälle, die neu verknetet werden müssen, entstehen.

In den Lehr- und Handbüchern wurden bisher keine Angaben gemacht, wie die auszurollende Dicke des Teiges berechnet werden kann, damit Pastillen vom richtigen Trockengewicht und richtiger Dosierung ausgestochen werden können.

Münzel hat sich der Mühe unterzogen und Formeln angegeben, mit denen die passende Felldicke errechnet werden kann.

IX. Tabletten

Unter dem Namen Tabletten, Tabloids, Comprimees hat sich in den letzten Jahren und Jahrzehnten eine Arzneiart eingebürgert, die früher unbekannt war. Vielfach wird die Meinung vertreten, daß die Tabletten die Nachfolger der aus „Teigfellen" ausgestochenen Pastillen seien. Man kann dieser Ansicht nicht voll zustimmen, sie sehen in vielen Fällen den Pastillen zwar ähnlich, verdrängen sie auch, gefährlicher, wenn man sich so ausdrücken kann, werden sie aber den abgeteilten und den Schachtelpulvern. Zudem ist ihre Herstellung eine völlig andere. Sie werden nicht aus einem Teig durch Schneiden, sondern aus Pulvern oder Granulaten und durch Druck erzeugt.

1. Definition

Eine kurze Definition der zu besprechenden Arzneiform muß etwa folgendermaßen lauten: **Tabletten sind eine durch Pressen trockener, gepulverter oder granulierter Arzneimittel bzw. deren Mischungen hergestellte, geformte Arzneiart.**

Das deutsche Arzneibuch definiert ausführlicher: „Tabletten sind Arzneizubereitungen, zu deren Herstellung die gepulverten, wirksamen Stoffe, nötigenfalls mit Füll-, Binde-, Auflockerungs- oder Gleitmitteln, wie Milchzucker, Stärke, Talk in kleinen Mengen oder mit ätherisch weingeistiger Kakaobutterlösung gemischt werden. Die wirksamen Stoffe oder deren Mischungen werden dann nötigenfalls nach vorausgegangener Granulierung, zu meist kreisrunden, biplanen oder bikonvexen Täfelchen oder Zylindern gepreßt und erforderlichenfalls mit Zucker, Schokolade, weißem Leim, Hornstoff oder anderen Stoffen überzogen."

Die verhältnismäßig langatmige und komplizierte Arzneibuchdefinition besitzt den Vorteil, alle wesentlichen Etappen, die bei der Bearbeitung der Tabletten durchzugehen sind, anzuführen. Es sind dies:

Trocknung der Bestandteile	Granulieren
Mischung	Dragieren
Tablettieren	Sterilisieren
Sortieren	Glänzen
Zählen	Prüfen
Abfüllen	Verpacken

In dieser Aufstellung müssen die links und gesperrt gedruckten Arbeitsvorgänge in allen, die rechts angeführten in den meisten Fällen durchgeführt werden.

Wir gehen im folgenden auf die einzelnen, sich durch diese Einteilung ergebenden Abschnitte näher ein.

Die erste Maßnahme, die durchgeführt werden muß, ist das Trocknen der Rohstoffe. Arends u. Arends, denen wir eine bereits in mehreren Auflagen erschienene Monographie über die Tablettenfabrikation verdanken (Springer, Wien), schreiben vor, daß alle Rohstoffe vor dem Mischen im Kalkkasten oder bei 30 Grad sorgfältig getrocknet werden. Nur einige Pflanzenpulver machen eine Ausnahme, sie werden in einem feuchten Raum kurz durch die vorbeiziehende Luft angefeuchtet. Nach dem Trocknen folgt, wenn nicht schon Pulver vorliegen, das Pulvern in Trichter- oder Kugelmühlen, gegebenenfalls in Kollergängen.

Das Mischen der getrockneten und gepulverten Rohstoffe geschieht in periodisch oder kontinuierlich arbeitenden Maschinen. Zu den ersteren gehören die Mischtrommeln verschiedener Bauart, die rotieren und innen das Mischgut, gegebenenfalls durch Leisten oder Platten in der Wirkung verstärkt, durcheinanderwerfen. Ihre Achse liegt waagrecht, ihre äußere Form kann rund, vier-, sechs- oder mehreckig gestaltet sein. In den Taumelmühlen steht die Achse schräg, so daß keine gleichmäßige, sondern eine stoßweise Rotation erfolgt.

Senkrecht stehende Trommeln stehen ruhig, in ihnen kreisen an der rotierenden Achse befestigte Rühr- und Mischflügel.

Die kontinuierlich arbeitenden Mischmaschinen sind mit Transportschnecken versehen, ihr Einsatz kommt pharmazeutisch kaum in Frage.

Ehe wir nun an die Besprechung der weiteren Arbeitsgänge gehen, müssen wir uns über die Bestandteile der Tabletten, die gemischt werden, klar werden; es sind, wie schon erwähnt:

2. Bestandteile

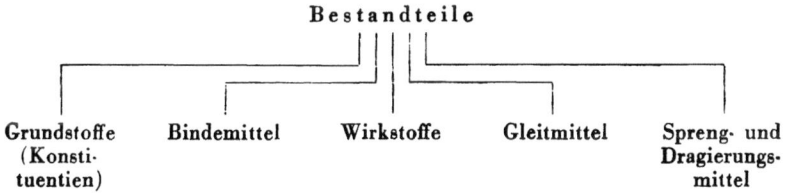

Grundstoffe (Konstituentien) — Bindemittel — Wirkstoffe — Gleitmittel — Spreng- und Dragierungsmittel

a) **Wirkstoffe.** Der wichtigste Bestandteil einer Tablette ist natürlich der Wirkstoff bzw. die Mischung mehrerer Wirkstoffe. Handelt es sich um hochwirksame Substanzen, wie die meisten Alkaloide, Arsensalze, Vitamine oder Hormone, deren Einzeldosis nur Milligramme wiegen, so sind Verdünnungssubstanzen, Konstituentien, nötig.

b) **Konstituentien** sind indifferente Stoffe, wie Stärke Zucker, Schokolade, die nach Möglichkeit verdaulich sein sollen und die meist so gewählt werden, daß sie gleichzeitig als Gleit-, Binde- oder Sprengmittel dienen. Manche Arzneibücher schreiben die erlaubten Mengen der einzelnen Bestandteile vor.

Die Stärken sind neben ihrer Eigenschaft, Füllmaterial zu sein, noch Binde- und Sprengmittel. Ersteres beim Pressen und Lagern, letzteres durch den Quellungsdruck, den sie im wässerigen Milieu beim Einnehmen zeigen. Besonders geeignet ist die Maisstärke. Beim Zusatz von ausgesprochenen Klebstoffen, wie Gummi, Tragant oder Dextrin werden die Tabletten häufig irreversibel hart und unverdaulich.

c) **Gleitmittel.** Das wichtigste Gleitmittel, das die maschinelle Herstellung erst ermöglicht, ist der Talk, der wasserunlöslich ist und, suspendiert, die Lösung einer Tablette im Wasser trübt. An seiner Stelle kann in Tabletten, deren Lösung äußerlich angewandt wird, sofern chemisch keine Bedenken bestehen, Borsäurepulver verwendet werden. Das Aufsprayen von Fett- bzw. Paraffinlösungen in Äther auf die gefährdeten Maschinenteile befördert gleichfalls das Gleiten der Masse beim Füllen der Matrizen und verhindert das Festkleben der Stempel. Man darf aber nur recht geringe Mengen verwenden, da durch die hydrophoben Bestandteile die Zerfallbarkeit der Tabletten in Wasser stark herabgesetzt wird.

d) Sprengmittel. Das bekannteste Sprengmittel, das den Zerfall der Tabletten im Magensaft oder im Wasser einleitet, ist, wie erwähnt, vorwiegend das Stärkemehl, ferner Pektin oder Agar-Agar, also im Wasser gut quellende, das Volumen vergrößernde und dadurch die Form sprengende Substanzen. In vielen Fällen kann man auch Natriumkarbonat oder Kalziumkarbonat zugeben, also Chemikalien, die im sauren Magensaft Kohlensäure entwickeln, so daß die Tabletten durch das perlende Gas auseinander getrieben werden. Im neutralen Wasser werden bikarbonathältige Tabletten nur dann gesprengt, wenn ihnen eine Säure, etwa Weinsäure, beigefügt wurde. Bei Zusatz von Magnesiumsuperoxyd sprengt der naszierende Sauerstoff statt der Kohlensäure die Tablette. Natürlich sind Alkalien, Säuren und Oxydantien nicht in allen Fällen verwendbar, sondern nur dort, wo die Wirkstoffe durch diese Substanzen nicht chemisch verändert werden. Ist dies zu befürchten, so muß man eben auf die genannten Quellkörper wie Carraghen, Laminaria, Pektin zurückgreifen. Die Masse wird in einem Planetenmischwerk mit senkrechter Achse oder einem Mischer mit einer oder zwei waagrechten Achsen gemischt.

Die gemischten Bestandteile können in manchen Fällen direkt tablettiert werden, in anderen, häufigeren, werden sie zuerst granuliert und dann erst gepreßt. Die granulierte Masse fließt besser durch den Füllstutzen und füllt die Matrizen besser aus.

Glänzen. Die Tabletten amerikanischer Provenienz fallen durch ihren schönen Glanz auf. Er wird durch Zugabe einer benzolischen Karnaubawachslösung zum Granulat und dem dort üblichen, viel höheren Preßdruck erzeugt.

3. Granulieren

Die Masse, die in der Apotheke granuliert werden soll, wird mit Alkohol, Methanol, Wasser oder Sirup durchfeuchtet und anschließend durch ein Sieb gepreßt, vorgetrocknet, nochmals durch das Sieb geschlagen, um dann erst völlig zu trocknen. Ein

Teil der Masse wird hierbei neuerdings pulverförmig, sie muß abgesiebt und nochmals granuliert werden. In kleineren Betrieben granuliert man nach dem oben geschilderten Verfahren mit der Hand. In größeren wird maschinell gearbeitet. (Siehe auch Seite 146.)

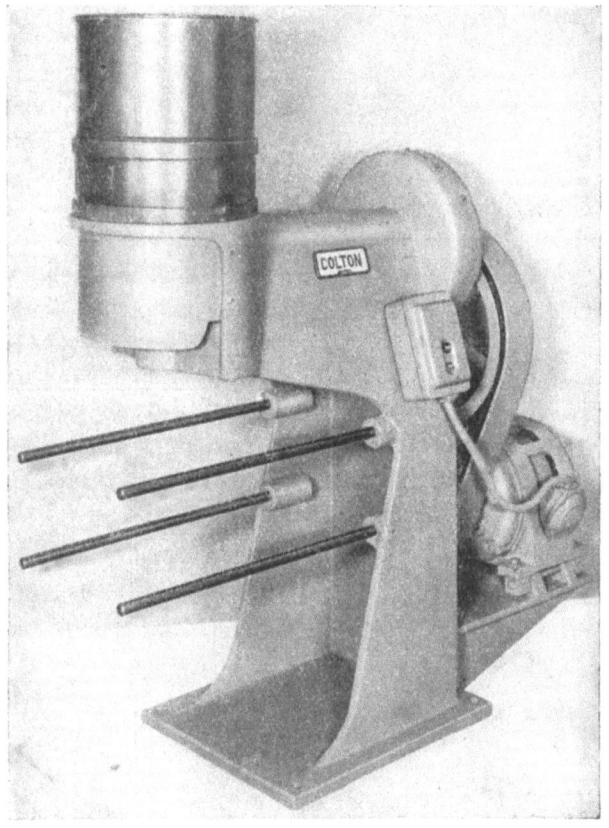

Abb. 83. Colton-Granulierapparat (Naßverfahren) mit einer Stundenleistung von 400 kg. 3-PS-Motor

Die Trockengranulierung geschieht in ziemlich einfacher Weise. Man preßt das fertige Gemisch in Brikettformen und zerkleinert diese mit speziellen Maschinen zu möglichst gleichmäßigen Granulaten.

Eine Art dieser Granuliermaschinen arbeitet nach dem Prinzip der Semmelbröselreiber der Küchen. Von oben wird mit einem Hebel die lockere, brikettierte Mischung auf eine rotierende, gelochte Reibschale aufgedrückt, sie wird dadurch gekörnt und fällt sofort auf Trockenbleche, die in den Trockenofen wandern. In Amerika arbeitet nur eine Firma nach dem Trockenverfahren, alle andern granulieren naß.

Die Naßgranulierung arbeitet mit Teigen, die passiert bzw. gerebelt werden. Als Maschinen stehen der Coltonsche rundlaufende Granulator (Abb. 83) und die kontinuierlich arbeitende Maschine der Jeffery Manufacturing Co. Columbus, Ohio, in Verwendung. Bei letzterer Maschine fallen von einem schüttelnden Granulator in ständigem Strom feuchte Granulate auf ein vibrierendes Blech, dem sie gegen warme Luft im Gegenstrom entlang wandern. Das Blech wird mit Dampf oder Infrarot-Strahlen geheizt. Die Apparatur hat eine Stundenleistung von 250 bis 350 kg und trocknet die Granulate in 10 Minuten. Zwischen ihm und der Tablettierung ist in das Fließband ein Elektromagnet eingeschaltet, um Eisensplitter zurückzuhalten. Die Masse wird auf ihre Brauchbarkeit noch vor dem Tablettieren geprüft, insbesondere auf ihre Korngröße. Brabender hat hierfür Apparate ausgearbeitet.

In Österreich haben wir den Granulator von Ploberger, Wien, in Deutschland die Maschinen des Alexanderwerkes.

4. Pressen

Das Pressen der Tabletten kann mit den einfachsten und kompliziertesten Maschinen durchgeführt werden. Das Prinzip ist in allen Fällen dasselbe. Die Seele der Tablettenpressen aller Typen besteht aus drei Teilen, der Matrize mit hebbarem Boden (Unterstempel) und dem Stempel (Abb. 84). Die Matrize wird meist durch einen Einfüllungsstutzen mit dem Granulat gefüllt, der Stempel preßt von oben die Masse zusammen, zieht sich zurück, und der von unten vorrückende, gleichfalls stempelartige Boden rückt vor, hebt die Tablette auf, so daß sie weggestreift werden kann. Je nach der Stärke des Druckes und abhängig von der Art der Masse werden die Tabletten mehr oder minder fest. Das einfachste Maschinen-Modell besteht aus einem kurzen Stahlrohr und zwei Stempeln. Die gewogene Masse wird in das Rohr eingefüllt, der obere Stempel drückt sie zusammen und zieht sich zurück. Die Tablette ist nun schon geformt und wird durch die Aufwärtsbe-

Abb. 84. Das Herz jeder Tablettenmaschine

Pressen   165

wegung des Bodens von der Matrize gelöst. Alle Maschinen, die je gebaut wurden, arbeiten nach diesem Prinzip und unterscheiden sich voneinander eigentlich nur im Antrieb der Stempel. Die einfacheren Modelle arbeiten mit Handbetrieb. Ein Modell arbeitet mit einem Hebel, der die Kraft auf ein Zahnrad und eine Spindel überträgt und so Ober- und Unterstempel wechselweise betätigt. Eine andere, mit der Hand zu betätigende Maschine ist so angeordnet, daß die Stempel durch das Hin- und Herwerfen eines Hebels bewegt werden. Wieder eine andere Konstruktion arbeitet mit zwei Hebeln, die nacheinander im gegenläufigen Sinne bewegt werden, eine weitere wird durch Drehen an einem Rad in Bewegung gesetzt.

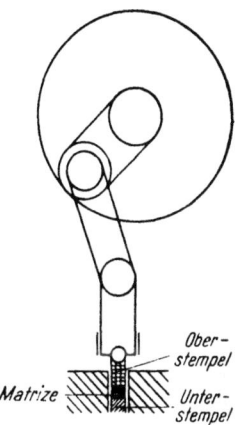

Abb. 85. Tablettieren durch Exzentermaschinen

Die maschinell oder auch mit der Hand angetriebenen leistungsfähigeren Tablettenmaschinen arbeiten mit Exzentern (Abb. 85), die, einmal eingestellt, bei allen Tabletten den gleichen Preßdruck und damit auch gleiche Härte und Zerfallbarkeit gewährleisten. Da man mehrere Stempel in einer Maschine arbeiten lassen kann, erzielt man mit diesen Maschinen bereits eine ziemlich bedeutende Stundenleistung (bis 10000 Tabletten pro Stunde). Die Füllschuhe dieser Maschinen sind, um das gleichmäßige Nachrutschen der Preßmasse zu gewährleisten, mit Rührwerk oder mit einem Vibrator versehen. Die Stempel werden von einer Talkumstreuvorrichtung, in Sonderfällen mit einer Schmierung gleitfähig gehalten. Es empfiehlt sich, den vom Exzenter angetriebenen Preßteil doppelt zu lagern, da anderenfalls die Lager außerordentlich beansprucht werden.

Das Modell (Abb. 86) der Firma Engler arbeitet mit 1 bis 5 Stempeln und liefert bei einer Durchschnittstourenzahl von nicht ganz 60 Umdrehungen pro Minute

Abb. 86. Engler Tablettenpresse Modell 2

3000 bis 15000 Tabletten pro Stunde. Einzelstempel können bis 25 mm Durchmesser große Tabletten, mit 2 bis 5 Stempeln entsprechend mehr, aber nur kleinere Preßlinge pro Arbeitshub liefern (Abb. 87).

Noch wesentlich leistungsfähiger (bis 750000 Tabletten pro Stunde) sind die Rundläufer. Das Prinzip dieser Maschinen zeigt die Abb. 88. Die wie bei allen anderen Maschinen auswechselbaren

Abb. 87. Tablettenpresse Komage für Apotheken besonders geeignet. Hersteller: Gellner & Co. in Kell, Kreis Trier

Stempel sind an Walzen angeschraubt, die im Kreise um die Achse der Maschine herumstehen und durch eine rotierende Scheibe mit Niveauunterschieden herab- und damit in die Matrize hineingedrückt werden. Unter dem Tisch läuft dasselbe Aggregat. Walzen mit Unterstempeln und einer Scheibe mit schiefer Ebene sind auch dort angeordnet, um die fertige Tablette aus den in dem Tisch eingeschraubten Matrizen herauszudrücken.

Die Achema X setzte uns in die Lage, einen Überblick über das moderne Rüstzeug des Tabletteurs zu gewinnen.

Kilian, Köln-Ehrenfeld, stellt 3 Exzenterpressen her. Den Typ KO für kleine Chargen bis 15 mm Tablettendurchmesser, den Typ KIS für Tabletten bis 35 mm und den Typ K III bis 80 mm

Durchmesser. Die Rundläufer weisen 20 Stempeln bis 22 mm Durchmesser oder 10 Stempeln bis 35 mm Durchmesser auf. Kupplungen und Regelgetriebe, ablesbarer Preßdruck gewährleisten angenehmes Arbeiten.

Horn in Worms hat sich auf Rundläufer spezialisiert. Auch hier kann der Preßdruck abgelesen und während des Betriebes verändert werden. Die Füllschuhe und Trichter sind aus Plexiglas, so daß der Füllvorgang überwacht werden kann.

Fette, Hamburg, stellt Exzenterpressen und Rundläufer her. Die Exzenterpressen sind vollständig geschlossen, können aber durch Zellglasteile beobachtet werden. Die Abb. 89 zeigt die Führung der Mehrfachstempel eines Hanseat-Rundläufers R 24 N.

Korsch, Berlin, stellt ebenfalls Exzenter- und Rundläuferpressen her, auch hier variieren die Preise von 1700 bis 15000 DM.

Korsch hat seine Exzenterpresse EKO mit einer Kupplung ausgerüstet, so daß daran das Antriebsaggregat KUE des Stada-Allzweckgerätes angeflanscht werden kann. Die Besitzer des Stada-Aggregates können als trocken mit dem Brecheranschluß oder feucht

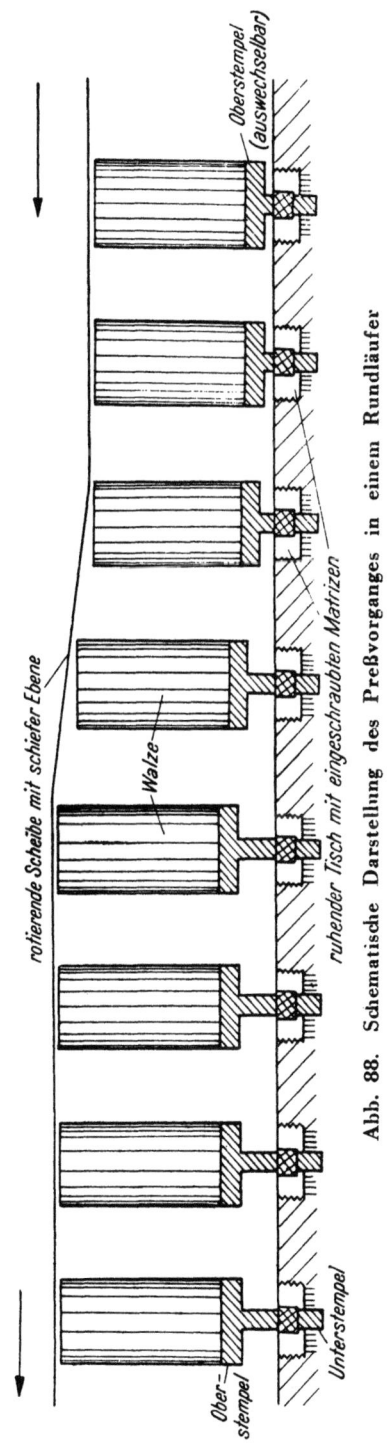

Abb. 88. Schematische Darstellung des Preßvorganges in einem Rundläufer

mit dem dazu vorgesehenen Gerät granulieren, anschließend tablettieren und gegebenenfalls mit dem aufgesteckten, schwenkbaren Dragierkessel (Fassungsvermögen 3 bis 5 kg Kerne) dragieren.

Abb. 89. Stempelführung eines Rundläufermodells (Hanseat von Fette in Hamburg)

Die Indola Aerzen stellt Exzenterpressen her, die eine Freilaufeinrichtung besitzen, so daß die Dosierung ausgeschaltet werden kann, ohne daß die Maschine abgestellt werden muß.

In Amerika sind die Arthur Colton Company Detroit und die Stockes Corporation Philadelphia führend in allen Apparaten zur Tablettenfabrikation. Exzenterpressen leichter und schwerster Bauart, Rundläufer, Mischer, Granulatoren für beide Verfahren, Dragierkessel, Zählapparate sind dort erhältlich. Die amerikanischen Rundläufer mit 16, 27 oder 37 laufen schneller als unsere, sie arbeiten mit höherem Druck.

5. Sortieren

Das Sortieren der Tabletten erfolgt meist maschinell, es hat den Zweck, den Staub und event. zerbrochene Tabletten abzusondern. Das beschädigte Material wird nochmals dem Fabrikationsgang zugeführt. Das Absondern des Bruches erfolgt durch Siebe mit Längsschlitzen, die gerüttelt werden, so daß die auf ihrer Schmalseite stehenden Tabletten auf einer schwach schrägen Bahn in Bewegung gehalten werden, bzw. herabrollen. Die Schlitze sind etwas kleiner und etwas breiter bemessen als der Durchmesser des Tablettenkörpers, so daß alle nicht völlig runden, beschädigten Tabletten durchfallen. Im unteren Teile der Schüttelrutschen sind nach einem Patent der Knoll A. G., Ludwigshafen, Rh., das sich allgemein eingeführt hat, schmale Einfülltrichter angeordnet, die je eine Reihe Tabletten fassen; sie reihen die guten Tabletten auf und sind in der Zahl vorhanden, die durch 10 teilbar ist und meist 10, 20 oder 50 beträgt. Am unteren Ende der Tablettenreihe läuft eine Art Kolben, der die im oben beschriebenen Apparat aufgereihten und gezählten Tabletten in die dafür bestimmten Packungen, meistens Glasröhrchen oder Weithalsflaschen, füllt.

Eine hübsche Einrichtung sah das österreichische Studienteam bei einer amerikanischen Firma. Die Tabletten werden dort auf einem Fließband an Arbeiterinnen vorbeigeführt, sie drehen dann sowohl in der Lagefläche wie auch in der Laufrichtung um, so daß sie von beiden Seiten überwacht werden können. Beschädigte Tabletten werden mit einem Vakuumsaugrüssel entfernt und der Granulatmasse zur Neutablettierung zugeführt.

Colton hat einen billigen Zählapparat konstruiert. Er besteht aus einer flachen Wanne, deren vorderer Teil Aussparungen für die Tabletten enthält. Durch Schütteln werden die Aussparungen gefüllt, man drückt sie dann durch einen Hebel heraus und kann durch einen eingebauten Trichter das Tablettenglas füllen.

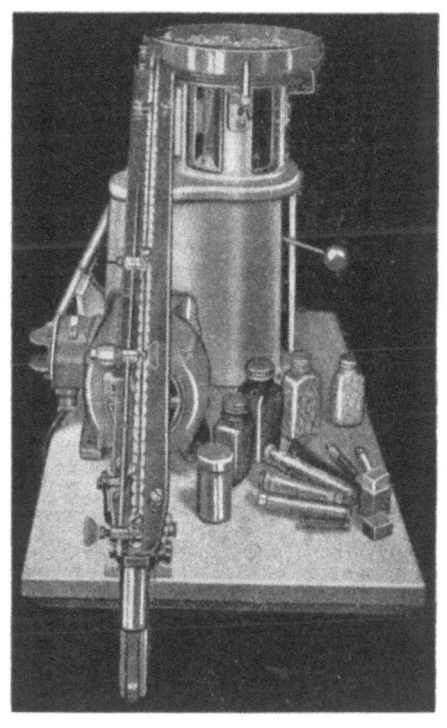

Abb. 90. Rotax-Tablettenzählapparat der Firma Seidenader, München

Der Rotax-Zählapparat von Seidenader, München (Preis 1070 DM), leistet dieselbe Füllmenge wie der Kilian-Apparat. Die Tabletten werden in ein Füllgefäß gebracht und über einen regulierbaren Vorschub und eine Drehscheibe in die Gleitrinne gebracht. Nach Passieren einer Zählvorrichtung gleiten sie in das allenfalls vibrierende Tablettenrohr.

Die Aupama, Luzern, baut einen leistungsfähigeren, aber wesentlich teureren Apparat (7000 sfr.). Er ist in der Lage, auch Tabletten in mehreren Lagen in Schachteln zu packen. Die Tabletten auf dem steilen Abrutschfeld werden durch Vakuum ange-

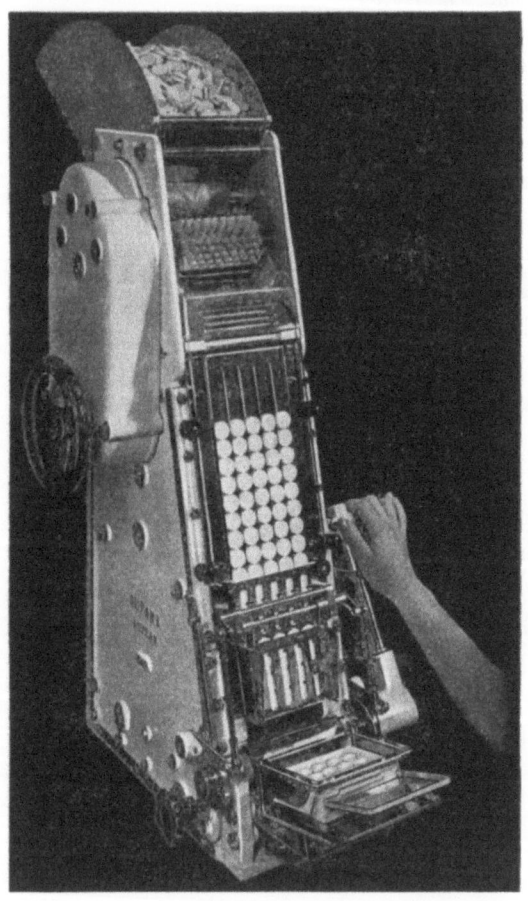

Abb. 91. Tabletten-Zähl- und -Abfüllapparat der Aupama, Luzern

saugt, so daß, ohne den Bau zu zerstören, eine beschädigte Tablette herausgenommen werden kann. Die unbeschädigten rücken dann sofort nach. Ein anderes System zeigt Abb. 92.

Die Verpackungs- und Zählmaschinen scheiden beschädigte Tabletten automatisch aus. Darüber hinaus haben manche Firmen noch Kontrollen eingeschaltet, bei denen Inspektoren mit guten Augen die Tabletten an sich vorbeiziehen lassen und die schad-

Abb. 92. Tablettenzählapparat der Firma Kilian, Köln. Die Tabletten fallen aus der Schüttelrutsche auf den Tisch, von dem sie durch die Aussparungen der kreisenden Platte zählend mitgenommen und den Röhrchen zugeführt werden

haften mit einem Vakuum-Saugrüssel entfernen. Ein geschickter Fachmann soll auf diese Weise pro Tag eine Million Tabletten kontrollieren können.

6. Verpacken

Als **Verpackungsmaterial** für 10 bis 20 Tabletten sind die Glasröhrchen am zweckmäßigsten, für größere Mengen von 50 bis 500 Stück stehen Weithalsgläser im Gebrauch. Aluminiumröhrchen müssen innen mit einer Folie ausgelegt werden. Für billigere Präparate und in Notzeiten kommen Papierröhrchen, die um die Tablettenrollen gelegt werden, in Frage. Kleinere Mengen von 3 bis 10 Tabletten werden in vielen Fällen in Aussparungen in Kartons untergebracht (Abb. 93). Die Anforderungen der Hygiene und des Großkonsums haben zu noch einfacheren Verpackungsarten geführt; eine der gelungensten Lösungen dürfte die sein, die in Amerika häufig ist und die z. B. Bayer für seine Istizintabletten

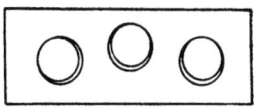

Abb. 93. Tabletten in Kartonaussparungen

verwendet (Abb. 94). Es sind dies einfache Kunststoffolien, die aufeinanderhaften und die Tabletten durch ihren Zusammenhalt in Aussparungen fixieren. Hersteller dieser „Einschweißmaschinen" ist die Firma Wolkogon in Brackwede, deren Apparate auch zum „Einschweißen" von Suppositorien geeignet sind. Auch eine Kombination beider Verpackungsarten ist möglich. Die von Cellophan gehaltenen Tabletten schweben gleichsam in den Kartonaussparungen.

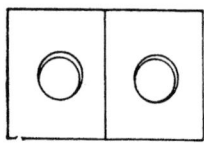

Abb. 94. Tabletten in Folien eingeschweißt

Tabletten sind während ihrer Herstellung, insbesondere das Granulat, in hohem Grade von der Luftfeuchtigkeit abhängig. In großen Firmen ist eine Klimaanlage daher selbstverständlich. Die Feuchtigkeit der Luft soll 30 bis 40, in Ausnahmefällen nur 20 % betragen.

7. Dragieren

Das Dragieren der Tabletten erfordert besonders viel Übung und Erfahrung, nicht umsonst war und ist der Dragiermeister eine der gesuchtesten Kräfte der Industrie. Man dragiert, das heißt, man überzieht mit einer Schicht aus Zucker oder magenunlöslicher Substanz, um einerseits den Geschmack zu maskieren, andererseits den Zerfall der Tablette, des Drageekernes, wie man hier besser sagen kann, im sauren Milieu des Magens zu verhindern. Grund für die letztere Maßnahme kann die schlechte Verträglichkeit oder Zersetzlichkeit der Wirkstoffe im Magen, bzw. in der Magensäure sein, oder man will die Wirkung erst im Darm erzielen.

Abb. 95. Doppelter Dragierkessel

Dragiert wird im Dragierkessel (Abb. 95), der meist aus Metall, Glas oder modernen Kunststoffen besteht und in ihrer tiefen Form einem oben abgeschnittenen Globus ähnelt. Auf einer schiefen, mit der Hand oder maschinell angetriebenen Achse rotiert eine Dreiviertel-Kugel mit oben etwas eingezogenen Rändern. Man stellt aber auch flachere Kessel her oder verwendet statt getriebener runder Kupferkessel sechzehn- bis achteckige aus rostfreiem Stahl. Der Kessel wird mit einer gewissen Menge Kernen gefüllt und rotiert langsam. Dadurch wird der Inhalt gleichmäßig bewegt und die mit Sirup oder Keratin-Lösung besprühten Kerne bewegen sich infolge der Klebrigkeit des Zusatzes und des Beharrungsvermögens auf schiefer Ebene aufwärts. Dies geschieht so lange, bis die Schwerkraft überwiegt und die Masse zurückfällt, wie Arends sagt: „in der Art von Brandungswellen". Der Vorgang wiederholt sich dauernd und alle Tabletten (die in der Mitte des Kessels am wenigsten, so daß sie mit der Hand an die Seite verteilt werden müssen) werden benetzt. Meist heizt man den Kessel oder bläst heiße Luft ein, so daß die aufgetragene Masse schneller trocknet. Dies geschieht entweder von oben oder zweckmäßiger, um Polster feuchter Luft zu verhindern, durch die Achse der Kessel. Das Dragieren sieht wesentlich leichter aus als es ist und dauert bis zu einer Woche pro Charge. Arends beschreibt den Vorgang wie folgt:

„Die Kerne bzw. Tabletten werden im Kessel in Lauf gebracht und nach und nach mit der Dragierflüssigkeit befeuchtet. Man beginnt mit kleinen Mengen und rührt mit der linken Hand im Kessel entgegen der Laufrichtung, die bei diesen Apparaten immer von links nach rechts erfolgt. Dann streut man mit der rechten Hand Streuzucker in die aufsteigende Masse, damit die zunächst klebrigen Kerne wieder zerteilt werden. Man hört damit erst auf, wenn die Kerne ihren feuchten Glanz verlieren. Wenn dann die eingestreuten Zuckergrießkörner sich im Sirup aufzulösen beginnen, also glasig werden, wird die doppelte Menge Sirup zugefügt, durchgerührt und wieder Staubzucker eingerührt. Wenn der Zucker glasig wird, streut man neuerlich Puderzucker auf und rotiert weiter, bis der feuchte Glanz der ablaufenden Kerne dauernd verschwindet. Dann läßt man, wenn der gesamte Zuckersirup zugefügt wurde, allmählich trocken laufen. Das Dragieren dauert je nach Größe der Charge und dem vorliegenden Material drei bis sechs Tage."

Die Herstellung magensaftbeständiger, aber dünndarmlöslicher Dragees und Pillen kann nach verschiedenen Methoden und mit den unterschiedlichsten Stoffen erfolgen. Das älteste Verfahren, das Keratinieren, wurde von Unna angegeben. Die Formlinge werden in einer Lösung von Keratin in Eisessig oder ammoniakalischen Alkohol gerollt und sogann getrocknet. Leider sind diese Überzeuge vielfach porös oder so fest, daß sie im Darm nicht zerfallen.

Ein anderes Verfahren läßt die Formlinge in geschmolzenes Salol tauchen und darin rollen. Salol wird im Magen nicht aufgespalten. Dies besorgen erst die Esterasen im Darm. Es entstehen Salizylsäure und Phenol, Substanzen, die nicht als indifferent bezeichnet werden können und daher im Dauergebrauch abzulehnen sind.

Paraffine sind selbstverständlich — obwohl schon vorgeschlagen — ungeeignet, ebenso Wachse. Öle, Fettsäuren, Fette sind beschränkt brauchbar. Der Erweichungspunkt darf aber nicht zu hoch liegen, da der fermentative Abbau verhindert wird, andererseits aber darf er auch nicht zu tief liegen, da die Hülle sonst schon außerhalb des Körpers beschädigt werden kann.

Harze und Balsame, wie Abietinsäure, Mastix, Dammar, Sandarak, dann Schellak in ammoniakalischem Alkohol, Benzoe, Tolubalsam, werden in einem leichtflüchtigen, geeigneten Lösungsmittel gelöst und die Formlinge darin gerollt, sodann getrocknet. Die Schichtdicke soll 30 bis 40 μ nicht überschreiten.

Kombinationen von Salol und Schellak, Rizinusöl und Schellak, Mastix und Magnesiumstearat bzw. Cetylalkohol sind empfohlen worden.

Der dünndarmlösliche Lack der Danica besteht aus Monoolein, Schellak und Terpineol.

In den letzten Jahren wurde auch das Gebiet der dünndarmlöslichen Überzüge von der Kunststoffseite aus bearbeitet. Die ersten Versuche wurden mit Kollodium, Azetyl- und Benzylzellulosen gemacht. Die Hüllen quellen zwar, lösen sich aber nicht.

Zelluloseesterkarbonsäuren, deren Alkalilöslichkeit mit dem Gehalt an freien Karboxylgruppen wächst und mit Weichmachern zusammen aus Azeton aufgetragene Gelatine werden in Amerika verwendet. Der Ester soll im sauren Magensaft in der unlöslichen Säureform verweilen und dort die Gelatine schützen. Im alkalischen Darm wird die Säure lösliches Salz und beide Hüllenteile verflüssigen sich. Nicht so sehr durch das Alkali als durch die Esterasen. Man verwendet vielfach auch wasserunlösliche, saure Gruppen enthaltende, im Darmalkali lösliche Mischpolymerisate, wie Vinyl-Isobutyläther, Maleinsäureanhydrid. Sie werden in flüchtigen Lösungsmitteln gelöst, im Dragierkessel auf die rollenden Dragees oder Pillen aufgespritzt. Weichmacher sorgen für Porenfreiheit und im Magen hydrophobe Öle oder eine Zuckerschicht schützen vor mechanischem Abrieb.

Die Prüfung der dünndarmlöslichen Schichten erfolgt zuerst, um überhaupt Anhaltspunkte zu gewinnen in vitro in künstlichen Verdauungssäften. In vivo kann man verschiedene Methoden anwenden. Die genaueste ist wohl die Beobachtung am Röntgenschirm, doch geben auch die Nachprüfung, das Auftauchen resorbierter, nachweisbarer Stoffe wie Gentianaviolett Anhaltspunkte.

Abb. 96. Maschine zur Herstellung von Triturationstabletten. Stundenleistung 150 000 Tabletten

In Amerika hat man radioaktives Natrium in derartigen Pillen Ratten eingegeben. Sobald die Resorption der radioaktiven Substanz mittels eines Geigerzählrohres in der Schwanzvene nachweisbar war, wurde das Tier getötet und nach der Verweilstelle der Pille gefahndet.

Beim Versilbern der Dragees benetzt man die rotierenden Kerne vorsichtig mit sehr dünner Eiweißlösung, belegt die Dragees mit einer Metallfolie und rotiert eine halbe Stunde lang. Nach dem Dragieren folgt das Polieren der Dragees, das vielfach in mit Filz bespannten bzw. beklebten Kesseln vorgenommen wird.

Man kann auch Gelatine-Kapseln, Fett- und andere Pillen dragieren. Ja, es ist durch diese Arzneiform sogar möglich, miteinander sich verflüssigende Arzneimittel, wie Azetylsalizylsäure und Amidopyrin, durch aufdragierte Schichten voneinander getrennt, in einem einzigen Dragee zu vereinigen.

Dragees sind eine gefällige Arzneiform, sie verhüllen den Geschmack und sind bequem in Weithalsgläser abzufüllen. All dies macht sie zu einer sehr wichtigen Arzneiform, in Amerika zu der drittbeliebtesten überhaupt.

Eine besondere Art von Tabletten, die sogenannten Verreibungstabletten (Disci oder Tablettae Orales NF der USA) werden mit einer einfacheren Maschine hergestellt. Sie besteht aus einer Lochplatte, die auf einer ebenen Fläche ruht und mit der zu tablettierenden feuchten Masse vollgestrichen wird. Eine weitere Platte, die genau in die Löcher passende Zapfen trägt, wird mit gelindem Druck aufgesetzt und preßt die Tabletten in den Matrizen zuerst zusammen und dann aus den Löchern heraus, ein Verfahren, das uns durch das Laden der Cachets bekannt ist. Colton hat dafür einen Automaten entwickelt.

Damit ist der maschinelle Teil der Tablettenfabrikation besprochen. Das soll nun nicht heißen, daß jeder, der diese kurze Abhandlung gelesen hat, sofort fabrizieren kann. Erfahrung und Übung sind nötig, um einwandfreie Tabletten herzustellen, man muß die Rezepte, die Arends ausgearbeitet hat, beherrschen oder sich eigene erarbeitet haben. Die Tabletten sind außerdem noch zu sortieren, zu zählen, zu verpacken und schließlich zu etikettieren. In vielen Fällen werden sie noch dragiert, sterilisiert, sie müssen noch geprüft und eingenommen werden.

8. Sterilisieren

Das Sterilisieren der Tabletten, die zur Herstellung von Subkutan-Injektionen geeignet sind, erfolgt, sofern es die Tablettenmasse, die Verpackung und die Zusatzmittel vertragen, durch trockene Luft von 150 Grad. Da diese hohe Temperatur nur in Ausnahmefällen angewandt werden kann und das fraktionierte Sterilisieren bei 50 bis 60 Grad nicht voll befriedigt, ist es am besten, man sterilisiert alle zur Tablettierung verwendeten Substanzen in Lösung oder getrennt und arbeitet dann steril weiter.

9. Prüfen

Die Tabletten sollen aus einer Höhe von 1 bis 2 Meter auf Holz, ohne zu zerbrechen, herabfallen können, das Aussehen darf zu keiner Beanstandung Anlaß geben, die Ränder müssen fest sein. Chemisch untersucht man auf die Richtigkeit der Angaben bezüglich der Art und der Menge der eingearbeiteten Medikamente.

Eine wichtige Prüfung ist die auf leichte Zerfallbarkeit. Das deutsche Arzneibuch hat keine Vorschrift zur Prüfung, wohl aber das schweizerische. Ihm zufolge müssen Tabletten zum inneren Gebrauch bei 37° in 50 ccm Wasser in 15 Minuten zerfallen oder in Lösung gehen, Tabletten, die im Munde zergehen sollen, sind von dieser Vorschrift ausgenommen. Tabletten, aus denen man Injektionslösungen herstellen kann, müssen sich klar, solche die gelöst äußerlich angewendet werden, nahezu klar lösen. Andere Arzneibücher schreiben, 10, 5, ja sogar nur 2 bis 3 Minuten Zerfallzeit vor. Die modernen Tabletten erfüllen diese Forderungen leicht, da sie meist schon in wenigen Sekunden zerfallen.

Das Schweizer Arzneibuch läßt die Prüfung auf Zerfallbarkeit in einem Kölbchen bei 37 Grad und öfterem Umschwenken durchführen.

Andere Autoren verwenden einen Drahtkorb, in dem die Tablette liegt und entweder durch auftropfendes Wasser oder unter Wasser durch Rotation zum Zerfall gebracht wird. Nach einer sehr hübschen Anordnung von Runge wird das Körbchen mit einem Waagebalken verbunden, und kann die Lösung bzw. der Zerfall so gravimetrisch exakt verfolgt werden. Nach Sperandion und Mitarbeitern ist eine Tablette dann zerfallen, wenn sie zumindest in ein solches Granulat zerfällt, wie dasjenige war, das zur Tablettierung diente. Der Verfasser zeigt einen Apparat zur Bestimmung. Unter Wasser dreht sich eine Siebtrommel, in der die Tabletten zerfallen. Das Granulat fällt durch das Sieb heraus.

10. Einnehmen

Das Einnehmen der Tabletten erfolgt nach den Vorschriften, die der Fabrikant, veranlaßt durch die Bestandteile und den Verwendungszweck, vorschreibt. Es würde zu weit führen, hier noch auf Einzelheiten einzugehen. Erinnert sei an die Perlingualtabletten, die auf der Zunge zergehen sollen, also nicht im Wasser zerfallen oder gar geschluckt werden. Dragees sind durchwegs unzerkaut einzunehmen. Die üblichen Tabletten hingegen läßt man meist im Wasser zerfallen.

X. Injektionen

Im folgenden Abschnitt ist die Herstellung von Injektionslösungen, -Emulsionen und -Suspensionen, ihr Abfüllen in Ampullen oder Sammelgefäße und die Sterilisation zu besprechen. Injektabilia sind zur Einspritzung bestimmte Arzneimittellösungen in Wasser, physiologischer Kochsalzlösung, sehr verdünnten Säuren oder Ölen, Äther oder Alkohol. Sie werden nach dem Volumen der fertigen Lösungen dosiert.

1. Arten der Injektionen nach ihrer Verwendung

Die Injektionen können in folgender Weise eingespritzt werden:

a) subcutan (unter die Haut)
b) intramuskulär (in den Muskel)
c) intravenös (in die Vene)
d) intrakardial (in die Herzhohlräume)
e) intralumbal (in den unteren Teil des Rückenmarkkanals)
f) sakral (als Unterabteilung des obigen)
g) intraneural (in den Nerv, z. B. den Ischiaticus)
h) intrakutan (in die Haut, z. B. bei Impfungen)
i) intranasal (in die Nase)

Zu diesen Injektionen im engeren Sinne kommen noch Infusionslösungen, die in gleicher Weise hergestellt, aber anders angewandt werden. Häufig sind die Injektionsarten, die unter a), b) und c) angeführt sind. Der Apotheker hat auf die Art der Injektionen im allgemeinen keinen Einfluß, er soll aber Bescheid wissen, ob die eine oder andere Art angewendet werden soll, um gegebenenfalls auf Grund der Zusammensetzung beratend zur Seite stehen zu können, denn viele Präparate können wohl subcutan, aber nicht intravenös, andere intravenös, aber nicht intramuskulär oder subcutan injiziert werden. Auf die Herstellung der Injektionslösungen hat die Anwendungsart keinen Einfluß, für alle Fälle müssen sie mit gleicher Vorsicht bereitet, abgefüllt und sterilisiert werden.

Die Herstellung der Injektionspräparate erfolgt durch Lösen löslicher, Verreiben unlöslicher und Emulgieren emulgierbarer Arzneimittel in üblicher Weise, aber unter Einhaltung peinlichster Sauberkeit und unter Verwendung von destilliertem oder bidestilliertem Wasser.

Die fertigen Injektionslösungen werden filtriert und in verschiedenen Arten von Gefäßen abgefüllt.

2. Arten der Injektionen nach der äußeren Form

Es kommen in Frage:
1. Ampullen
   a) gewöhnliche,
   b) gasgefüllte,
   c) Trockenampullen.
2. Serülen (Ampinen).
3. Große Sammelgefäße mit Gummikappen für Krankenhäuser.
4. Injektionsfläschchen mit 2 bis 25 ccm (Vials).
5. Tubonics.
6. Carpulen.
7. Tabletten zur Bereitung von Injektionslösungen.

1. **Ampullen.** Am häufigsten werden Ampullen verwendet. Es sind dies vom Apotheker Limousin eingeführte, dünnwandige Glasgefäße, die zugeschmolzen, sterilisiert und erst im Moment der Injektion vom Arzt geöffnet werden. Es wird sich erübrigen, hier die verschiedenen Formen und Größen der Ampullen an sich zu besprechen, und es kann gleich auf ihre Prüfung und Reinigung eingegangen werden.

Die Prüfung beschränkt sich auf die Untersuchung der Alkaliabgabe durch das Glas mit Phenolphtaleinlösung oder Strychninnitrat. Jenaer-Glas und die Majolen der Rotawerke, die infolge innerer Spannungen schon beim Anfeilen an der Schnittfläche aufspringen, sind alkalifrei. Ebenso die amerikanischen Pyrex-Ampullen und die dort sehr beliebten Vials.

Bezieht man die durch Automaten hergestellten, geschlossenen oder Doppelampullen, so müssen sie zuerst aufgeschnitten, getrennt werden. Dies geschieht am einfachsten mit einer Ampullenfeile, die zweckmäßigerweise in ein Brett stabil eingespannt ist und einen Anschlag aufweist, damit alle Ampullen gleich hoch sind. Dies ist inbesondere bei der Vakuumfüllung von großer Bedeutung. Am besten ist es, wenn man hierzu einen möglichst feinkörnigen, dreikantigen Karborundumstein verwendet.

Die Arbeiterin legt das Brett vor sich, zieht die Ampullen über die Feile und trennt die Doppelampulle bzw. den Kopf von der geschlossenen Ampulle ab. Es ist zweckmäßig, im Anschluß an die Trennung der Ampullen, deren scharfe Ränder kurz durch eine Gebläseflamme zu ziehen. Hierdurch werden sie abgerundet und anhaftende Splitter fixiert.

Die Ampullen werden vor dem Füllen vielfach ausgekocht und dann gewaschen. Dies kann auf verschiedene Art geschehen. In der Apotheke z. B. steckt man sie hierzu mit dem Hals nach unten in ein gelochtes Blech oder ein Maschenwerk und stellt sie so in einen Exsikkator, der bis zur halben Eintauchtiefe der Ampullen mit destilliertem Wasser gefüllt ist. Beim Evakuieren tritt die in den Ampullen eingeschlossene Luft aus, und beim Wiedereinströmen wird Wasser in das Ampulleninnere gedrückt. Durch mehrmaliges Evakuieren und Lufteinblasen werden die Ampullen gewaschen.

Eine energische Waschung wird durch Brausen von außen und innen erzielt. Die Innenspülung besorgt ein kleiner Springbrunnen, der aus einer Kanüle hervortritt und zuerst mit gewöhnlichem und anschließend mit destilliertem Wasser spült. Derartige Apparate bestehen in einfachster Form nur aus einer einzigen Kanüle, es gibt aber auch kombinierte Waschmaschinen, die auf demselben Prinzip basierend, automatisch arbeiten. Rota, Aachen, und Strunk, Köln, haben die verschiedensten Typen entwickelt. Die Type RS 1 von Strunk hat eine stündliche Leistung von 2000 Stück, die Type RSA wäscht 12 000 Stück pro Stunde. Das „Einfädeln", Ordnen und Einsetzen der Ampullen erfolgt automatisch.

Die Brewer Ampullen- und Vial-Waschmaschine des Baltimore Biological Laboratory in Baltimore arbeitet mit Zentrifugalkräften und reinigt mit einem Arbeiter 50 000 Ampullen pro Arbeitstag. Sie beruht auf der Beobachtung, daß kleine Ampullen mit verjüngtem Hals durch Zentrifugalkräfte in Bruchteilen von Sekunden gefüllt werden.

Eine andere, sehr populäre Waschmaschine ist die Perfectum. Sie wäscht äußerlich viermal und innerlich achtmal mit Wasser und gefilteter Luft (Perfectum, New York). Eine frisch aus dem Automaten angelieferte Doppelampulle ist innen selbstverständlich völlig sauber und steril. Es ist daher, sofern man jedes Eindringen von Staub und Splittern verhindern kann, das Waschen, Trocknen und Sterilisieren vor dem Füllen überflüssig. Auf Grund dieser Überlegungen hat die Firma Gold in Wien einen Apparat konstruiert, der die Trennung in die Einzelampullen in heißer Luft vornimmt. Durch die Hitze entsteht in den Ampullen ein Überdruck, der jedes Eindringen von Splittern und Staub verhindert. Der Apparat ist noch nicht sehr bekannt, die Ampullen werden deshalb auch heute noch meist gewaschen und in heißer Luft (180° C bzw. 270 Fahrenheit) sterilisiert. Um zu sehen, ob die gewünschte Temperatur überall im Trockenschrank vorhanden war, werden spezielle Termoindikatorpapiere, die bestimmte Temperaturgrenzen durch Farbumschlag anzeigen, mitsterilisiert.

Füllen der Ampullen. In den Apotheken kann man die gewöhnlichen Lösungen aus einer graduierten Bürette in Ampullen abfüllen. Andere Apparate bestehen aus einem Kölbchen, das als Reservegefäß dient, und einer zur Kapillare ausgezogenen und mit einem Gummiball abgeschlossenen Pipette. Durch Druck auf den Ball wird die Pipette luftleer, beim Nachlassen des Druckes füllt sie sich, die Kapillare wird in die Ampulle eingeführt, das Meßgefäß durch einen neuerlichen Druck entleert.

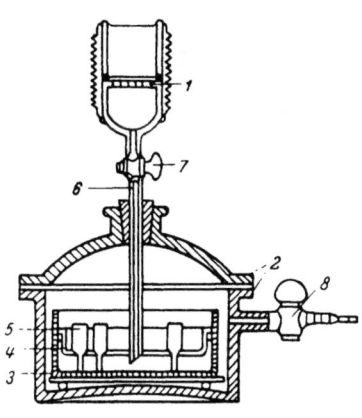

Abb. 97. Umbau eines Exsikkators zur Ampullenfüllung

1 Filter; *2* Exsikkator; *3* Einsatz mit *4* Ampullenhalter und *5* Ampullen; *6* Zulauf mit *7* Hahn; *8* Evakuierhahn

Auch die gewöhnlichen Vakuumexsikkatoren kann man sich leicht zu einem Ampullenfüllapparat umbauen (Abb. 97). Man evakuiert den mit Ampullen gefüllten Apparat, läßt die Lösung bis zu einer Marke, die man nach Vorversuchen anbringt, einströmen, und läßt durch Hahn 8 Luft oder ein Schutzgas einströmen.

Die Ampullen füllen sich durch den Luftdruck und werden mit dem Einsatz herausgenommen und zugeschmolzen. Diese Art der Ampullenfüllung läßt sich auch großtechnisch durchführen und wird so mit einer Chargenleistung von 300 Ampullen bei Merck, Darmstadt, durchgeführt.

Eine meines Erachtens recht zweckmäßige Apparatur für kleinere Betriebe ist folgende:

Aus einem Reservegefäß strömt die Lösung beim Zurückziehen eines Spritzenkolbens, an dem offenen Ventil vorbei, in eine eingebaute Spritze. Beim Vorstoßen des Kolbens schließt sich das Ventil und die Flüssigkeit tritt genau dosiert in die Ampulle. Die Apparatur kann auch mit Fußbedienung betrieben werden. Die Arbeiterin hat dadurch beide Hände frei. Man kann den Kolben auch durch einen Motor antreiben und schreibt so das Arbeitstempo vor.

In der Industrie, bei der Massenherstellung von Ampullenpräparaten, kommt man mit dieser einfachen Maschine nicht aus Eine Art der dort gebräuchlichsten Füllapparate arbeitet staubfrei, geschlossen und vollautomatisch nach dem Prinzip, das ich bei der Besprechung der Ampullenwaschung besprochen habe. Die Ampullen werden im Vakuum untergebracht. Läßt man beim Aufheben desselben Luft eindringen, so wird die Ampulle mit der Lösung und Luft gefüllt. Arbeitet man abwechselnd unter Vakuum — Stickstoff, so tritt statt der Luft Stickstoff in die nicht ganz gefüllte Ampulle ein.

Andere Apparate arbeiten so wie die eingespannten Injektionsspritzen mit dosierenden Kolbenpumpen. In ihrer größten Ausführung füllen sie die Ampullen mit der Injektionslösung und gegebenenfalls einem Schutzgas und schließen das sofort in einem Arbeitsgang.

Das einfache Zuschmelzen geschieht mittels eines Gebläses. Die Versuche, einen elektrischen Lichtbogen zu verwenden, führten zu keinem befriedigenden Ergebnis. Von Hand aus wird jede Ampulle einzeln geschlossen, und zwar entweder, indem man sie rotierend einfallen oder die Spieße auszieht und dann die geschlossene Decke zusammenfallen läßt. Bei Merck, Darmstadt, werden sie ohne Rotation und Ausziehen im Gestell durch eine Stichflamme verschlossen.

Ein halbautomatisch arbeitendes Gerät dreht die Ampullen, die von zwei laufenden Rollen langsam in Schräglage um ihre

Längsachse gedreht werden, so daß der Kegel eines Leuchtgas-Sauerstoff-Gebläses gerade an der Stelle auftritt, wo sie zugeschmolzen werden sollen. Die Bildung einer nach außen halbrunden Kuppe erfolgt dadurch, daß die im Inneren der Ampulle befindliche, erwärmte Luft das weiche Glas der zusammengefallenen Spießenden nach außen drückt, solang die Ampulle luftdicht verschlossen, die Kuppe aber plastisch ist. Dieser Moment ist derjenige, in dem die Ampulle luftdicht geschlossen und fortgerissen werden muß, anderenfalls bläst die Innenluft in den Kopf der Ampulle ein Loch und zerstört sie.

Ein leistungsfähiges Gerät (2700 Stück

Abb. 98. Ampullenfüllgerät von Strunk in Köln. Leistung pro Stunde 2700 Füllungen, auf Wunsch Arbeit unter Schutzgas möglich

pro Stunde), das füllt und schließt, stellt Strunk und Co., Köln-Ehrenfeld, her. Andere Vollautomaten von Marzocchi, Mailand, stoßen 1200 Ampullen pro Stunde aus.

Die Maschine FMA von Strunk (Abb. 98) füllt und schließt jeweils gleichzeitig 3 Ampullen und zentriert sie selbsttätig nach der Spießmündung, so daß selbst Ampullen mit azentrischen Spießen sicher gefüllt werden, ohne daß die Füllnadel die Wand berührt.

Die Dosierpumpen arbeiten ventillos, ihre Sterilisation ist hiedurch vereinfacht und das Zuschmelzen erfolgt unter gleichzeitigem Anziehen des Spießes, so daß die Bildung von Kapillaren sicher verhindert wird.

Um zu kontrollieren, ob die Ampullen alle dicht zugeschmolzen sind, werden sie in einer Methylenblaulösung untergetaucht, dann wird evakuiert. Nach Aufheben des Vakuums bleibt der Inhalt der dichten Ampullen unverändert, die undichten hingegen werden durch die eindringende Farbstofflösung blau.

Die Trockenampullen, in denen die Injektionslösung vor dem

Verbrauch frisch bereitet wird, enthalten das Arzneimittel in Pulverform und sind evakuiert. Die Iso-Trockenampullen sind hantelförmig, in der einen Abteilung befindet sich das Pulver, in der anderen das Lösungsmittel, dem durch das Öffnen eines Ventils vor dem Verbrauch der Weg zum Pulver, das im Vakuum aufbewahrt wurde, freigegeben wird.

2. Serülen und Venülen. Die Serülen enthalten Serum und stellen die Kombination einer Serumampulle mit einer Injektionsnadel dar. Sie sind nur zum einmaligen Gebrauch bestimmt und gestatten auch bei ungünstigen Verhältnissen, ohne jede Vorarbeit, eine sofortige sterile Injektion.

Man entfernt den Schutzbehälter der Nadel, sticht ein und öffnet durch leichten Druck bei auf dem Kopf stehender Serüle das durch den Gummistopfen, an den das innere Nadelende luftdicht angepreßt war, gebildete Ventil. Das Gas oberhalb der Flüssigkeit besitzt einen Überdruck und injiziert das Serum selbsttätig. Ähnlich gebaut sind die Ampinen der Strong Cobb Corp. in Amerika. Die Venülen sind evakuierte Serülen, die aus der Vene Blut (zur Untersuchung) heraussaugen.

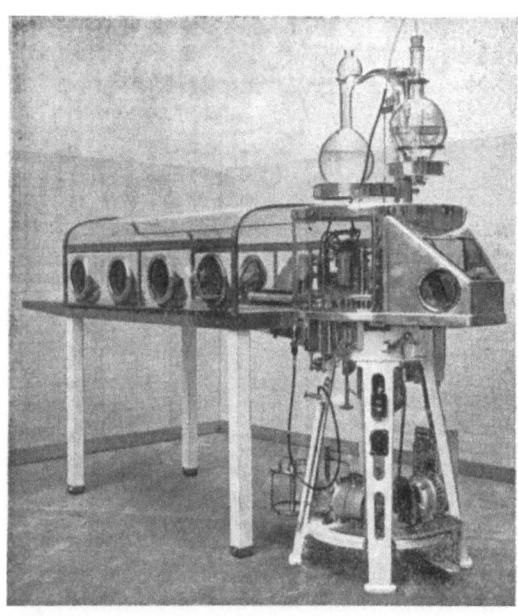

Abb. 99. Flaschenfüllmaschine der Firma Marzocchi, Mailand. Man füllt stündlich 1400 Fläschchen zu 5 bis 10 ccm. Die Löcher, durch die die Hände des Bedienungspersonals in den „Schrein" eingeführt werden, sind deutlich erkennbar

3. In großen Krankenhäusern haben sich die Sammelgefäße für immer wieder gebrauchte Injektionen trotz vielfacher Bedenken der Hygieniker nicht verdrängen lassen. Es sind dies Weithalsgläser, die mit einer Gummimembran verschlossen sterilisiert werden. Der Verschluß, der auch dickwandig sein kann und

dann geschlitzt ist, damit die Nadel durchdringt, wird im Normalfall vor der Injektion durchstoßen. Auch die mit einer Membrane verschlossenen kleinen Flaschen mit Insulin, aus denen man einmal viel und einmal wenig Insulin aufzieht, gehören, streng genommen, zu diesen Sammelgefäßen.

4. Durch die Antibiotika haben sie als Vials ungeahnte Bedeutung erhalten.

5. **Tubonics** sind kleine Zinntuben mit angelöteter Nadel. Man entfernt die Nadelschutzhülle, ähnlich wie bei den Serülen, sticht ein und drückt die Tuben leer. Die Tubonics sind also für kleine Mengen von 1 bis 2 ccm das, was die Serülen für große Dosen sind.

6. **Carpule.** Eine Carpule ist ein Glasröhrchen, das eine

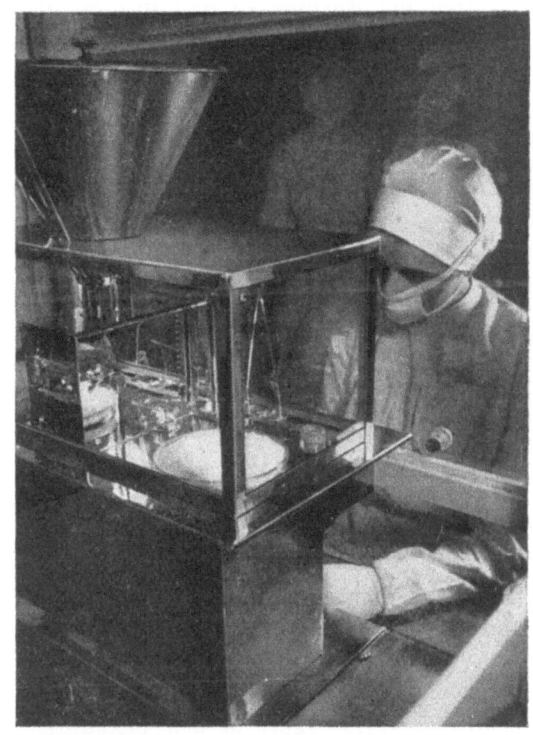

Abb. 100. Steriles Abfüllen von Pulvern in Vials. Die Waage steht in einem „Schrein", einem „aseptic Cabinet" aus Plexiglas

Injektionslösung enthält und beiderseits mit Gummistopfen verschlossen wird.

Zur Verwendung der Carpulen, die hauptsächlich von Zahnärzten gebraucht werden, sind Spezialnadeln und Spezialspritzen erforderlich. Der rückwärtige Teil der Spritze ist durch einen Bajonettverschluß abgeschlossen oder abknickbar und wird mit der Carpule, deren dickerer, innen aber hohler Stopfen vorn liegen muß, geladen. Die den Kolben der Spritzen bewegende Stange, durch die der massive Stopfen in die Carpule gedrückt wird, ist graduiert. Dadurch kann die zur Injektion gelangende Menge genau eingestellt werden. Die an beiden Enden scharfe Nadel wird in den Spritzenkopf eingespannt, das kurze Ende durchbohrt die Aussparung im Gummi und der Stempel drückt solange aus der Carpule die Injektionslösung heraus, bis die Stempelstange auf die vorher eingestellte Arretierung stößt.

Durch die Antibiotika und Insulin, die größtenteils in kleine, mit Gummimembran verschlossene Fläschchen gefüllt werden, veranlaßt, wurden diesbezügliche Füll- und Schließmaschinen (Schubert, Kopenhagen, Marzocchi, Mailand) entwickelt (Abb. 99 bis 101).

Abb. 101. Automatische Waage, auf 1 mg genau wiegend. Zur sterilen Abfüllung von Pulvern. Hersteller: Marzocchi, Mailand

Feste Pulver werden im Großen, in Vials durch den Accofil-Pulver-Füller, der bei Lederle entwickelt wurde, abgefüllt.

Die Pulver werden durch Vakuum angesaugt, in Meßzylinder geladen und mit Preßluft aus dem rotierenden Zylinder in das nahegebrachte Gefäß getrieben. Die Accofil-Apparatur läuft in den bekannten aseptischen Schreinen, die vom Bedienungspersonal durch zentimeterdicke Wände aus Plexiglas getrennt sind. Die Hände werden durch Löcher gesteckt und sind durch Handschuhe von der Atmosphäre der eigentlichen Füllung getrennt.

3. Sterilisation

Über die Sterilisation von Arzneimittellösungen im Apothekenbetrieb ist von Stich, dem wir eine Monographie verdanken, von Dietzel, Sabalitschka, Kaiser und anderen verhältnismäßig viel gearbeitet und veröffentlicht worden. Darüber hinaus geben die neueren Arzneibücher zum Unterschied von älteren, wie dem deutschen, genauere Anweisungen, wie die einzelnen Wirkstoffe, die sich ja recht verschieden verhalten, insbesondere thermolabil sein können, zu behandeln sind.

Unter Sterilisation eines Gegenstandes versteht man dessen völliges Keimfreimachen. Nach erfolgter Durchführung des Verfahrens dürfen auf und im Gegenstand weder lebende Keime, noch Dauerformen nachzuweisen sein. Die Desinfektion erreicht dies Ziel nicht.

Desinfizieren heißt, einen Gegenstand mit einem Mittel behandeln, das die Keime für die Dauer seiner Einwirkung abtötet, die Sporen aber nur in Ausnahmefällen und erst nach langer Zeit beeinflußt.

Die Sterilisation kann erfolgen durch:
1. Ausglühen,
2. Heißluftbehandlung,
3. Dampfeinwirkung, Kochen, strömenden Dampf, Überdruckdampf,
4. Pasteurisieren,
5. Tyndallisieren,
6. Sterilisation durch Filtrieren mit keimundurchlässigen Filtern,
7. Zusatz von Antisepticis,
8. Sterile Herstellung,
9. Ultraviolett-Licht-Bestrahlung,
10. Hochfrequenz-Bestrahlung.

Welches Verfahren angewandt wird, schreibt die Art des Sterilisiergutes vor. Der Apotheker findet in seinen Spezialwerken und den neuen Arzneibüchern Hinweise, ob die Substanz thermolabil ist oder nicht, ihm wird darin auch die empfehlenswerteste Sterilisiermethode genannt.

Durch Ausglühen sterilisiert man vollkommen verläßlich. Das Verfahren ist aber nur beim Natriumchlorid anwendbar. Die Heißluftbehandlung wird in speziell hergestellten Heißluftkästen oder in Trockenschränken bei einer Temperatur von 180 bis 190 Grad durch eine, oder bei 160 Grad in zwei Stunden durchgeführt. Manche Firmen erhitzen, um pyrogene Substanzen auszuschalten, auf 300 Grad. Bei großen Gegenständen muß berücksichtigt werden, daß insbesondere, wenn es sich um schlechte Wärmeleiter handelt, die inneren Teile diese Temperatur erst nach einer bestimmten Zeit erreichen. Die „Anlaufzeit" muß natürlich von der Sterilisationsdauer abgezogen werden. Die Methode ist insbesondere zur Sterilisation von leeren Gefäßen, Metallgegenständen u. dgl. geeignet.

Die Dampfsterilisation ist zur Zeit die wichtigste und auch verhältnismäßig am häufigsten anwendbare Methode. Zur Sterilisation, also zur Koagulierung des Bakterieneiweißes, ist nach den neueren Ansichten und Untersuchungen die Temperatur von 120 Grad und die Einwirkungszeit von mindestens 8 Minuten erforderlich. Bei 120 Grad besitzt der Dampf eine Spannung von ungefähr 2 Atmosphären, so daß die hiefür nötigen dampf- oder gasgeheizten Apparate autoklavenartig (Sikotopf) gebaut sein müssen. In die Apparate sind Gestelle zur Aufnahme der Gefäße hineingestellt.

Das Deutsche und Schweizer Arzneibuch schreiben die Sterilisation bei 105 Grad vor. Diese Temperatur, ferner das Erhitzen im strömenden Dampf, durch den die Luft entfernt wird, und das Kochen genügen zur Abtötung der lebenden Bakterien, töten die Sporen aber erst nach vielen Stunden ab.

Thermostabile Substanzen, wie Anästhesin, Atropin, Ephedrin, Morphin, Strychnin, Cardiazol, Harnstoff und mehrere andere können auf diese Weise sterilisiert werden, wenn auch in vielen Fällen besondere Regeln einzuhalten sind. Morphin z. B. muß unter Ausschluß von Sauerstoff erhitzt werden, Scopolamin wird erst durch Zusatz von Mannit oder Bromwasserstoffsäure thermostabil, Adrenalin ist besonders alkaliempfindlich und Strophantin soll in CO_2-Strom sterilisiert werden.

Thermolabile Stoffe müssen pasteurisiert oder besser tyndallisiert werden. Unter Pasteurisieren versteht man das einmalige Erhitzen auf 60 bis 70 Grad. Dadurch werden zwar die lebenden Bakterien, nicht aber die Sporen abgetötet.

Das Tyndallisieren ist langwierig. Man erhitzt durch 4 bis 7 Tage die Arzneimittel 1 bis 2 Stunden lang auf 70 bis 80 Grad und hebrütet in der Zwischenzeit bei 30 Grad. Beim ersten Erhitzen werden die lebenden Erreger abgetötet, in der Zwischenzeit keimen die Sporen aus; sie werden beim zweiten Erhitzen abgetötet. Nach 7 Tagen dieses Wechsels sind die letzten Sporen ausgekeimt und als Erreger abgetötet.

Eine neuere Art erhitzt durch $1/2$ Stunde in je 4 Tagen auf 100 Grad und verwahrt in der Zwischenzeit bei 15 bis 20 Grad.

Noch empfindlichere Substanzen kann man überhaupt nicht erwärmen. Um sie keimfrei zu machen, werden sie, obwohl die Filter einige Krankheitserreger, wie Viren, durchlassen, in praktisch ausreichendem Maße durch Filtration entkeimt. Dieses Verfahren, das in der Industrie vielfach angewandt wird, kann mittels der Berkefeldfilter, der Jenaer Bakterien-Glasfilter, der Seitzfilter nach Uhlenhut und Manteufel und anderer Apparate erfolgen. Die Seitzfilter erfüllen die Hauptanforderungen unbedingter Keimfreiheit, genügende Mengenleistung und Schonung des Serumtiters. Sie alle können in kleinsten und größten Ausführungen (letzte nach Art der Filterpressen 60×60 gebaut) bezogen werden. Sie entkeimen, wogegen die Komet-, Theorit- bzw. K-Filter zur Klärung dienen.

Die Seitz-Filterschichten bestehen aus einem etwa 4 mm starken Gefüge von Zellstoff- und Asbestfasern. Die letzteren sind etwa hundertmal kleiner. Dies erklärt die andersgeartete Filterwirkung gegenüber normalem Filterpapier.

Es gibt verschiedene Sorten, die nach folgendem Schema verwendet werden:

EK-Schichten: Zur Herstellung keimfreier und haltbarer Obst-, Pflanzen- und Beerenauszüge, Galenika, Sirupe u. dgl.

EKS-Schichten: Zur Herstellung eines keimfreien und pyrogenfreien destillierten Wassers und Alkohols, wässeriger Injektionslösungen (ohne kolloidale Komponenten), Augentropfen u. ä.

EKS-I-Schichten: Wässerige Injektionslösungen mit kolloidalen Begleitstoffen, Eiweißlösungen, Plasma, Seren, Blutersatzflüssigkeiten.

EKS-II-Schichten: Insbesondere für Seren, im übrigen mit gleichem Anwendungsbereich wie EKS I.

Für die normalerweise im Apothekenbetrieb vorkommenden Arbeiten werden demnach am zweckmäßigsten die Seitz-EKS-Schichten verwendet.

Kolloide und grobteilige Verunreinigungen verstopfen die Filterschichten und belasten die oberflächenaktiven Kräfte, so daß eine Vorfiltration am Platze ist.

Die Filtrationsgeschwindigkeit hängt in hohem Grade von der Viskosität der Lösung ab. Darüber hinaus ist sie dem angewandten Druck proportional.

Mit Vakuum als „Motor" kann man daher nur weniger erwarten als vom Druck. 2 atü filtrieren doppelt so schnell als Vakuum. 2 atü und Vakuum zusammen dreimal so schnell als Vakuum allein.

Die Sterilisation der kleineren Filter erfolgt in Autoklaven, durch größere Aggregate wird Dampf geblasen.

Die Filtrationssterilisation durch Seitz-Kerzen oder mikroporöses Porzellan der Selas Corporation of Amerika ist dort populärer als bei uns. Um die Auswechslung der Filterkerzen weniger häufig durchführen zu müssen, werden die Lösungen in manchen Betrieben durch das Vorschalten von normalen Filtern vorfiltriert.

Bei der Hitzesterilisation werden die Dauer und die Temperatur kontrolliert. Darüber hinaus wird ein Hitzeindikator zugefügt, der bei der erreichten Temperatur von blau auf rot umschlägt.

Die Sterilisation durch Zusatz von Desinfizientien ist unvollkommen, da die meisten Mittel in Konzentrationen, in denen sie sicher wirken, als Gewebegifte zu Schädigungen an der Injektionsstelle führen. Zur Anwendung kommen Phenol, Salizylsäure, Sublimat und Guajakol.

Das Katadynverfahren, im Verein mit der Sterilisation durch Filterkerzen, hat sich zur Sterilisation von Injektionslösungen gut bewährt. Für sich allein reicht es nicht aus, um die hohen Anforderungen zu erfüllen. Es beruht darauf, daß kleinste Metallmengen, es handelt sich insbesondere um Silber, in der Lage sind, verschiedene, aber nicht alle Bakterien, abzutöten. Die Katadynsterilisation wird in eigens für diesen Zweck gebauten Geräten durchgeführt.

Die Sterilisation durch Bestrahlen mit Ultraviolettlicht, ein Verfahren, das in der Lebensmittelkonservierung Bedeutung besitzt, hat nun auch in die Pharmazie Eingang gefunden. Bekanntlich wird die Frischluft entkeimt und mit leichtem Überdruck in die Ampullierräume gedrückt. Dies geschieht, damit beim Öffnen der Türen ein Zug mit steriler Luft nach außen und nicht umgekehrt mit unsteriler Luft ein Wirbel nach innen erzeugt wird. Trotzdem ist die Luft dann überall dort, wo Menschen leben, nicht völlig steril. Man füllt daher unter kleinen Glaskästen und schirmt das Beatmen ab oder arbeitet mit Masken. In beiden Fällen hilft hier die Luftentkeimung mit UV-Lampen wie z. B. den Sterisol-Lampen Hanau. Sie töten pathogene Keime (auch Sporen), Pilze, Hefen und Viren, insbesondere mit dem Spektralbereich 240 bis 280 mµ. Die zur Abtötung erforderliche Dosis liegt zwischen 0,5 und 1,5 mWsec/ccm. Die Abtötung gelingt einwandfrei, wenn die Kleinlebewesen frei in der Luft schwebend bestrahlt werden. Die Strahler werden in den verschiedensten Formen geliefert. Als Hängelampen, die nach oben, unten oder überallhin strahlen, als Wand- und Stativlampen. Hanau gibt Tabellen heraus, denen zufolge man den Bedarf an Strahlungsmenge für jeden Raum, ob groß oder klein, mit vielen oder wenig Menschen belegt, sofort errechnen kann.

In Abb. 102 sieht man an der Decke die Sterisollampen, links unten sieht man die glasverdeckten Tische, unter denen die Abfüllung vor sich geht.

Abb. 102. Sterisollampen (durch Pfeile gekennzeichnet) in einer Penicillinfabrik

Die dauernde UV-Licht-Bestrahlung beeinflußt Augen und Haut, Schutzmasken und Brillen sind daher nötig.

Bereits gefüllte Ampullen kann man mit UV-Licht nicht sterilisieren, da das Ampullenglas dagegen undurchlässig ist. Neue UV-Lampen (Hanau), die nach Art eines Tauchsieders gebaut sind, ermöglichen die Sterilisation in Flaschen und Kolben (Abb. 103).

Die Sterilisation durch Hochfrequenzwellen erscheint aussichtsreich, steckt aber noch in den Kinderschuhen. Vor der Sterilisation sind die verschiedenen optischen, nach der Sterilisation die biologischen Prüfungsmethoden einzuschalten.

Die Prüfung auf Dichtigkeit der Ampullen erfolgt, wie schon erwähnt, in Methylenblaulösung.

Die Untersuchung auf Schwebstoffe, die von der Ampullenseite her oder auch, trotz sorgfältigster Filtration, von den Papier- und Entkeimungsfiltern herrühren können und ausgeschaltet werden müssen, geschieht mittels einer starken künstlichen Lichtquelle, die abgedeckt, um den Untersucher nicht zu blenden, dunkle Schwebeteilchen gegen einen hellen und helle gegen dunklen Hintergrund erkennen lassen.

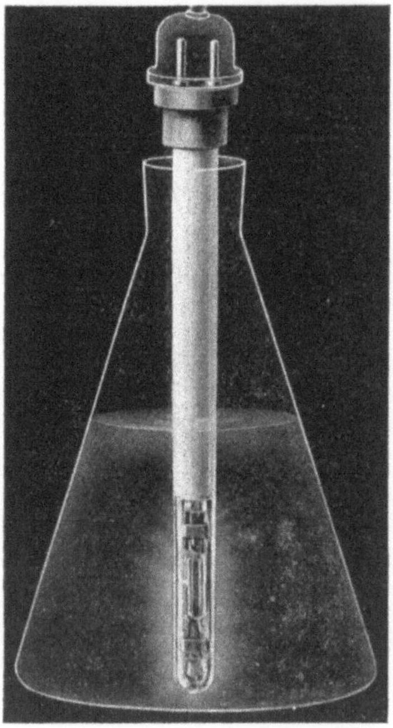

In Amerika prüft man auf dieselbe Weise, doch wird gegenwärtig ein Apparat ausgearbeitet, der diese Untersuchung ohne Zutun von Menschen vornimmt. In ihm rotieren die Ampullen langsam, und das von den Fremdteilchen reflektierte oder adsorbierte Licht wird durch ein Linsensystem auf Selenzellen übertragen, die jede Abweichung von der Norm sofort durch die Ausschaltung der zweifelhaften Ampulle beantworten. In der gegenwärtigen Form ist dieser Apparat zu empfindlich, er scheidet praktisch alle Ampullen aus.

Ein Großteil der Schwebeteilchen kann durch Glasfritten, die unmittelbar vor der Abfüllvorrichtung eingebaut werden, ausgeschaltet werden. Eine weitere Prüfung auf pyrogene Beimengungen, die im Tierversuch (Kaninchen) erfolgt, wird sodann angestellt. Die pyrogenen Substanzen werden durch die Verwendung frisch destillierten Wassers, Aufbewahren desselben bei 80^0, und schnelles Arbeiten ausgeschaltet.

Abb. 103. Hanauerlampe in Stabform zur Sterilisation von Flüssigkeiten

Jede einzelne Ampulle soll durch aufgeklebte Etiketten oder Aufdruck signiert werden. Der einfachste Druckapparat Rejafix (Wien) nimmt den Druck vom Klischee durch eine Walze ab und drückt ihn auf eine ebene Gummiplatte, von wo er von der von Hand darübergerollten Ampulle abgelöst wird. Automaten und Halbautomaten arbeiten schneller, aber nach demselben Prinzip.

Die Ampullier-Abteilung soll in einem Gebäude oder einem Stockwerk vom übrigen Betrieb abgetrennt sein. Besucher sollen, wenn überhaupt, nur durch mit Glaswänden abgetrennte Gänge geführt werden. Der Eintritt zu den Ampullenräumen erfolgt durch eine Schleuse, die Fenster sind doppelt und mit rostfreien Stahlrahmen versehen, damit sie mit Desinfizienzien abgewaschen werden können.

Das Personal zieht sich im Vorraum um. Lockendrapierte, neckische Häubchen sind abzulehnen, denn die Kleidung soll sich durch nichts von der des Chirurgen unterscheiden. In den meisten Fällen wird das Schuhwerk nicht gewechselt. Nur manche Betriebe stellen Spezialschuhe, die in einem Falle durch ständige UV-Bestrahlung keimfrei gehalten werden. bei. Die Kleider werden in üblicher Weise sterilisiert.

g) Injektions-Tabletten. Tabletten, aus denen man sich Injektionslösungen selbst bereiten kann, sind im Handel. Ihre Herstellung macht keine Schwierigkeiten, wohl aber die Sterilisation. Die beiden Brüder A r e n d s, denen wir ein Buch über die Tablettenfabrikation verdanken, empfehlen die Hitzesterilisation bei 150° und überall dort, wo diese nicht vertragen wird, das fraktionierte Keimfreimachen durch täglich 1 bis 2 Stunden in der Zeit von einer Woche. Dieses Verfahren führt nicht sicher zum Ziele. Da heute die Subkutantabletten namhafter Firmen steril sind, so werden bei ihrer Herstellung Sterilisationsverfahren benützt, die nicht veröffentlicht werden. Sollte ein Apotheker mit dieser Arbeit in einem Großbetrieb betraut werden, so werden ihm die dortigen Methoden zur Verfügung gestellt werden. Meist wird unter sterilen Bedingungen gearbeitet werden.

XI. Suppositorien

1. Definition

Suppositorien oder Stuhlzäpfchen sind walzen-, kegel- oder kugelförmige Zubereitungen, die aus einer bei Zimmertemperatur festen, bei Körpertemperatur schmelzenden Masse bestehen und zur Einführung in den Mastdarm oder in die Scheide bestimmt sind. Als Grundmasse ist, wenn nichts anderes vorgeschrieben, Kakaobutter zu verwenden.

Diese Definition des deutschen Arzneibuches ist in zweierlei Richtungen bemerkenswert. Zunächst umfaßt sie nicht nur die

Suppositorien im engeren Sinne, sondern auch die Vaginalkugeln, die aus denselben Grundstoffen bestehen, aber anders geformt sind. Die Forderung, daß Stuhlzäpfchen bei Körpertemperatur schmelzen, ist heute nicht mehr aufrecht zu erhalten, da es jetzt Suppositorienmassen gibt, die nicht schmelzen, dafür aber wasserlöslich sind.

Die Therapie mit Suppositorien im engeren Sinne soll entweder lokal den Darm beeinflussen oder die zugefügten Medikamente nach erfolgter Resorption zur Wirkung bringen. Man erzielt mit dieser Arzneiform und den Mikroklysmen zwar keine quantitative, aber eine ziemlich rasche Wirkung, was insbesondere bei Herz- und Kreislaufmitteln erwünscht ist. Grund dafür ist die Tatsache, daß die Vena cava inf., die die resorbierten Medikamente transportiert, ohne die Leber zu passieren, in das rechte Herz mündet. Die Leber wird natürlich nur beim ersten Umlauf des Blutes ausgeschaltet, beim zweiten und allen folgenden Umpumpen des mit dem Arzneimittel beladenen Blutes wird sie passiert, die Entgiftungswirkung dieses Organes ist daher bei den Suppositorien nicht etwa ausgeschaltet, sondern nur verzögert.

Die Suppositorien können in dreierlei Arten und mit den verschiedensten Grundstoffen hergestellt werden.

Wir wollen uns zuerst den Grundstoffen zuwenden, da von ihnen weitgehend die Bereitungsart abhängt.

2. Grundstoffe

Als solche kommen in Frage:

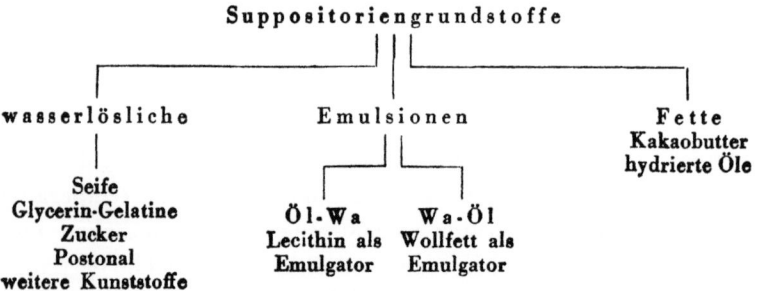

Wir wollen nun die einzelnen Grundstoffe kurz besprechen. Seifensuppositorien sind aus einwandfreiem Rohstoff zu bereiten und sollen nur lokal wirken. Die Seife geht zum Teil in Lösung, reizt die Darmschleimhaut und ist so in der Lage, zuerst durch den Darmreiz und dann als Gleitmittel abführend zu wirken. Wie schon erwähnt, die Zäpfchen müssen aus bester Seife bestehen. Ich verweise hierauf besonders, da mir ein sehr lehrreicher Fall in Erinnerung ist. Im Jahre 1944 waren keine Seifenzäpfchen zu bekommen. Eine findige Mutter schnitzte daher aus einem Stück Rif-Seife ein Zäpfchen und führte es einem Kleinkinde ein. Schwerste Reizungen waren die Folge. Man schrieb die Schädigungen dem Kaolin zu, doch lagen die Ursachen verwickelter. Ein Großteil der Rif-Seife war damals nämlich überhaupt keine echte Seife, sondern ein Waschmittel aus Kaolin und dem sogenannten Mersol, das durch Chlorieren und Sulfonieren von Paraffinen in Leuna gewonnen wurde. Die Wirkung des Zäpfchens war also die eines Sulfonates, eines für die Schleimhaut gegenüber der Seife weitaus gefährlicheren Stoffes.

Milder als Seifen wirken Glyzeringelatinezäpfchen, die in Ausnahmefällen überall dort, wo keine Reaktion zwischen dem Wirkstoff und der Gelatine zu erwarten ist, auch als Medikamententräger verwendet werden können.

Suppolan der Excorna, Mainz, ist ein gießbares, nicht preßbares Gemisch von Paraffinen, Zelluloseglycolat und Lecithin. Zum Pressen ungeeignet liefert es mit Wasser der Öl/Wa-Typ

Stadasupol ist ähnlich zusammengesetzt. Stadimol hingegen ist ein Glyzeridgemisch der Imhausenwerke, das zur Stadarezeptur empfohlen wird.

Cebes 37 der Aarhus Oliefabrik in Dänemark wird von Soos günstig beurteilt. Der Hauptvorteil liegt bei diesem Präparat und bei der Imhausenmasse im Fehlen der „unstabilen Phase". Diese wirkt sich bekanntlich bei der Kakaobutter so ungünstig aus.

Lasupol der deutschen Hydrier-Werke ist ein Phtalsäureester höherer Alkohole wie z. B. Cetylalkohol, es ist zum Gießen und Formen geeignet, zum Pressen ungeeignet, ergibt Wa/Öl-Emulsionen und schmilzt bei 34 bis 38 Grad.

Suppositol von Wetz, Hamburg, schmilzt bei 34 bis 47 Grad. Es handelt sich um gehärtete Fette, die ungefähr gleich viel Wasser aufnehmen wie Kakaobutter, aber schwerer emulgierten. Zum Formen und Pressen ist es ungeeignet, zum Gießen verwendbar.

Zäpfchenmasse A und B der Edelfettwerke Hamburg-Eidelstedt sind Glyzeride, die durch Monoglyzeridzusatz zu Öl/Wa- bzw. gießbaren Wa/Öl-Emulsionen verarbeitbar sind.

Die Suppositorienmasse Imhausen besteht gleichfalls aus gehärteten Fetten. Sie emulgiert (Wa/Öl) gut und läßt sich formen und gießen, aber nicht pressen. Der Schmelzpunkt liegt bei 34 bis 35 Grad und der Gießpunkt bei 45 Grad.

Das Postonal wurde als Ersatz für die Kakaobutter eingeführt, es ist ein Polyäthylenoxyd, das zwar erst bei 55 bis 60 Grad schmilzt, aber infolge seiner Wasserlöslichkeit zugesetzte Wirkstoffe zur Resorption bringt.

Postonal W ist niederer polymerisiert und schmilzt bei 50 Grad. Seine Haltbarkeit ist gleich der des Postonal unbeschränkt. Es eignet sich zum Formen, Pressen und Gießen gut. Die Gießtemperatur von 55 Grad ist um 10 Grad niederer als die des Postonals, es erstarrt aber infolge des niederen Schmelzpunktes langsamer. Gleich den als Zäpfchenmasse gleich brauchbaren Carbowachsen sind die Postonal- und anderen Polyäthylenoxydwachse mit Salizylsäure, Silbersalzen, manchen Sulfonamiden und Gerbstoffen unverträglich.

Suppogen der Anorgana, Gendorf, und Suppogen ON sind gleichfalls Polyäthylenoxydpolymerisate. Ihr Schmelzpunkt von 57 bzw. 37 Grad und ihre unbeschränkte Haltbarkeit machen insbesondere die Marke ON, das gegossen und gepreßt werden kann, universell brauchbar. Die Marke O ist nicht form- und preßbar.

Neben diesen Substanzen, die dem Apotheker auch in geraspelter Form zur Verfügung stehen, sind in der Patentliteratur auch andere Kunststoffe, Amide und zuckerartige Körper als wasserlösliche Zäpfchengrundstoffe beschrieben worden. Da sie zwar als Bestandteile von fertigen Zäpfchen (der Firmen Ciba, La Roche, Knoll) im Handel sind, aber nicht als Grundmassen zur Herstellung anderer Zäpfchen zur Verfügung stehen, interessiert ihre Zusammensetzung nicht so sehr wie die der handelsüblichen Massen.

Die verschiedenen Grundlagen haben divergierende Eigenschaften, die bald hier, bald dort den Einsatz als besonders zweckmäßig oder unzweckmäßig erscheinen lassen. Der Apotheker, der Industrieapotheker, wird entscheiden müssen, wo diese oder jene Masse einsatzfähig ist. Hiezu ist z. B. der Erweichungsgrad nach Büchi und Oesch geeignet.

Die weitaus bekannteste Zäpfchengrundlage ist die Kakaobutter, ein Triglyzerid, das bei Zimmertemperatur relativ fest, ja beinahe spröd ist. Sie schmilzt als einziges Naturfett infolge ihrer Zusammensetzung günstig bei 30 bis 35 Grad, ohne vorher wesentlich zu erweichen

Nachteilig ist die beschränkte Haltbarkeit, Kakaobutter wird ranzig. Sie läßt sich formen, pressen und gießen und liefert mit Wasser emulgiert Wa/Öl-Emulsionen.

Die Resorption der Wirkstoffe, die in die Kakaobutter-Suppositorien eingearbeitet sind, ist verhältnismäßig schlecht, man gibt daher höhere Dosen als per os und trachtet, durch ihre feine Verteilung die Resorptionslage zu verbessern. Dies gelingt nur im beschränkten Umfang, denn der Hauptgrund für die langsame und schwache Aufsaugung ist einerseits das Fettmilieu und die nur geringe Feuchtigkeitsmenge, die im Rektum zur Verfügung steht. Die Fette zerfließen zwar im Darm; zu einer feinen Verteilung in der wässerigen Phase, der Grundbedingung für die Fett- und Medikamenten-Resorption, kommt es aber bei den Medikamenten nur langsam, sie sind vom Fett umhüllt und bleiben großenteils darin, denn es fehlen in diesen tiefen Darmpartien die chemischen und mechanischen Verseifungs- und Emulgierhilfen. Man hat daher versucht, durch die Applikation von Lösungen, die in die Zäpfchenmasse hineinemulgiert sind, bessere Bedingungen zu erzielen. Rapp, der sich hiermit als erster beschäftigte, hat sich große Verdienste in dieser Angelegenheit erworben, verfiel aber auf das Wollfett als Emulgator, eine recht ungünstige Wahl. Das Wollfett enthält zunächst freies Cholesterin, das bei der Herstellung von Digitaliszäpfchen aus dem hochkonzentrierten Infus Fällungen geben könnte, und außerdem ist das Wollfett ein schwer verseifbares Wachs, das die Emulsionspartikeln umhüllt und aus dieser Umklammerung nicht herausläßt. Die Form der Wa/Öl-Emulsionen hat bezüglich der Lagerung sicher bedeutende Vorteile, die aber durch den Nachteil der erschwerten Resorption zumindest aufgehoben wird.

Die Emulsionsform, aus der leichter resorbiert wird, ist die Öl-in-Wasser-Emulsion. Der geeignetste Emulgator hiefür ist zweifellos das Lecithin, das in letzter Zeit auch in dieser Richtung schon Bedeutung erlangt hat. Auch verschiedene Mono- und Di-Ester mehrwertiger Alkohole (Glyzerin, Pentaerytrit, Sorbit) aus der Reihe der Spans und Tweens sind brauchbar.

3. Herstellungsmethoden

Nachdem wir nun die Grundstoffe der Suppositorien kennen lernten, wollen wir uns den Herstellungsmöglichkeiten zuwenden. Es stehen, wie schon erwähnt, 3 Methoden zur Verfügung.
 a) Preßmethode,
 b) Gießmethode,
 c) das Füllen von Hohlformen.

a) Preßmethode. Die Preßmethode beruht darauf, daß die geraspelte Kakaobutter durch den Druck oberflächlich schmilzt und als gleitfähige Masse durch Kanäle in Formen gepreßt werden kann. Das Prinzip der Preßformen zeigt Abb. 104. Ein Zylinder

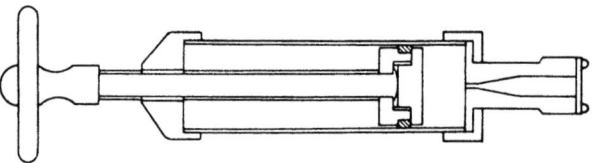

Abb. 104. Suppositorienpresse

wird mit der Kakaobutter-Medikamentenmischung gefüllt. Ein Kolben drückt nun diese Masse durch einen engen Kanal in die aufklappbare Form, in der die Masse, da hier der Druck wieder schwächer wirkt, erstarrt. Die Form wird dann geöffnet und entleert. Alle, die einfachen in der Abb. 105 wie auch die kompliziertesten Maschinen, beruhen auf diesem Prinzip. Da z. B. häufig mehrere Suppositorien gepreßt werden sollen, ist an dem Kopf der Spritze eine Trommel, ähnlich wie bei den alten Trommelrevolvern angebracht. Sie enthält 3 bis 6 bis 12 Formen und die Fortsetzungen der Kanäle. Durch Drehen der Trommel wird nach der Füllung der ersten Matrize die zweite und dann die anderen mit ihrem Kanalfortsatz vor den Spritzenkanal gebracht.

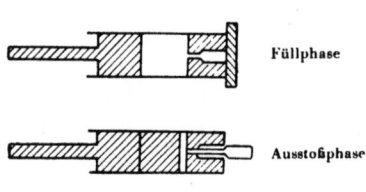

Abb. 105. Preßform

Eine Umdrehung des Handrades füllt dann diese Form, die nächste, bis alle gefüllt sind. Der Transport der Trommel kann von Hand aus bis zur nächsten Arretierung erfolgen, er kann auch automatisch gesteuert werden. Der Kolben wird durch eine Spindel bewegt (Abb. 106).

Das hochschmelzende Postonal und sehr langsam erstarrende Massen wie Glyzeringelatine können nicht ohne weiteres oder überhaupt nicht gepreßt, sondern nur gegossen werden. Postonal muß erst durch Zusatz von Wollfett preßfähig gemacht werden. Dieser Wollfettzusatz verschlechtert die Resorptionslage natürlich nicht unwesentlich.

b) Gießen. Das Gießen der Suppositorien erfolgt in meist aufklappbaren Metallmatrizen, die Aussparungen in Form der

Abb. 106. Suppositorienpresse mit einer Stundenleistung von 300 Stück
Hersteller: Engler, Wien

gewünschten Zäpfchen oder Kugeln besitzen. Die Medikamente werden, in Wasser gelöst, als Emulsion oder als Suspension der geschmolzenen Kakaobutter zugefügt. Man gießt die Masse bei möglichst niederer Temperatur kurz vor dem Erstarren, da andernfalls die Gefahr der Entmischung der Suspensionen gegeben ist. Im Apothekenlaboratorium genügen meist Zinnformen, die bloß durch die Wärmeableitung des massiven Metallkörpers langsam auskühlen und 12 bis 24 Zäpfchen liefern. In größeren Betrieben arbeitet man mit Formen, die einen Doppelmantel, durch den mit Wasser gekühlt werden kann, besitzen und damit die sechsfache Leistung erzielen (Abb. 107).

c) **Füllen von Hohlkörpern.** Das Füllen von Hohlsuppositorien aus Kakaobutter mit den Medikamentenbestandteilen wird nur selten durchgeführt. Für die Großherstellung kommt es überhaupt nicht in Frage.

Die Form der Suppositorien ist verschieden. Die beliebteste Art ist die der Torpedos, dann folgen die geschoßförmigen mit parallelen Flächen, die Kegel und Doppelkegel. Vaginal werden Kugeln und Ovale verwendet.

Im Großen werden die Suppositorien in den meisten Fällen gegossen, nur in Ausnahmefällen gepreßt.

Die Masse wird in rostfreien Gefäßen unter Rühren knapp über dem Schmelzpunkt, wie beim Stada-Gerät, in Bewegung gehalten und die Suppositorienformen aus Aluminium mit 60 bis 72 Bohrungen gefüllt. Die Rührgefäße können einen Inhalt bis zu 300 l haben. Die Formen kommen nach dem Füllen auf einige Minuten in einen Kühlraum und werden nach dem Ausstoßen vor der Verpackung 3 Tage liegen gelassen. Bei Glyzerin-Suppositorien ist dies nicht nötig. In Amerika kann durch rationelle Einteilung auf diese Weise ein Mann 25 000 Zäpfchen pro Arbeitstag gießen.

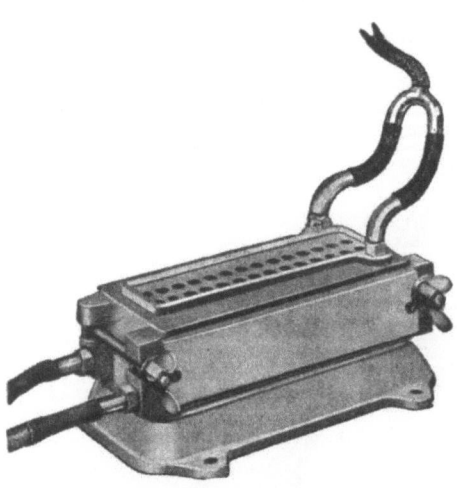

Abb. 107. Suppositorien-Gießform. Durch die Wahl verschiedener Bohrungen können mit diesen Geräten auch Lippenstifte und Arzneistäbchen gegossen werden

Im industriellen Betrieb wird die Pressung unter Kühlung bei einem Druck von ungefähr 100 atü vorgenommen. Die Ausstoßleistung beträgt 50 000 Stück pro Arbeitstag.

Vollautomatische Gießapparate werden von den Maschinenfabriken nicht geliefert. Ein pharmazeutischer Betrieb Amerikas hat sich selbst einen derartigen Apparat, es dürfte der einzige der Welt sein, gebaut. 30 Aluminiumformen mit je 10 Bohrungen werden durch eine nockengesteuerte Pumpe gefüllt, wandern dann eine Minute lang in einen Kühlraum, werden geöffnet und entleert. Der Ausstoß beträgt über 300 Stück pro Minute.

Büchi hat sehr interessante Prüfungen von Suppositorien auf ihre Dosierungsgenauigkeit veröffentlicht. Industriell hergestellte Zäpfchen wiesen eine Genauigkeit von $\pm 5\%$, in der Apotheke er-

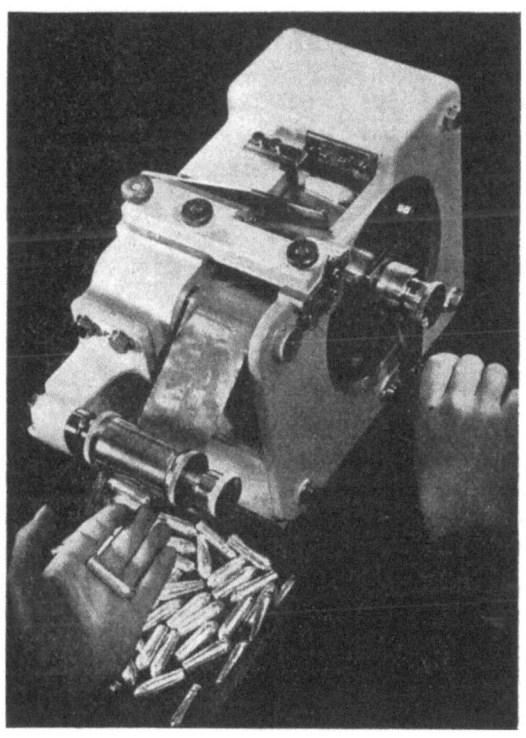

Abb. 108. Suppositorien-Wickelmaschine der Aupama, Luzern

zeugte $\pm 10\%$ auf. Die Ursache liegt nicht im schlechteren Arbeiten des Apothekers, sondern in der Tatsache, daß die Preß- und Gieß-Formen höchst selten die angegebenen Mengen der Suppositoriengrundlagen fassen. Die Schuld liegt also beim Hersteller der Formen. Der Autor fordert daher mit Recht deren Eichung: sie können dann mit einer Genauigkeit von $\pm 2\%$ eingesetzt werden.

An Verpackungsmaschinen werden in der Industrie Wickelmaschinen, wie die der Aupama, Luzern (Abb. 108), und Einschweißmaschinen (Abb. 109) verwendet. Letztere schweißen die Suppositorien zwischen zwei Kunststoffolien bzw. besorgen die Trennung der Zäpfchen und den Zusammenhalt der Folien durch Pressung zwischen rauhen, ineinandergreifenden Flächen.

Abb. 109. Suppositorien-Einschweißmaschine der Firma Wolkogon, Brackwede. Die Suppositorien sind auf einem rotierenden Teller zu sehen, die Zellglasfolie kommt von links, die Suppositorien von oben. Minutenleistung 80 Stück

XII. Arzneistäbchen

Das deutsche Arzneibuch nennt Zubereitungen in Stäbchenform, die zum Einführen in den Körper oder zum Ätzen bestimmt sind, Bacilli.

Je nach den Bestandteilen und dem Verwendungszweck können sie in verschiedener Weise hergestellt werden.

1. Durch die Bearbeitung (Drehen, Schnitzen, Feilen) von Kristallen oder geschmolzenen Salzen erhält man Ätzstifte, die noch geglättet und poliert werden können.

2. Durch Gießen in Formen können aus schmelzbarem Material gleichfalls Arzneistäbchen hergestellt werden.

3. Man stößt eine plastische Masse an und rollt sie, ähnlich den Pillensträngen, aus.

4. Die Masse kann durch eine Strangpresse gedrückt werden.

5. Man überzieht elastische Stäbchen mit der geschmolzenen Mischung.

Die Stäbchen sind, wenn nicht anders verordnet, 40 bis 50 mm lang und 4 bis 5 mm dick. Da ihre Herstellung der anderer Medikamente recht ähnlich ist, erübrigt es sich, auf Einzelheiten einzugehen.

XIII. Schüttelmixturen

1. Definition

Diese Präparate sind flüssige oder noch gießbare Verreibungen unlöslicher Medikamente mit Flüssigkeiten, die durch Schütteln gebrauchsfertig gemacht werden. Sie bestehen also aus zwei Phasen, der festen, die meist Zinkoxyd, Schwefel, Magnesiumoxyd enthält, und einer flüssigen, deren wesentliche Bestandteile Wasser, Alkohol und Glyzerin sind.

Schüttelmixturen sollen folgenden Anforderungen entsprechen:
1. Gute Haltbarkeit.
2. Indifferenz gegenüber dem Applikationsgebiet.
3. Gute Durchlässigkeit der nach dem Verdunsten der Flüssigkeit zurückbleibenden Puderschicht.
4. Abwesenheit aller Fettarten.
5. Gute Kühlwirkung.
6. Günstige Wasserstoffionenkonzentration.
7. Dosiergenauigkeit.
8. Gute Haftfestigkeit.
9. Gute Aufstreichbarkeit.

Es ist verständlich, daß diese Forderungen nur unter Berücksichtigung aller Eigenschaften der einzelnen Bestandteile erfüllt werden können. Sie zerfallen in Untergruppen:
1. Ein Mittel zur Erhöhung der Viskosität.
2. Feuchthaltemittel (mit 1 häufig identisch).
3. Stabilisator oder Emulgator.
4. Allenfalls gelöste Puffer.

2. Bestandteile

Das Glyzerin wird zugefügt, um die Viskosität zu erhöhen und um das allzu rasche Eintrocknen der Mixtur auf der Haut zu verhindern. In Fällen, in denen es ausgetauscht werden soll, muß daher sowohl ein Feuchthaltemittel als auch ein viskositätserhöhender Bestandteil zugefügt werden. Es genügt also nicht, einen künstlichen oder synthetischen Schleim zuzufügen, denn damit erhalten wir ein Präparat, das die Wirkstoffe festklebt, sie aber nicht feucht hält. Die Wirkung solcher Produkte entspricht der einer Trockensalbe, aber nicht der einer Schüttelmixtur. Schleimzusätze haben jedoch den einen wesentlichen Vorteil, sie wirken als Schutzkolloid und verzögern so das Absetzen der festen Bestandteile ganz wesentlich. In dieser Richtung wirken Eiweißkolloide wie Milei oder Trockenei noch besser.

Sorbit (Karion-Merck) ist dem Glyzerin als Mittel zur Erhöhung der Viskosität überlegen, fördert die Emulgier- und Schaumwirkung und klebt weniger. Ähnlich verhält sich Butantriol (BASF).

Als Stabilisatoren wurde Tixogel, ein Schweizer Präparat, und Bentonit empfohlen. Tixogel reizte allerdings die Haut und war nur pharmazeutisch, aber nicht dermatologisch empfehlenswert. Bentonit ist reizlos. Schüttelmixturen sollen nicht mit Wasser, sondern mit isotonischen Puffern, wie z. B. 31 g Natriumphosphat und 9 g Zitronensäure in 30 g Wasser (pH 5,3) oder 30 g Phosphat und 10 g Säure in gleicher Wassermenge (pH 4,4) angerieben werden. Derartige Mixturen kann man in jedem Ekzemstadium verwenden.

Die festen Anteile der Schüttelmixturen haften längere Zeit auf der Haut, ähnlich wie ein Puder, man hat diese Arzneiform daher schon oft mit dem Namen „flüssige Puder" bezeichnet. Ich halte dies für unrichtig und abwegig, da es Nomenklaturschwierigkeiten zwischen den Mixturen, Trockenpinselungen und den fettfreien Trockensalben nur erhöht. Der Hersteller des Esiderm z. B. nannte dieses Präparat, ein salbenartiges Produkt aus Glyzerin und Zinkoxyd, das man auch als weiche Paste auffassen kann, seinerseits eine Schüttelmixtur. Wir wollen aber die Definition nicht so weit stellen und nur die Produkte, die erst durch Schütteln gebrauchsfertig werden, als Schüttelmixturen auffassen.

Schüttelmixturen werden in vielen Fällen, in denen Salben reizen, noch gut vertragen. Die Ursache liegt darin, daß die wässerige Flüssigkeit viel oberflächlicher auf der Haut bleibt als fette Salben, die Sekretion nicht behindert und durch Wasserableitung und Verdunstung kühlt. In Mangelzeiten sind die Mixturen eine wichtige Ausweichmöglichkeit, die, an Stelle von Salben verordnet, auch beim Fehlen der Fette eine wirksame Therapie ermöglichen.

Der Apotheker muß den Arzt dazu erziehen, bei Schüttelmixturen nicht nur Verordnungen in verkümmerter Form, Rahmenrezepte, aufzuschreiben, er soll ihm auch die Zusammensetzung des Vehikels überlassen. Geschieht dies nicht, so wählt der eine Apotheker diese, der andere jene, und die Flüssigkeit sieht, aus verschiedenen Apotheken bezogen, immer anders aus. Da eine Mixtur meist 60 % flüssige Anteile enthält, ist es klar, daß Abänderungen bei diesen Komponenten zu recht unterschiedlichen Produkten führen.

Die wichtigste Schüttelmixtur ist die Solutio Vleminckx, eine alkalische Schwefelaufschwemmung. Lassar, Hebra und andere bedeutende Dermatologen haben ähnliche Mixturen ausgearbeitet. Die Lotio Zinci oxydati Herxheimer, das Kummerfeldsche Wasser und das Bleiwasserliniment Böck sind weitere bekanntere Vertreter dieser Arzneiform. In den letzten Jahren kamen derartige Präparate mit Sulfathiazol als Hauptwirkstoff auf, sie sollen bei Follikulitiden den Salben gleichwertig sein.

Nimmt man an Stelle der festen Bestandteile 3 bis 15 % eines Öls und fügt einen Emulgator zu, so erhält man ein flüssiges Produkt, eine Emulsion, eine Hautmilch. Wir sehen also, wie nahe verschiedene Medikamentengruppen verwandt sind.

Unter den äußerlich applizierbaren Emulsionen sind die in den letzten Jahren ausgearbeiteten Benzylbenzoateemulsionen zur Skabiesbehandlung, die Petroleumemulsionen zur Wundbehandlung und die fettwirtschaftlich sparsamen Hautmilchpräparate zur Hautpflege zu nennen. Da sie alle genügend Emulgatoren enthalten, bleiben sie in Emulsionsform stabil, so daß das Aufschütteln, das charakteristische Merkmal, wegfällt.

XIV. Umschlagpasten

Unter einer Umschlagpaste, einem Kataplasma, versteht man ein mit Wasser verdünnbares salbenartiges Produkt, das in Form von Umschlägen sowohl eine unspezifische wärmende, wie auch die spezifische Wirkung zugesetzter Medikamente entfaltet. Die Umschlagpasten sind aus Wasser, Glyzerin und einer festen Komponente zusammengesetzt, die ihrerseits aus Pflanzenpulvern, Bolus oder Schlamm bestehen kann.

Enelbin und Antiphlogistine sind derartige Präparate, die Glyzerin, Bolus und Methylsalizylat enthalten. Alle diese Umschlagpasten haben den Zweck, die Wirkstoffe zur Resorption zu bringen und, falls sie warm angewendet werden, die Wärme an sich möglichst lang an der behandelten Stelle einwirken zu lassen. Allzuweit darf die Definition aber doch nicht gezogen werden. Die verschiedenen Pulver, aus denen sich der Patient dann eine Paste bereitet, sind keine Pasten, sondern eben Pulver, aus denen dann weiter allenfalls eine Paste werden kann.

An Stelle des Glyzerins kann auch ein Pflanzenschleim verwendet werden, doch muß auf dessen Eigenschaften, wie Eintrocknungsgefahr und Verderblichkeit, Rücksicht genommen werden. Zu den Umschlagpasten im weiteren Sinn kann man hingegen allenfalls noch die vom Patienten selbst bereiteten Leinsamen-, Senfmehl- und Kräuterpackungen rechnen. Die Leinsamenumschläge wirken vorwiegend thermisch infolge ihrer Wärmekapazität.

In dem frisch gemahlenen, mit Wasser angeteigten Senfmehlbrei spaltet das Ferment Myrosinase aus Glykosiden Senföl ab und dieses reizt die Haut, verursacht bessere Durchblutung und damit ein Wärmegefühl. Das Ferment wird durch Hitze zerstört, es empfiehlt sich daher, zum Anteigen nicht heißes, sondern laues Wasser zu verwenden. Das fette Öl der Senfsamen scheint nötig zu sein, um das ätherische Öl zur Lösung und damit zur besseren Wirkung zu bringen. Es steht jedenfalls fest, daß entfettetes Senfmehl schlechter wirkt als ölhaltiges.

XV. Zinkleime

Diese Arzneiform hat sowohl Ähnlichkeit mit den Salben wie auch mit den Pflastern. Die Zinkleime sind bei Zimmertemperatur feste, wenn auch elastische Massen, die beim Erwärmen wie die Salben schmelzen. Auch ihre Einführung erfolgte in den Jahren zwischen 1880 und 1900 durch Unna, Leistikow und andere Dermatologen. Sie dienen uns auch heute noch als elastische Deck-, Stütz- und Druckmittel.

Manche Arzneibücher schreiben mehrere Zinkleime verschiedener Weichheit und Elastizität vor, andere begnügen sich mit einem einzigen. In jedem Fall bestehen die Zinkleime aus Zinkoxyd, Glyzerin, Wasser und Gelatine. Es sind also Gallerten, die zweckmäßigerweise durch Zusätze von Methylparaoxybenzoeester (0,1 $^0/_0$) konserviert werden müssen.

Versuche des Verfassers, die Gelatine durch besser haltbare, oder in Notzeiten leicht beschaffbare Austauschstoffe, wie Pektingallerten, Tylose, Alginate zu ersetzen, scheiterten bisher an deren abweichenden Eigenschaften bei erhöhter Temperatur. Sie alle schmelzen nicht. Das Glyzerin hingegen kann durch Glycole, Sorbit, Butantriol, Pentaerytrit und andere Stoffe, nicht aber durch die Laktate und Magnesiumsalzlösungen ausgetauscht werden.

Dem Zinkleim können Heilmittel, wie Ichtyol, zugesetzt werden, nicht aber Substanzen, die Eiweiß fällen oder mit den andern Bestandteilen reagieren.

In der Literatur wurde wiederholt empfohlen, Zinkleime umzuschmelzen und mehrmals zu verwenden. Vor derartigen unappetitlichen Machenschaften kann nicht scharf genug gewarnt werden.

Die Prüfung von Zinkleimen auf ihre Einsatzfähigkeit erfolgt zweckmäßigerweise im Vergleichsversuch. Man verbindet das eine Fußgelenk mit einem bekannten Arzneibuchzinkleim, das andere mit dem Prüfobjekt und vergleicht die beiden Produkte nach einigen Stunden Herumwanderns bezüglich ihrer Elastizität, Haltbarkeit, auf den Sitz des Verbandes, die Austrocknungsneigung und Rißfestigkeit.

XVI. Firnisse und Lacke

Beide Medikamentenarten werden in der Dermatologie verwendet und enthalten einen oder mehrere Wirkstoffe gelöst oder suspendiert in Wasser, Alkohol, Benzol oder Azeton. Im allgemeinen nennt man die mit Wasser bereiteten Produkte Firnisse, die mit organischen Lösungsmitteln hergestellten, Lacke.

Die pharmazeutische Nomenklatur geht also andere Wege als die Industrie der Anstrichmittel, die unter Firnissen und Lacken ganz anders zusammengesetzte Produkte kennt.

Eine andere Nomenklatureinteilung grenzt die Firnisse und Lacke nicht voneinander ab und teilt beide gemeinsam in vier Gruppen.

1. In Guttaperchalösungen, Elastizin, Aluminiumoleatfirnisse, also in Lösungen, die aufgetragen, gummiartig kleben.

2. In Lösungen von Harzen, Wachs, Fett, in Alkohol, Benzin oder andern geeigneten Mitteln.

3. In Emulsionen und Seifenlösungen.

4. In Eiweiß-, Gummi-, Gelatine- und Wasserglaslösungen.

Es wird bei dieser Einteilung, ohne es auszusprechen, in membranbildende, Fettfilme hinterlassende und trockensalbenartige Medikamente unterschieden. Da, um Extreme zu nennen, sowohl die Glutektone, das sind Gelatinestifte, die auf feuchter Haut eine mit Wirkstoffen beladene Leimschicht hinterlassen, wie auch die Collodien zu diesen beiden Gruppen gehören, finden sich viele Variationsmöglichkeiten. Die Firnisse und Lacke sind demzufolge nicht wegen ihrer technischen Ähnlichkeit, sondern infolge ihrer therapeutischen Gleichart zusammengefaßt.

Man hat zu Beginn der neuen Aera der Dermatologie, also vor 50 bis 60 Jahren, die verschiedensten Firnisse ausgearbeitet. Da gab es Kaseinfirnisse, die Borax oder Glyzerin enthielten, solche aus Tragantschleimen und das auch jetzt noch verwendete Glycerolatum aromaticum aus Tragant, Glyzerin und Azeton sowie die vielen Gelatinen Unnas.

Die Lacke enthalten in einem organischen, flüchtigen Lösungsmittel Guttapercha (Traumaticin), Nitrozellulose oder Harze (Mastisol) gelöst. Damit der eintrocknende Film nicht spröd wird und abblättert, fügt man einen sogenannten Weichmacher, in diesem Falle das Rizinusöl, zu. Unter einem Weichmacher versteht die Technik einen Stoff, der Lacken, plastischen Massen und Werkstoffen zugegeben wird, um ihnen größere Zähigkeit und Geschmeidigkeit zu geben. Neben bestimmten Ölen, vorwiegend Rizinusöl, sind die meisten Weichmacher der Technik hochsiedende und damit schwerflüchtige Lösungsmittel für Zelluloseester, natürliche und künstliche Harze. Auch feste Substanzen wie Kampfer, Mono- und Dikarbonsäureester gehören zu dieser Gruppe.

Firnisse und Lacke reichen in ihrer Tiefenwirkung an die Salben nicht heran, man kann damit aber vorteilhaft einzelne, isoliert erkrankte Stellen, insbesondere an unbedeckten Körperpartien, behandeln, sowie durch Fixierung mit Lacken Verbände entweder ganz einsparen oder wenigstens vereinfachen.

XVII. Pflaster

1. Definition der Pflaster im engeren Sinne. Mulle, Stifte

Pflaster sind bei Zimmertemperatur feste, beim Erwärmen erweichende, aber nicht schmelzende, zum äußeren Gebrauch bestimmte Arzneizubereitungen, die aus den Bleisalzen der höheren

Fettsäuren, Fett, Öl, Wachs, Harz und Terpentin oder aus Mischungen einzelner dieser Teile bestehen.

Das deutsche Arzneibuch führt 11 Pflaster an, die älteren Pharmakopoen kannten noch wesentlich mehr, denn die Bedeutung dieser Arzneiform ist in den letzten Jahrzehnten sehr zurückgegangen. Der Apotheker hat sich zwar mit der Herstellung der Pflaster nach den althergebrachten Rezepten beschäftigt, er rollt die Stangen aus, preßt sie aus Strangpressen, wenn er modern eingerichtet ist, und streicht sie auf. Seit Unnas Zeiten, also seit 50 bis 70 Jahren, sind aber nur wenige Verbesserungsvorschriften oder wissenschaftliche Arbeiten über das Thema erschienen.

Die Pflaster wirken den fetten Salben ähnlich. Sie bringen die öllöslichen Bestandteile durch die Haut hindurch zur Resorption. Quecksilber, Salizylsäure, ätherische Öle, Cantharidin werden resorbiert, das Blei jedoch wird aus Pflastern ebensowenig aufgenommen wie aus Salben. Wasserlösliche Salze werden nicht resorbiert und sind daher nur selten Pflasterbestandteile.

Pflaster werden in der Apotheke in Form von Stangen hergestellt und entweder vom Patienten mit der Hand oder vom Apotheker im Betrieb durch Maschinen auf Leinwand, Mull, Trikot oder Schirting aufgetragen. Wir erhalten so Pflastermulle, Trikoplaste oder Emplastra extensa.

In vielen Fällen werden die üblichen Pflaster so hart, daß man sie auch bei erhöhter Temperatur kaum aufstreichen kann. Ein Wollfettzusatz von 10 % erhöht die Klebkraft, steigert die Aufstreichmöglichkeit und verbessert die Erweichbarkeit bei erhöhter Temperatur.

Solche an sich schon verbesserte Pflaster kann man durch weiteren Wollfettzusatz noch weicher und plastischer machen, die Masse wird dann, in Form von Stiften ausgegossen und man erhält so Pflasterstifte, die über die Pastenstifte mit den Salben und Salbenstiften unmittelbar verbunden sind.

Ein Rezept für einen wasserlöslichen Pastenstift lautet z. B.:

Rp.	Acidi salicylici	20,0
	Amyli	30,0
	Tragacanthae	5,0
	Dextrini	25,0
	Saccari albi	20,0

Einen Salbenstift erhält man durch folgende Verordnung:

Rp. Acidi salicylici	20,0
Cera flava	40,0
Ol. Olivarum	35,0
Colophonii	5,0

Ein Pflasterstift ist beispielsweise wie folgt zusammengesetzt:

Rp. Acidi salicylici	20,0
Empl. Lithargyri	50,0
Sapo med.	5,0
Adeps lanae	15,0
Ol. oliv.	10,0

Die Trikoplaste (der Name ist einer Firma geschützt) sind gestrichene Pflaster, sie enthalten keinen Gummi, die Grundmasse besteht vielmehr aus Bleipflastern. Die Klebkraft ist daher gering, so daß diese Arzneiform vor dem Auflegen erwärmt und auf besonders stark bewegten Körperteilen, wie etwa den Gelenken, mit Gummipflastern fixiert werden muß.

Die Guttaplaste der Firma Beiersdorf enthalten neben der Bleipflastermasse geringe Mengen Kautschukklebestoff und bestehen aus undurchlässigem Guttaperchamull und der Pflastermasse. Die undurchlässige Schicht staut die Wärme und die Feuchtigkeitsabfuhr, es entsteht eine feuchte Kammer, die die Haut mazeriert und so besonders günstige Resorptionsbedingungen schafft. Wir erzielen mit dieser Arzneiform Tiefenwirkung.

Die üblichen gestrichenen Pflaster werden auf einen bestimmten Wirkstoff-Prozentgehalt eingestellt. Die Guttaplaste hingegen sind anders dosiert. Auf ihnen sind die Gramme Wirkstoff angegeben, die in einer Rolle 100×20 cm enthalten sind. Man ist in diesem Fall also in der Lage, wie bei diesen Medikamenten auf Bruchteile von Gramm genau zu dosieren, ja man kann beim Hersteller die Erzeugung von Guttaplasten nach eigenem Rezept selbst veranlassen.

2. Kollemplastra

Die Kollemplastra oder Kautschukheftpflaster haben die alten Pflaster weitgehend verdrängt und sich darüber hinaus noch neue Anwendungsgebiete, das Fixieren von Verbänden, Festhalten von Testproben, die Anfertigung leichter Verbände erobert. Da zu ihrer Herstellung große Räume und komplizierte Maschinen nötig sind, hat sich ein Zweig der Industie auf die Herstellung der Kollemplastra spezialisiert und die Erzeugung ist der Apotheke völlig entrückt.

Kollemplastra kann man aus Naturstoffen oder aus gleichwertigen synthetischen Produkten herstellen. Geht man den ersteren Weg, so wird mit gereinigtem Kautschuk gearbeitet. Auf die Provenienz und Qualität des Kautschuks ist das größte Gewicht zu legen, Wertunterschiede von 100% sind keine Seltenheit. Er besitzt für sich allein keine klebenden Eigenschaften, erhält diese aber durch die Verbindung mit Elemi, Galbanum, Ammoniacum, Dammar und Kolophonium und den weiteren Bestandteilen. Zinkoxyd, Stärke und Wollfett ergänzen die Wirkung der schon genannten Komponenten, so daß ein modernes Heftpflaster auch in der Kälte auf der Haut klebt, temperaturunempfindlich sein soll und vom bestrichenen Stoff weder aufgesaugt wird, noch auf der nichtbestrichenen Seite kleben darf, es muß mindestens 5 Jahre haltbar sein.

Zur Ausarbeitung ist viel Erfahrung nötig. Das Lösen des Kautschuks in Benzin, so einfach es ist, verlangt, um nur ein Beispiel anzuführen, Vorbereitungen und exaktes Arbeiten bei der Durchführung. Die Vorarbeiten bestehen vorwiegend in der Untersuchung des Rohkautschuks, wozu man sich des Tetrabromkautschukverfahrens bedienen kann. Man löst den Kautschuk in Tetrachlorkohlenstoff und bromiert ihn. Die Menge des ausgefallenen bromierten Kautschuks ist ein Maßstab für die Qualität des Rohmaterials.

Ein Teil des untersuchten, gewalzten und geschnitzelten Kautschuks wird in 6 Teilen Benzin gelöst. Wärmeanwendung, Bestrahlung, Schütteln sind zu meiden, damit die Lösung durch Oxydation nicht verdorben wird.

Die Mischung der einzelnen natürlichen oder synthetischen Bestandteile ist salbenartig und enthält von der Herstellung her Benzin. Die Masse wird auf meist fleischfarbig gefärbten Baumwollstoff durch Maschinen aufgetragen. Diese Pflasterstreichmaschine (Abb. 110) durchläuft ein Baumwollband, aus einem

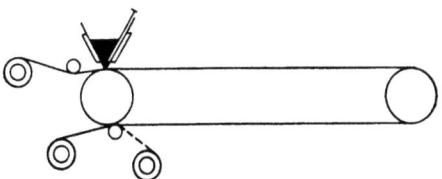

Abb. 110. Schema einer Pflasterstreichmaschine

schmalen Schlitz tritt die Masse aus, wird aufgestrichen, der Überschuß wird abgefangen. Die Streifen werden in großen Hallen aufgehängt, damit das überschüssige Lösungsmittel abdunsten kann. Dann folgt das Aufrollen und Verpacken.

Ein anderes Verfahren arbeitet ohne Hilfe von Lösungsmitteln. Die einzelnen Bestandteile werden in geeigneten Maschinen (Kalandern der Kautschukindustrie) innig gemischt, so daß die Masse unter Anwendung von Druck direkt aufgestrichen werden kann.

Hohe Ansprüche kann man jetzt auch an die Pflaster, die auf Kunststoffbasis aufgebaut sind, stellen. Als Austauschstoff für den Gummi dient nicht synthetischer Buna, kein Isopren, sondern die an sich ähnlichen Isobutylenpolymerisate. Wesentlicher Bestandteil der Gruppe von Pflastern sind auch die Polyvinylpolymerisate, deren Polymerisationsgrad so berechnet wird, daß die Produkte weichharzartigen Charakter aufweisen.

Die sogenannten englischen Pflaster oder Taffetas bestehen aus einem Gewebe, das mit einer wasserlöslichen Masse aus Hausenblase, Honig, Benzoe und Perubalsam bestrichen wird. Die Lösung trocknet ein und klebt beim Wiederbefeuchten. Man könnte an Stelle dieser Naturstoffe wasserlösliche Kunststoffe, wie z. B. einen Polyvinylalkohol verwenden, hat aber, infolge der geringen Bedeutung der Taffetas, von derartigen Versuchen abgesehen.

Medikamentöse, gestrichene Pflaster auf Kautschukbasis unterscheiden sich von den einfachen Kollemplastren äußerlich meist durch ihre weiße Farbe. Man verwendet, um keine Verwechslungen aufkommen zu lassen, ungefärbte Stoffe. Sie enthalten an Stelle des Zinkoxydes oder eines Teiles davon Wirkstoffe wie Salizylsäure, Quecksilber, Capsaicin, Substanzen, die man auch den gestrichenen Pflastern aller Art, den Emplastren im engeren Sinne, zufügt.

Die Beschaffenheit der Schirtingunterlage kann weitgehend variiert werden. Durch die Wahl von bestimmten Webarten erhält man querelastische, durch Lochung luftdurchlässige, durch Imprägnierung mit Kunststoffen wasserdichte Kollemplastra.

Die Bestandteile, die klebende, undurchlässige Masse mit ihrem Stau der perspiratio insensibilis, die Klebkraft selbst, durch die beim Ablösen die Haut und die Haare gedehnt und gezerrt werden, der ganze Komplex Kollemplastrum reizt in größerem oder geringerem Grad nahezu jede Haut. Die Versuche, nur eine oder die andere Komponente wegzulassen, kann bei besonderer Überempfindlichkeit gegen gerade diesen einen Bestandteil wohl die Lage etwas bessern. In letzter Zeit haben einzelne Firmen die Herstellung der Streichmasse etwas variiert, sie vermieden den Lösungsmittelzusatz und mischen die Komponenten in Kalandern. Sie haben damit eine, wenn auch nicht die wesentlichste Quelle der Hautreizungen ausgeschaltet. Hopf schreibt die Hautreizung vorwiegend dem Harzanteil zu. Kolophonium und Dammar können eventuell durch indifferente Kunststoffe ersetzt werden.

Die Irritation der Haut ist auch darauf zurückzuführen, daß auf einem gut klebendem Pflaster beim Abreißen die oberste Zellschicht als feiner Film haften bleibt. Dies ist sehr schön zu demonstrieren, wenn statt des Collemplastrums ein Tesafilm von der Haut abgerissen wird. Man kann bei Wiederholung dieses Prozesses zehn und mehr Zellschichten abtragen. Ein restlos verträgliches Kollemplastrum wird es aber nie geben, denn der Komplex an sich verursacht die Hautreizung. Um sie ganz auszuschließen, versuchte man zwei verschiedene Wege.

Ich beschäftigte mich mit der Herstellung von wasserlöslichen Kollemplastren auf der Basis moderner Kunststoffe. Die Produkte hatten den großen Vorteil, völlig reizlos und abwaschbar zu sein, und bewährten sich z. B. zum Ankleben von Testläppchen oder zur Fixierung von Verbänden gut, hatten aber den Nachteil, daß sie an heißen Tagen, vom Schweiß gelöst, von selbst abfielen.

Autoren berichten, daß sie nach umfangreichen Versuchen im Merthiolat eine Substanz fanden, die dort aufgestrichen werden soll, wo die Haut mit dem Heftpflaster in Berührung kommen kann. Es sei so möglich, die Irritationen in etwa $40\,^0/_0$ der Fälle zu verhindern. Ich fürchte, daß diese Erfindung über Amerika hinaus nicht populär werden wird.

Der Klebekraft der Pflaster kommt überragende Bedeutung zu. Man kann sie qualitativ zwischen den Fingern oder quantitativ messen. Die USP 14 z. B. bestimmt den Grenzwert der Verschiebbarkeit der aufgeklebten Flächen mit einer Pendelmaschine. Da hier aber der Zug parallel der angeklebten Fläche zur Wirkung kommt, entspricht der Modellversuch nicht dem Geschehen. Man erreicht bessere Resultate beim senkrechten Ablösen, wie es die Broschüre von Lohmann „Berichte, Erkenntnisse, Anregungen" (Lohman, KG, Fahr am Rhein) schildert.

XVIII. Chirurgisches Nähmaterial

Als Nähmaterial benötigt die Chirurgie Catgut, Seide, Nylon, Perlon und Leinenfäden.

Das Ausgangsmaterial zur Herstellung von Catgut älterer Prägung ist der getrocknete Hammeldarm, der gespalten und entschleimt aus der sogenannten „Lamellenform" in einer Sterilisationsflüssigkeit zu Fäden zusammengedreht wird. Das nun vorliegende Produkt ist „vorsteril" und „innersteril", es enthält weder Keime aus dem Darm noch pathogene Keime im Innern. An den Außenflächen können aber noch Bakterien und Sporen haften und im weiteren Verarbeitungsgang darauffallen.

Die endgültige Sterilisation macht große Schwierigkeiten, denn das Catgut darf nicht geschädigt werden. Es muß:

1. vollkommen keimfrei,
2. fest und schmiegsam,
3. reizlos verträglich und resorbierbar,
4. haltbar sein.

Die Sterilisationstemperatur von 150 Grad verträgt nur vollkommen getrocknetes Catgut. Über 160 Grad darf man bei der Sterilisation nicht gehen, da andernfalls das Papier der Umhüllung verbrennt.

Die Militärpharmazie, die als einzige Stelle Arbeiten über die Sterilisation des Catguts veröffentlichte, entfettet das vorsterile Material im Soxleth mit Äther (6 Stunden lang) und wickelt je zwei halbmeterlange Fäden ringförmig auf. Je 5 solcher Ringe werden mit Filterpapier umhüllt in eine Pappschachtel gelegt. Die Schachteln werden offen im Trockenschrank 48 Stunden lang bei 70 bis 80 Grad vorgetrocknet und dann in einem Heißluftschrank, der mit Rohcymol beschickt wird, durch 6 Stunden bei 156 Grad sterilisiert. Das so sterilisierte Material erfüllt alle Bedingungen und wird in 3 Stärken mit 0,3 mm, 0,45 mm und 0,6 mm Durchmesser herausgebracht. Ältere Vorschriften schrieben die Behandlung des Catgutes mit Sublimat oder Jod vor. Bei letzterem Verfahren bilden sich Jodeiweißverbindungen, die nach längerer Lagerung Entfärbung des Nahtmaterials bewirken. Durch Behandlung desselben mit Wasserstoffsuperoxyd kann das addierte Jod wieder in Freiheit gesetzt werden. Soll Catgut besonders langsam resorbiert werden, so wird es mit Chromsalzen gegerbt.

Weitere Arbeiten befaßten sich mit der Sterilisation von Seiden und Leinenzwirn, die gleichfalls als Nahtmaterial brauchbar sind, aber nicht resorbiert werden, sondern vom Chirurgen, nachdem sie ihre Schuldigkeit getan haben, entfernt werden. Beide lassen sich durch Erhitzen mit gespanntem Dampf bei 120 Grad sterilisieren. Um die Lagerfähigkeit zu gewährleisten, trocknet man nach der Sterilisation bei 80 Grad (3 Stunden).

Schon vor 20 Jahren hoffte man, ein resorbierbares oder wenigstens unresorbierbares Nahtmaterial aus Kunststoffen herstellen zu können. Heute sind wir so weit, daß beide Typen in den Handel gebracht werden können. Unresorbierbar sind die Nylon-, Supramid- und Perlon-Fasern, und resorbierbares Material wird aus Rindersehnen hergestellt. Es ist anzunehmen, daß diese Produkte Seide und Catgut nach und nach vollkommen verdrängen werden.

XIX. Badepräparate

Diese Produkte dienen zur Herstellung von Nachbildungen echter Heilbäder, die sonst nur in Badeorten appliziert werden können und von Bädern aus im Naturzustand nicht vorkommenden Medikamentenlösungen oder Suspensionen. Man kann derartige Erzeugnisse wie folgt unterteilen:

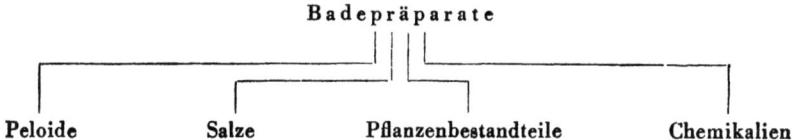

Badepräparate
Peloide — Salze — Pflanzenbestandteile — Chemikalien

1. Peloide

Unter den Peloiden versteht man Massen, die in der Natur durch geologische Vorgänge entstanden sind und die therapeutisch in fein verteiltem Zustand, mit Wasser gemischt, in Form von Packungen und Bädern verwendet werden. Natürliche Peloide werden ganz ohne oder wenigstens ohne tiefgreifende Veränderungen gebraucht, künstliche Peloide werden bei der Aufbewahrung weitgehend verändert oder sind Nachbildungen natürlicher Vorkommen.

Die internationale Nomenklatur unterteilt die Peloide in Biolithe und Abiolithe. Die letzteren werden ihrerseits in Sedimenttone und Sande unterteilt, die ersteren hingegen in

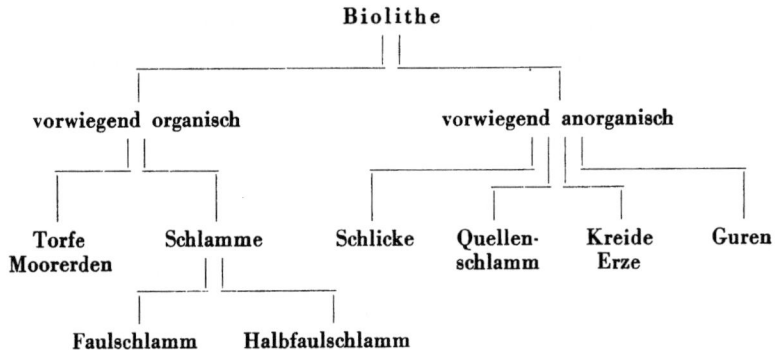

Den Wert der Peloide beeinflussen spezifische Wirkstoffe und Eigenschaften, wie die östrogenen Substanzen des Franzensbader Moores, Schwefel, Humus-Säuren, ihr Wärmeleitvermögen und insbesondere die Wärmekapazität sowie die Adsorptionskraft.

Heilerden sind anorganische Produkte, die auch innerlich eingenommen werden können.

2. Salze

Badesalze sollen im Bad die Konzentrationen aufweisen, die ihnen in den natürlichen Solen zukommt. Ihr Wert kann nur dann positiv beurteilt werden, wenn ihre therapeutische Wirkung erwiesen ist. Bei den Produkten handelt es sich meistens um Erzeugnisse der Badeverwaltungen oder bekannter Firmen.

3. Kräuterbäder

Die beste Form der Kräuterbäder ist die der filtrierten Infuse oder Dekokte von 400 bis 600 g Drogen in einem Eimer Wasser, der mit dem Badewasser vereinigt wird. Da diese Abkochungen oft nicht herstellbar sind, greift man zu Konzentraten, die den Anspruch auf den Namen „medizinische Bäder" nur führen sollen, wenn sie den Anforderungen der — allerdings nicht offiziellen — Richtlinien Peyers entsprechen. Andernfalls stellen sie nur kosmetische Bäder dar. Diese Richtlinien besagen:

Ein Moorbad muß 100 bis 200 kg Moorerde enthalten, ein Fichtennadelbad muß aus 150 g Extrakt oder 75 g Trockenextrakt, ohne Streckmittel, bestehen.

Ein Fichtennadelölbad soll mindestens	5 g Öl	
„ Gerbstoffbad	50 g Reingerbstoff	
„ Solebad	2,5 bis 12 kg Salz	
„ Schwefelbad	30 g Schwefelleber oder	
	5 g Kolloidschwefel	
„ Kräuterbad	400 bis 600 g Extrakt	

enthalten. Einwandfreie Bäder können also nicht billig sein, dürfen nicht gestreckt und gefärbt werden.

Kohlensäure- und Sauerstoffbäder müssen 100 bis 200 Liter Gas in feinperlender Form entwickeln, anderenseits sind sie abzulehnen.

Ätherische Öle sind, an Salze oder Erden angelagert, der Oxydation ausgesetzt, es empfiehlt sich daher, sie in Lösungen für Badezwecke herauszubringen. Damit sie nicht als Film auf dem Badewasser schwimmen, sondern in Form einer Öl/Wa-Emulsion darin verteilt werden, gibt man ihnen Emulgatoren, wie Saponin und Türkischrotöl, in ziemlich bedeutendem Prozentsatz zu.

Mit den Badezusätzen wird viel Unfug getrieben, einerseits werden viele unterwertige Produkte herausgebracht, andererseits wird den Bädern oft eine Wirkung zugeschrieben, die ihnen nicht zukommen kann. Ich kann mir z. B. nicht vorstellen, daß bei der Undurchlässigkeit der Haut für Zuckerarten Malzextraktbäder wirklich in der Lage sein sollen, den Körper zu kräftigen. Man nehme den Extrakt ein und bade ohne ihn in einem der beliebten Fluoreszeinbäder. Dadurch wird der Organismus gestärkt und der psychische Effekt des Bades bleibt erhalten.

XX. Medizinische Öle

Diese Arzneiform umfaßt Lösungen löslicher, Suspensionen unlöslicher Wirkstoffe in tierischen, pflanzlichen und ausnahmsweise mineralischen Ölen. Sie werden durch Lösen der Wirkstoffe bei normaler oder erhöhter Temperatur und bzw. durch portionsweise Verreibung hergestellt; sie sind auf Grund der Eigenschaften der Glyzeride nicht unbeschränkt haltbar.

Die Suspensionen, wie z. B. das Zinköl, wirken auf die Haut wie eine milde Salbe. Als Trägersubstanz verwendete man früher Olivenöl, das durch Paraffinöl nicht ersetzt werden kann, da letzteres mit der Haut keinen Kontakt findet und nur einen oberflächlichen Film, der die Haut nicht beeinflußt, hinterläßt. Einen vollwertigen Ersatz stellt das Cetiol dar, der Oleylester der Ölsäure, der nicht ranzig wird, die Wirkstoffe leicht löst und sich leicht in die Haut hineinemulgieren läßt. Eine Sonderstellung besitzt das Rizinusöl, das als einziges fettes Öl mit Spiritus mischbar, also darin löslich ist. Es dient in dieser Lösung insbesondere als fettes Haarwasser. Alle anderen fetten Öle sind praktisch alkoholunlöslich. Wenn also zu lesen steht, daß die Arbeiten mit Alkohol so schädlich für die Haut sind, da der Alkohol stark entfettet, so kann man sich eines leichten Schmunzelns nicht enthalten. Der Alkohol entwässert die Haut, stört das Gefüge, so daß sich das Fett abreiben läßt. Entfetten kann er nicht.

Das Hypericum- und Hyoscyamusöl sind Relikte aus älteren Arzneibüchern, in denen die gekochten oder kalt bereiteten Öle aus Pflanzen viel zahlreicher vertreten waren. Bei letzterer Art extrahiert man das Bilsenkraut im ammonialkalischen Medium, in dem die Alkaloide als freie Basen vorhanden sind und damit öllöslich werden.

XXI. Lösungen

Wirkstofflösungen in Wasser, Alkohol, Glyzerin oder anderen Lösungsmitteln gehören zu den häufigst ordinierten Arzneimitteln. Unser Arzneibuch kennt offizinell nur die Solutio natrii chlorati physiologica, die anderen Lösungen sind unter Liquores oder allenfalls unter den Linimenten zu finden.

Unter einem Liniment versteht das Arzneibuch flüssige oder feste, gleichmäßige Mischungen, die Seife oder Seife und Fett oder Öle oder ähnliche Stoffe enthalten. Es sind flüssige, echte und kolloide Lösungen, Gele und Emulsionen darunter.

Liquores werden nicht eigens definiert. Man findet auch hier recht divergierende Zubereitungen, Lösungen von Gasen und Salzen in Wasser, kolloidgelösten Steinkohlenteer sowie den in letzter Zeit häufig als mit Alkoloiden inkompatibel erwähnten Liquor ammonii anisati. Technologisch bieten diese Präparate keine besonderen Probleme. Es sei jedoch eine Arbeit Goldsteins zitiert.

Er fand bei rezepturmäßiger Herstellung von Lösungen durchschnittliche Abweichungen, aus denen er die Toleranzen errechnet.

Jodnatriumlösung	3,81 %
Ammonchloridlösung	4,31 %
Essigsäure verdünnt	8,32 %
Permanganatlösung	5,87 %
Phenol in Öl 10%ig	10,58 %
Phenol in Öl 2%ig	19,14 %
Silbernitratlösung	6,69 %
Protargollösung	9,96 %

Diese Zahlen mit 2 multipliziert geben mit dem Vorzeichen ± die Toleranz, die nicht überschritten werden soll.

Allgemeiner Teil

I. Die pharmazeutische Industrie

1. Entwicklung

Der für den Apotheker wichtigste Industriezweig, die pharmazeutische Industrie, ging in Europa vorwiegend aus Apotheken hervor. Die Firmen Merck, Schering und Riedel entstanden aus Apothekenlaboratorien und die Chemiker Scheele, Liebig, Klaproth und Gmelin waren ursprünglich Apotheker.

Das komplexe Verhältnis Apotheke — Industrie, das aus den Komponenten Mitarbeit und Konkurrenz zusammengesetzt ist, ist nur aus dieser Entwicklung zu verstehen. In Amerika ist es anders. Fabriken und Drug Stores sind gleich alt und, historisch gesehen, parallel gerichtet gewachsen. Die Industrie wurde dort in ihrer Entwicklung nicht beeinflußt, sie ist von der Tradition unbelastet dem Techniker mehr verpflichtet als dem Pharmazeuten. Doch zurück nach Europa.

2. Stellung zum Apotheker

Eine gesunde Rivalität zwischen dem Apotheker und der Industrie ist wertvoll, sie spornt beide Berufsgruppen zu erhöhter Leistung an, die Kontrolle des Apothekers gleicht Härten aus und schaltet Übergriffe von unlauteren Elementen, die der Industrie nicht angehören, aus. Der vernünftige Apotheker wendet sich ja auch nicht gegen die Spezialitäten an sich, sondern meist nur gegen ihre Nachahmungen und ihre Vielförmigkeit. Die Zahl der in Österreich gehandelten Präparate betrug im Jahre 1952 etwa 6700, wenn man noch die Produkte Amerikas, Englands und Frankreichs, die nicht ins Ausland kamen, zuzählt, so kann man sich von der Größe des Weltkonsums und der Vielzahl der Produkte ein Bild machen. Dazu kommt, daß viele Heilmittel in Tropfen, Tabletten, Ampullen und

Zäpfchenform zu 3, 6, 10, 20, 100, 200 und 500 Stück abgepackt werden. Man versteht da den Standpunkt des Apothekers, der sich einer Sintflut gegenüber sieht. Die Industrie ihrerseits betont, daß jedes Mittel in jeder der Formen gehandelt und verlangt wird. Da der Apotheker unmöglich alle Mittel und alle Formen lagern kann, muß einerseits der Großhandel eingeschaltet werden, andererseits muß er sich mit dem Arzt auf einige Präparate und davon auf wenige Formen einigen.

3. Marken- und Spezialitätenwesen

Zum Wesen eines industriell hergestellten Arzneimittels gehört die einheitliche Qualität, der genormte Preis, die Massenherstellung und in hohem Grade die rechtlich geschützte Marke oder der Patentschutz. Die überwiegende Bedeutung der Markenpräparate wird mit verschiedenen Gründen motiviert. So wird betont, daß Markenartikel aus dem heutigen Wirtschaftsleben nicht wegzudenken sind, da sie den beiden Grundwünschen des Verbrauchers nach stabilen Qualitäten und Preisen Rechnung tragen. Dem Hersteller wird das Urteil des Verbrauchers zugänglich gemacht, ihm wird die Gewißheit der eigenen Leistung gegeben, die Werbung ermöglicht und insbesondere beim Export ein gewisser Schutz gegen Maßnahmen im Ausland gewährleistet. Die Markenware wurde zum internationalen Gütezeichen, der Firmenname zur Marke (z. B. Bayer, Schering, Hoffmann-La Roche, Ciba, Sandoz, Chemosan, Sanabo, Egger, Merck, Knoll, Boehringer, Riedel, v. Heyden u. a.), so daß auch Nachahmungen einen schweren Stand haben. Im In- und Ausland ist der gewerbliche Rechtsschutz für pharmazeutische Markenwaren (Patent-Warenzeichen-Ausstattungsschutz) von größter Bedeutung.

Was sind nun eigentlich Spezialitäten? Ganz allgemein versteht man darunter nach der landläufigen Ansicht Präparate, die in größerem Umfang und in abgepackter Form, meist unter Namensschutz, mit staatlicher Erlaubnis, vertrieben werden; es gehören dazu also alle Produkte, die in der Liste pharmazeutischer Spezialpräparate angeführt sind. Erzeugnisse, die abseits des regulären Handels vertrieben werden und meist ohne Deklaration der Inhaltsstoffe herauskommen, sind Geheimmittel. Da in Österreich zur Zeit eine Spezialitätenordnung in Kraft ist, können wir unter Arzneispezialitäten alle die Präparate zusammenfassen, die durch Eintragung in das Register und Erteilung einer Registernummer unter Kontrolle stehen. Nicht registrierte Produkte dürfen nicht in den Handel gebracht werden. Wir müssen auch eine reinliche Scheidung treffen zwischen erfinderisch aufgebauten Originalpräparaten und primitiven, oft unsachgemäß zusammengesetzten Ersatzpräparaten, die von Winkelfirmen ausschließlich von merkantilen Gesichtspunkten aus empfohlen werden. Ein Präparat, das durch jahrelange biologische oder synthetische Versuche entwickelt wurde, pharmakologische und klinische Prüfungen hinter sich hat; ein Produkt, zu dessen Gewinnung eigene Pflanzenkulturen, die Akklimatisation ausländischer Pflanzen u. a. nötig waren, ist ein Originalpräparat, eine Spezialität im engeren Sinne, die vom Arzt und vom Apotheker anerkannt wird, da sie eine Waffe zur Erhaltung oder Erlangung der Gesundheit darstellt.

Ein „Original"-Präparat muß „originell" sein. Es muß ein neues biologisch oder synthetisch gewonnenes, chemisches Individuum darstellen, therapeutisch wertvolle Eigenschaften erkennen lassen, oder das Produkt eines neuen Verfahrens zur Gewinnung therapeutisch verwendbarer Extrakte oder Reinsubstanzen aus pflanzlichem, mineralischem oder tierischem Ausgangsmaterial sein. Im letzteren Fall wird ein nicht unwesentlicher Teil der Erfinderarbeit durch die Ausarbeitung neuer biologischer Prüfverfahren geleistet. In seiner am wenigsten originellen Form kann das Erfinderobjekt schließlich auch im optimal wirksamen pharmakologischen Zusammenbau bereits bekannter Arzneimittel bestehen und das Resultat eingehender Versuche darstellen. In diesen Sektor gehört z. B. das Veramon, in dem zwei Präparate der einen Firma von einer zweiten kombiniert wurden. Es fand Nachfolger im Cibalgin und vielen anderen.

Viele Originalpräparate sind das Ergebnis zielbewußter, bis in alle Einzelheiten organisierter Zusammenarbeit des Chemikers, Pharmakologen und Klinikers; Zufallsentdeckungen gehören auf diesem Gebiet zu den größten Seltenheiten. Welche Unsumme von Arbeit und Kosten erforderlich ist, bis ein neues Präparat nur so weit gediehen ist, daß an seine Einführung gedacht werden kann, geht aus der Erfahrungstatsache hervor, daß von 100 Versuchspräparaten, die das chemisch-wissenschaftliche Laboratorium einer ernsten Firma herstellt, im besten Falle 5 bis 10 vom Pharmakologen für den Versuch am Krankenbett würdig befunden werden und von diesen letzteren nur ein kleiner Prozentsatz die klinische Prüfung besteht. Da die ernsthafte chemisch-pharmazeutische Industrie schon aus Prestigegründen Wert darauf legt, nur solche neue Präparate einzuführen, die gegenüber den bisher zur Verfügung stehenden Arzneimitteln Überlegenheit aufweist, ist sie an Vorzügen, und seien sie auch nur propagandistischer Art, selbst sehr interessiert. Genügt die neue Arzneisubstanz dieser Forderung, so folgen Groß-Versuche für die Fabrikation und die Herstellung der am besten geeigneten Handelsformen. Weitere, recht beträchtliche Summen werden außerdem für die Erlangung von Patenten und Vertriebsbewilligungen in den verschiedenen Absatzländern ausgegeben.

Aus dieser kurzen Skizzierung der Verhältnisse geht hervor, daß ein neues Spezialpräparat, bevor es in den Handel gelangt und bevor nur ein Groschen daran verdient wird, mit erheblichen Unkosten belastet ist. Der kaufmännisch rechnende Unternehmer kann derartige Kapitalien nur dann investieren, wenn ihm durch eine gewisse, wenn auch zeitlich beschränkte Monopolstellung die Möglichkeit geboten wird, die für die Erfindungen aufgewendeten Summen zu amortisieren. Er läßt zu diesem Zwecke die Herstellungsverfahren und alle ihm möglich erscheinenden Umgehungswege durch Patente schützen. Die Erteilung eines Herstellungs-Patentes, nur solche kann man bei Heilmitteln erhalten, setzt den Erfinder in die Lage, die Benützung seines Verfahrens durch andere zu verhindern, schließt aber nicht aus, daß Dritte auf getrenntem Wege zu dem gleichen Endprodukt gelangen. Als Gegenleistung für diesen relativen Schutz verlangt der Staat, daß die Erfindung nach einer bestimmten Zeit der Allgemeinheit anheimfällt.

Die Zeit, während der ein Herstellungsverfahren patentrechtlich geschützt ist, kann nur zum Teil genützt werden. Um eine vorzeitige Veröffentlichung zu verhindern, ist der Hersteller gezwungen, sein Verfahren schon zum Patent anzumelden, bevor das Präparat zur klinischen Prüfung kommt. Während der Prüfung, der Einspruchszeit und der Veröffentlichung können Jahre der Schutzfrist ungenützt verstreichen, bis das Produkt in den Handel kommt.

Wenn das Präparat diesen Weg hinter sich hat, muß die Werbung einsetzen, ohne die das beste Mittel keinen Absatz findet. Weitere Jahre verstreichen, in denen die Forschungskosten kaum gedeckt werden. Von großer Bedeutung bei der Werbung ist die Wortmarke, die dazu dient, die Ware eines Erzeugers in unmißverständlicher Weise vom Produkt anderer Provenienz zu unterscheiden. Es ist deshalb das Bestreben jedes Inhabers einer solchen geschützten Wortmarke, zu verhindern, daß seine Marke zur Warenbezeichnung oder Abkürzung für einen unbequemeren chemischen Ausdruck benützt wird.

Die Hersteller des Aspirin mußten mit riesigen Kosten die Bayerkreuzpropaganda starten, um die Namen Aspirin, Pyramidon und ähnliche, die zur Begriffsbezeichnung wurden, als „Aspirin Bayer" für sich zu retten. Es war ehrenvoll, wenn jeder Apothekenkunde in der Welt Aspirin verlangte, einträglich war es nicht, da die meisten irgend eine Acetylsalizylsäure erhielten. Aus diesem Grund sieht jeder Hersteller auch mit einem lachenden und einem weinenden Auge zu, wenn sein Präparat unter seiner Wortmarke, einem neuen Namen oder der chemischen Bezeichnung in das Arzneibuch einrückt. Er hat damit den Beweis, daß sein Produkt unentbehrlich ist, einen Fortschritt darstellt, andererseits geht ihm der Gewinn, den er erhoffte, großenteils verloren. Es wird ja bald Firmen geben, die sein Produkt ebenfalls arzneibuchrein herstellen, ja darüber hinaus können unlautere Elemente nun mit folgendem Passus Wettbewerb betreiben: „x x x entspricht in Zusammensetzung und Reinheit dem Arzneibuch und damit dem auf dessen Seite 00 genannten Markenartikel."

Patent- und Markenschutz sind also die Faktoren, die der pharmazeutischen Industrie die Möglichkeit geben, große Summen in die Forschung zu investieren.

Der Hersteller von sogenannten Ersatzpräparaten erspart sich jede Auslage für selbständige Forschungsarbeiten, wartet ab, bis die Patentfrist eines guten Originalpräparates abgelaufen ist, und bringt dann seinen Ersatz, sei es unter der chemischen Bezeichnung, sei es unter einem neuen Phantasienamen, in den Handel. Da sein Produkt durch keinerlei oder nur durch geringe Unkosten belastet ist, kann er zu niedrigeren Preisen liefern, denn er wählt vorsichtigerweise für seine Nachahmungstätigkeit nur diejenigen Originalpräparate aus, die nachweislich bereits einen größeren Umsatz erzielt haben. Präparate, die, obwohl therapeutisch wertvoll, wegen eines kleinen Indikationsgebietes nur eine sehr beschränkte Verbreitung finden und deshalb wenig Gewinn bringen oder — häufiger als man denkt — nur, um dem Arzt zu helfen, hergestellt werden, kommen für ihn nicht in Betracht. Um nur ein Beispiel anzuführen: Bromural besitzt allein in Europa 80

Nachahmungen, Tonephin hingegen keine einzige. — Nicht zufrieden mit der Ausnutzung fremder Forscherarbeit bedient sich die Ersatzmittelindustrie bisweilen auch noch in Gegenüberstellungen und Preisvergleichen der Originalmarken. (In Österreich liegen die Verhältnisse verhältnismäßig günstig, da unser vorbildliches Arzneimittelgesetz das Herausbringen von Nachahmungen und Schund unterbindet.) Andrerseits hat die staatliche Lenkung, die Kontrolle der Preise durch die Ministerien und Krankenkassen auch wieder beträchtliche Nachteile. Die Preise sind so herabgedrückt, daß für Werbung nur wenig, für Forschung nichts abfällt. Ohne Kapital für diese Zwecke kann unsre zwar staatlich gelenkte, aber nicht gesteuerte und geförderte Industrie nie das hohe Niveau der Betriebe der Nachbarländer erreichen.

Wenn das Originalpräparat aus den angeführten Gründen oft etwas teurer sein muß als das Ersatzpräparat, so bietet es dafür aber auch allein die volle Garantie für Reinheit und zweckmäßige Verwendungsform. Zudem nutzt seine Verwendung nicht nur dem Aktionär, wie man zu glauben leicht verführt werden kann, sondern auch der Volksgesundheit. Aspirin war wesentlich teurer als Acetylsalicylsäure, es war aber auch der Träger der Summen, die nötig waren, um neue Forschungen durchzuführen.

Wenn heute mit großem Aufgebot gestartete Nachahmungen in Österreich sogar teurer angeboten werden, so sollte man daran denken, daß Bayer Forschung betreibt, der Nachahmer aber rein merkantil vorgeht.

4. Industrieapotheker

Zahlreiche Apotheker wollen von der Hochschule oder von der Praxis weg in die Industrie. Ich möchte daher kurz über die Aussichten berichten, die er dort hat, und von den Forderungen sprechen, die die Industrie an ihn stellt.

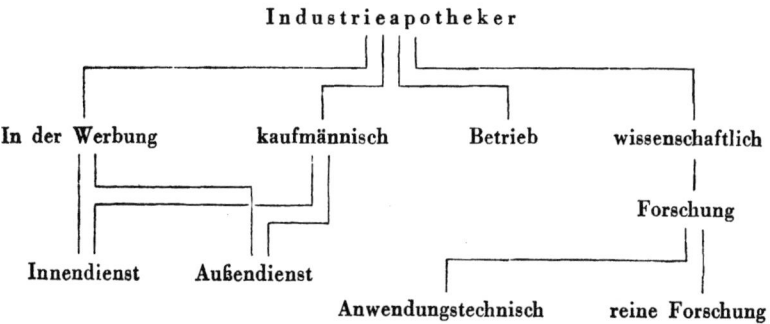

Das Schema zeigt, daß ich von der Großindustrie im engeren Sinne sprechen will und die kleineren Werke, in denen der Fall ja wesentlich einfacher liegt, nur kurz erwähnen möchte. In letzteren ist ein Apotheker meist der Betriebsführer, der dem ganzen Betrieb vorsteht oder doch wenigstens die galenischen Abteilungen leitet. Da sich diese Tätigkeit nicht wesentlich von der im Apothekenlaboratorium unterscheidet, wenn auch mit größeren Mengen gearbeitet wird, so kann hierzu nicht viel gesagt werden.

In der Großindustrie stehen dem Apotheker theoretisch alle Abteilungen offen, die Aussichten, unterzukommen sind, abgesehen von Konjunktureinflüssen, gut, insbesondere für den, der promoviert hat. Die Dissertation zeigt den Abteilungsvorständen der interessierten Abteilung, daß der Bewerber wissenschaftlich eine gewisse Selbständigkeit besitzt, ein Vorteil, der sich nicht zuletzt günstig auf die Gehaltseinstufung auswirken wird.

Der Apotheker, der in eine Werbeabteilung, diskreter „wissenschaftliche Abteilung" genannt, eingestellt wird, hat die verschiedensten Funktionen und Möglichkeiten.

Im Innendienst hat er die Berichte der Außenvertreter nachzuarbeiten, das heißt, er muß dem besuchten Arzt für sein Interesse danken, ihm die vom wissenschaftlichen Mitarbeiter in Aussicht gestellten Proben avisieren. Er verbindet dies im sogenannten Nachbearbeitungsschreiben mit der Beantwortung einer Frage, die der Herr im Außendienst nicht lösen konnte, den Hinweis auf einen besonders wichtigen Punkt oder der Zitierung eines Autors, der sich mit dem bemusterten Produkt besonders beschäftigt hat. Diese Nacharbeit ist ebenso wenig interessant wie die Erledigung der Musteranforderungskarten. Anregender gestaltet sich die Beantwortung spezieller Anfragen, die Korrespondenz mit den Herren im Außendienst und die Durcharbeit und Sichtung der Zeitschriften nach Erfahrungen mit werkseigenen und Konkurrenzpräparaten. Alle Neuerungen der Medizin, Pharmazie und Chemie werden für die eigene Abteilung, den Betrieb und die Forschung bearbeitet. Meist wird so vorgegangen, daß einer der Herren aus allen In- und Auslandsfachblättern Referate anfertigt, jeder bekommt diese Auszüge zugestellt und kann sich die Zeitschriften, die ihn besonders interessieren, vom Literaturbüro kommen lassen.

Im Außendienst werden von den jüngeren wissenschaftlichen Mitarbeitern die praktischen Ärzte, Fachärzte und die kleineren Krankenhäuser besucht. Der Ärztebesucher macht den Arzt auf die Vorzüge seines Präparates aufmerksam, verkauft aber nichts. Bei kleineren Firmen bekommt er pro Besuch bezahlt, bei den größeren erhält er ein Fixum und Tages- oder Vertrauensspesen. Die Zuerkennung von Provisionen geschieht nur ungern, da sich die kaufmännnische Leitung nicht in die Umsätze hineinsehen läßt.

Besonders versierten Mitarbeitern ist der Besuch der Krankenhausprimarien und Kliniker vorbehalten. Bei diesen wird die Prüfung von neuen Präparaten eingeleitet und die Verwendung bekannter Mittel bei neuen Heilanzeigen vorgeschlagen. Die hierzu befähigten Herren müssen über ein universelles Wissen verfügen, sie sollen die Einstellung jedes einzelnen Klinikers kennen, denn es hat keinen Zweck, einen Arzt, der eine blutdrucksenkende Diät ausgearbeitet hat, nun ausgerechnet ein Diuretikum anzuempfehlen. Er muß sich in die Denkweise des Arztes hineindenken und dabei selbstlos sein, denn seine Anregungen, falls sie sich als richtig erweisen, erscheinen nicht als seine, sondern als des Klinikers Ideen in der Fachpresse.

Der Mitarbeiter des In- und Außendienstes im Inland braucht über sein Hochschulwissen hinaus gut fundierte Kenntnisse in der Chemie, in der Pharmakologie und klinischen Medizin. Die namhaften Firmen lassen die in Frage kommenden Herren von ihren Pharmakologen grundlegend ausbilden und geben ihnen Gelegenheit, die Kongresse und sonstigen Zusammenkünfte zu besuchen, sowie die Literatur zu studieren.

Der Industrieapotheker soll das sein, was Oettel fordert, ein weitgehend chemisch und pharmakologisch geschulter Mittler zwischem dem Arzt und der Chemie, ein Arzneimittelspezialist, der eventuell durch den Titel Dr. med. et pharm. aus dem Durchschnitt herausgehoben werden könnte.

Im Ausland ist die Kenntnis der Landessprache ein Gebot der Höflichkeit gegenüber dem Arzt. Wenn man in Luxemburg, Holland und Ungarn und in der Schweiz auch mit Deutsch durchkommt und im Orient mit Französisch und Englisch, so ist es doch notwendig, den betreffenden Herrn in seiner Muttersprache anzureden. Wenn er besser deutsch spricht als der Arztbesucher seine Sprache, so wird er das, sobald die Form gewahrt ist, schon selbst zeigen.

In die kaufmännische Leitung gelangen Apotheker, meiner Erfahrung nach, nur in wenigen Fällen. In dieser Abteilung sitzen meist versierte Berufskaufleute, die sich den Nachwuchs wiederum aus den Kreisen ihrer Berufsart heraussuchen. Ausnahmen, in denen besonders geeignete Kräfte, seien es Chemiker, Apotheker oder Ärzte, in diese Gruppe eintreten, sind selten.

Im Betrieb ist der Leiter der Ampullen- und Tablettenstation in den meisten Fällen ein Apotheker. Seine Tätigkeit besteht im Überwachen der Hilfskräfte und in der Ausarbeit von Verbesserungen maschineller und galenischer Art.

In der Forschungsabteilung sind die Apotheker bevorzugt, wenn auf dem Programm vorwiegend galenische Produkte stehen. Stellt die Fabrik aber rein chemische Mittel her, so wird sie Chemiker anstellen. Der pharmakologischen Abteilung steht wohl immer ein Arzt vor. Der Forschungsabteilung ist meist die Bibliothek angeschlossen, sie untersteht meist einer Bibliothekarin und es ist zweckmäßig, hier eine Apothekerin zu wählen, da ihr die Denkweise und Nomenklatur des Arztes und des Apothekers geläufig sind.

Die weitaus interessanteste Stelle in einem pharmazeutischen Großbetrieb ist die des Anwendungstechnikers. Leider sind diese Stellen nur sehr selten zu besetzen, denn nur Werke, in denen neben den Arzneimitteln noch andere Produkte, wie Kunststoffe, Farben, Fette, Lösungsmittel und Waschmittel hergestellt werden, können einen solchen Herrn beschäftigen. Dort gehen alle diese neuen Stoffe auch in sein Laboratorium, und er hat zu prüfen, ob sie pharmazeutisch einzusetzen sind und vielleicht Eigenschaften aufweisen, die Vorzüge besitzen, die den bisherigen Produkten nicht zukommen. Diese Stellung verlangt eingehende Kenntnisse auf dem Gebiet der Pharmazie und darüber hinaus der Technik. Ein Vaselinersatz z. B., der die Forderungen des Arzneibuches nicht erfüllt, kann trotzdem dem Original bedeutend überlegen sein, denn die Kennzahlen des Vaselins wurden ja nur aufgestellt, um Verfälschungen auszuschalten, nicht aber, um den Fortschritt zu hemmen. Da keinerlei Unterlagen vorhanden sind, ist es nicht einfach, die Vorteile zu erkennen und gegen allfällige Nachteile auszuwägen. Ich habe oft den Versuch gemacht, Universitätsinstitute mit solchen Arbeiten zu betrauen. In den meisten Fällen haben die Prüfer festgestellt, daß das Präparat x x dem Arzneibuch nicht entspräche. Das wußte der Hersteller natürlich schon lange; was er hören will sind nicht die Nachteile, sondern das Hervorsuchen von Vorzügen will er sehen. Um dies leisten zu können, muß man sich in ein oft wenig erforschtes Spezialgebiet so einarbeiten, daß man darin Meister ist. Nur dann können solche Gutachten wirklich brauchbare Unterlagen bieten.

Der Anwendungstechniker muß auch abwägen können, ob der Vorteil den oft wesentlich höheren Preis rechtfertigt. Ich kann mir vorstellen, daß z. B. ein hydriertes Fett besonderer Eignung dem Schweinefett, anders geartet der Kakaobutter überlegen ist und beispielsweise infolge seiner nahezu unbeschränkten Haltbarkeit 30 bis 50 % teurer sein kann. Es ist aber nicht zu erwarten, daß eine neue Salbengrundlage, die vielleicht gewisse, oft undurchsichtige Vorteile (Silikone) aufweist, nahezu den 100fachen Preis der Vaseline erzielen wird. Derartige Präparate sind in Spezialfällen der Technik unentbehrlich, in der Pharmazie aber nicht einsetzbar.

In mittleren und kleineren Betrieben wird der Apotheker, der Pharmazeut um ein gewisses Maß an Ingenieurwissen nicht herumkommen. Er muß wissen, welcher Dampfkessel, welcher Druck empfehlenswert sind, wie isoliert werden muß, welche Motoren zu beschaffen sind und anderes mehr. Da ein wesentlicher Anteil des pharmazeutischen Nachwuchses in die Industrie geht bzw. industriell interessiert ist, sollte das hierzu nötige Wissen auch auf den Hochschulen vermittelt werden. Leider sind derartige Fächer noch nicht vorgesehen und der Galeniker ist nur ausnahmsweise in der Lage, hierin zu vermitteln.

Die deutsche Bundesrepublik stellt gegenwärtig 7,5 % des Weltkonsums an Arzneimitteln her. Das Vorkriegsdeutschland produzierte ungefähr 40 %. Die USA sind mit 46,7 % zur Zeit vor England mit 15,4 %, der Schweiz mit 11,6 % und Frankreich mit 8,9 % führend. Es ist anzunehmen, daß sich diese Zahlen in den nächsten Jahren ändern werden, doch ist die amerikanische Industrie schon ob der riesigen Inlandskapazität von großer Bedeutung. In Amerika werden auf den Kopf der Bevölkerung etwa 10mal soviel Medikamente verwendet wie bei uns. Alle diese Gründe haben zum Erstehen sehr großer Firmen, die in der Massenherstellung größte Erfahrung besitzen, geführt. Man kann an den dortigen Einrichtungen, die im Produktivity Team report des Anglo american Council on productivity „Pharmaceuticals" (London 1951) nicht vorbeigehen.

II. Heiztechnik

In der Apotheke und in der Industrie haben wir entweder
1. Holz-, Kohlen- oder Ölfeuerung,
2. Gasheizung oder Propangas,
3. elektrische Heizung oder
4. Dampfheizung zur Verfügung. Welcher dieser Wärmeenergiespender gebraucht wird, richtet sich nach dem Zweck der Apparatur, die verwendet werden soll, ihrer Größe und dem Inhalt der Gefäße.

1. In der Apotheke

In der Apotheke, um zunächst die kleineren Apparate zu besprechen, wird man für die chemischen Arbeiten des Laboratoriums mit Niederdruckdampf arbeiten, 105 Grad bei 0,5 atü reicht für die meisten galenischen Arbeiten aus. Dampfheizung birgt keine Überhitzungsgefahr, schont also die Präparate und setzt die Feuersgefahr auf ein Minimum herab.

Leider sind wir mit den diesbezüglichen Apparaten noch ziemlich im argen. Die Apotheken benützen ihre Dampferzeuger nur in seltenen Fällen; die Anfragen und damit das Angebot an wirklich wirtschaftlichen Dampferzeugern und Destillationsapparaten für den Kleinbedarf ist daher so gering, daß keine neuen Apparate auftauchten. Ja, die zahlreichen Apotheken in größeren Städten beziehen das destillierte Wasser vom Grossisten und denken nicht daran, selbst zu destillieren.

2. In der Industrie

a) **Dampf.** In der Industrie ist der Dampf unumgänglich notwendig zum Heizen, Destillieren, Trocknen und vielen anderen Arbeiten. Es ist hier nicht der Ort, an dem Eingehendes über den Bau von Kesselanlagen gesagt werden soll, denn dieses Gebiet fällt weit außerhalb des Themas „pharmazeutische Technologie". Es sollen daher nur die wichtigsten Apparate und Namen kurz erläutert werden. Sollte sich jemand eine Dampfanlage bauen, so muß er ohnedies die Mithilfe eines Fachmannes in Anspruch nehmen.

Es gibt stehende und liegende Dampfkessel, die ihrerseits wieder als Walzenkessel, Flammrohrkessel, Siederöhrenkessel, Wasserröhrenkessel gebaut werden können.

Ein Walzenkessel hat meist eine Heizfläche von mehr als 25 m². Er wird von außen geheizt und hält infolge seiner großen Wassermassen Schwankungen in der Dampfentnahme leicht aus. Sein Nachteil besteht in der verhältnismäßig ungünstigen Ausnützung der zugeführten Wärmemengen. Um die Wärme besser zu verwerten, verwendet man Kessel, durch die ein oder mehrere gewellte weite Rohre laufen. Durch sie werden die Flammengase geleitet. In diesem Siederohrkessel wird die angebotene Wärme recht gut ausgenützt. An Stelle von einigen wenigen großlumigen kann man auch zahlreiche dünne Röhren zum Durchleiten der Verbrennungsgase verwenden und erhält dann einen sogenannten Flammrohrkessel, in dem das Wasser sehr schnell erwärmt wird. Im Flammrohrkessel durchziehen also die Gase die Röhren, im Wasserrohrkessel ist eine umgekehrte Anordnung getroffen. Die Röhren sind mit Wasser gefüllt und werden von den heißen Gasen umspült. Diese Typen können nun kombiniert werden. Der Fairbairnkessel ist im vorderen Teil ein Siederöhren-, im hinteren Teil ein Flammrohrkessel. Im Tischbeinkessel sind die beiden Grundprinzipien übereinander angeordnet. Der Steinmüllerkessel wiederum kombiniert den schnell heizbaren Siederohrkessel mit dem die Druckschwankungen gut ausgleichenden Walzenkessel.

Die verschiedenen Typen können stehend oder liegend angeordnet werden. Im allgemeinen wird man die stehenden in kleineren, die liegenden Kessel in größeren Betrieben vorziehen. Vorwärmer, Speisepumpen, Wasserreiniger und die Heizanlage ergänzen die Kesselanlage.

Als Brennstoff kommen Kohlen oder Heizöl in Frage. Welche Kohlensorte gewählt wird, schreibt die Wirtschaftlichkeit und damit die geographische Lage des Betriebes vor. Hochdruckdampf dürfte in pharmazeutischen Fabriken kaum eingesetzt werden, wohl aber Niederdruckdampf und überhitzter Dampf. Der Niederdruckdampf von 6 bis 8 atü wird zum Antrieb der Dampfmaschinen direkt entnommen, zum Heizen von Laboratoriumsapparaten, der Trockenschränke und der Zentralheizung wird seine Spannung auf 0,5 atü herabgesetzt. Der überhitzte Dampf kann in den Röhren der Rohrbrücken ohne Kondenswasserbildung und mit verhältnismäßig geringem Wärmeverlust weitergeleitet werden, die größeren Betriebe bedienen sich dieser Vorteile. Die Konstruktion eines Überhitzers wurde bereits auf Seite 63 besprochen.

b) Elektrizität. Die bequemste und sauberste, aber, sofern man nicht über eine eigene Anlage verfügt, teuerste und außerdem an eine von äußeren Faktoren recht abhängige Wärmequelle ist die elektrische Heizung. Sie läßt sich auf Zehntelgrade genau einstellen, steht immer zur Verfügung und verbraucht z. B. in Trockenschränken zum Anheizen keine Arbeitskraft. Eine passende Anlage muß natürlich vom Fachmann berechnet und ausgearbeitet werden. Die Heizspiralen formen nur etwa ein Zehntel der zugeführten Energie in Wärme um. Wesentlich günstiger arbeiten die sogenannten Wärmepumpen, die die Kompressionswärme ausnützen. Ein Motor wird mit einer Pumpe gekoppelt und die heiße komprimierte Luft dient zur Heizung von Trockenschränken und ähnlichen Geräten mit wesentlich rentablerem Energieverbrauch; die Pumpen können nicht zur Erzielung hoher Temperaturen herangezogen werden.

Steht eine billige Elektrizitätsquelle wie ein werkseigenes Wasserkraftwerk zur Verfügung, so empfiehlt sich die elektrische Heizung des Dampfentwicklers oder einzelner Geräte, wie der Destillieranlagen, Rührwerke, Verdampfer durch Induktionsheizung. Das Prinzip ist einfach. Den zylindrischen Kessel umgibt eine Spule, die an normal frequenten Dreh- oder Wechselstrom angeschlossen wird.

Das Aggregat arbeitet nun wie ein Transformator, der kurzgeschlossen ist. Die Primärwicklung, die Spule erzeugt in der Apparatewand, die die kurzgeschlossene Sekundärwicklung darstellt, ein magnetisches Feld, das seinerseits starke, aber niedergespannte Ströme erzeugt, die an der Außenseite des Heizmantels, unabhängig von dessen Dicke, kreisen. Ihnen wird hoher Widerstand entgegengesetzt. Es entsteht Wärme, die nicht dorthin übertragen werden muß, sondern eben, und dies ist wirtschaftlich gesehen günstig, dort entsteht. Die Induktionsheizung kann als Mantel- oder Bodenheizung eingebaut werden. Sie kann bis 600 Grad heiß werden, da die isolierenden Teile aus keramischer Masse bestehen. (Hersteller Canzler, Düren, Rheinland.)

Im Laboratorium ist die elektrische Heizung noch universeller verwendbar als im Betrieb. Sie ist z. B. zum Erhitzen von Lösungsmitteln geeigneter als die feuergefährlichen Gasbrenner und kann in Form von Kochplatten, Elektrothermal- und Pilz-Heizkörben, in denen sich die Heizdrähte dem Rundkolben anpassen, elektrischen Wasserbädern, Muffelöfen und Verbrennungsöfen ausgenützt werden. Nur zum Glasblasen kann sie nicht verwendet werden. Die Thermostaten arbeiten bis 250 Grad auf ±0,1 genau. Die Muffel- und Glühöfen jeder Dimension mit Chrom-Nickel-Stahldrahtspiralen bis etwa 1000 Grad mit einer Genauigkeit von ±10 Grad. Laboratoriumsgeräte mit Platinheizdrähten kann man bis 1200 Grad belasten. Noch höhere Temperaturen liefern Spezialapparate, die den elektrischen Lichtbogen als Wärmequelle verwenden.

In einem Buch, das lediglich eine Übersicht über alle Möglichkeiten geben soll, kann natürlich keine starre Vorschrift für den Bau der zweckmäßigsten Anlagen gegeben werden. Welche Art der Heizung, welche Größe der Anlage nun in Frage kommt, bestimmt nicht allein der Bauherr, sondern seine Mittel, die Lieferungsmöglichkeiten der Fabriken, die Unterbringungsmöglichkeit und viele andere Faktoren. Sie sind anschmiegsam zu berücksichtigen und geben so die Synthese der zweckmäßigsten Apparatur.

III. Destillation

Zur laboratoriumsmäßigen Herstellung des destillierten Wassers kann jeder Kolben in Verbindung mit einem Kühler verwendet werden. Es wird zweckmäßig sein, einen Wasserkühler zu nehmen, doch genügt auch ein Luftkühler, sofern er nur lang genug ist. Als im Werk Oppau der I. G. die Wasserversorgung ausfiel, destillierte man dort auf einem Holzfeuer mit 4 m langen Glasröhren den Bedarf an destilliertem Wasser der analytischen Laboratorien, die vorher mit „fließendem" Aqua dest. nicht wenig verwöhnt worden waren. Einen recht eleganten Apparat zur Wasserdestillation haben Schott u. Gen. in Jena entwickelt (Abb. 111). Kolben und Kühler dieses Stadler-Apparates sind zu einem Apparat vereinigt und pendelnd aufgehängt. Sobald das Wasser im Kolben einen gewissen Tiefstand erreicht hat, steigt der Kolben in die Höhe und aus dem Kühler tritt solange Wasser in den Dampferzeuger, bis das Gleichgewicht hergestellt ist. Der Apparat, der mit Gas oder auch elektrisch geheizt werden kann, ist auch zur doppelten Destillation, also zur Herstellung von Aqua bidestillata geeignet, doch muß in diesem Fall die Schaltung umgebaut werden. Die Destillierblase wird nicht an den Kühler, sondern an ein Reservegefäß mit destilliertem Wasser angeschaltet.

In einem Arbeitsgang kann das bidestillierte Wasser mit zwei hintereinander geschalteten Stadler-Apparaten, dem sogenannten

„Doppelstadler" gewonnen werden. Der obere normale Stadler-Apparat gibt aus Rohwasser das erste Destillat, das durch einen Trichter in den Destillationskolben des zweiten Apparates gelangt. Die gleichmäßige Füllung des oberen Apparates wird durch das mehr oder minder starke Nachströmen des Kühlwassers in üblicher Weise bewirkt. Beim unteren Apparat ist diese Füllmöglichkeit nicht gegeben, da ja in seinen Kolben nicht Kühlwasser, sondern schon destilliertes Wasser einströmt. Um hier das Auftreten allzu großer Niveaudifferenzen zu verhindern, ist der Kolben mit der Gaszufuhr verbunden. Je nach seiner Stellung wird ein Ventil stärker geöffnet oder geschlossen und die Destillation erfolgt langsamer oder schneller.

Heraeus, Hanau, stellt zur Erzeugung von „Bi"-destilliertem Wasser in einem Arbeitsgang einen Apparat aus Quarzglas her (Gesamtpreis 570 DM samt Enthärtungs- und Entchlorungsfilter). Die Stundenleistung von 400 ccm ist verhältnismäßig gering. Ein Gerät, ebenfalls aus Quarzglas, das nur einfachdestilliertes Wasser herstellt und auch mit Quarz-Tauchsiedern beschickt ist, leistet 1,5 Liter. Größere Apparate werden aus Silber angefertigt.

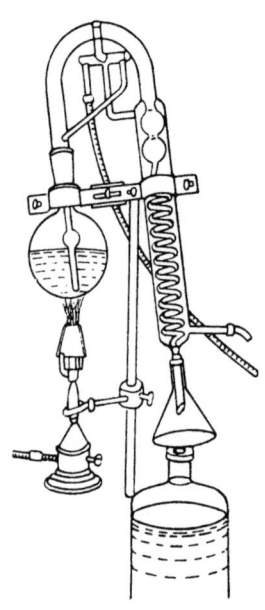

Abb. 111. Stadler-Apparat zur Herstellung von destilliertem Wasser

Eine Schweizer Firma stellt gleichfalls einen sich automatisch nachfüllenden, elektrisch heizbaren Wasserdestillationsapparat für den Laboratoriumsgebrauch her. Eine elektrische Heizspule entwickelt in einem zylindrischen Gefäß den Wasserdampf, der durch ein Rohr in den Kühler eintritt, dort kondensiert wird und unten im Schutz einer Glasglocke aufgefangen werden kann. Das Kühlwasser ergänzt durch ein Querrohr das abgedampfte Destillat, der Überfluß fließt durch einen Trichter ab. Der ganze Apparat ist auf einem Stativ montiert und liefert drei Liter pro Stunde.

Einen weiteren Apparat, diesmal aus Metall, zeigt Abb. 112. Die innerste Röhre ist der Kühler, der außen von Wasser umspült wird. Beim Aufsteigen erwärmt es sich und verläßt, dem waagrechten Pfeil folgend, den Kühlmantel. Durch den Niveauausgleicher bedingt, bleibt der Spiegel im Verdampferraum gleich hoch. Der Dampf wird in der Glocke vom mitgerissenen Wasser befreit und dann im Kühler kondensiert.

Ammonverbindungen im Wasser bindet man in diesen Apparaten mit Alaun, organische Verunreinigungen zerstört man mit Kaliumpermanganat. Um das Wasser zu enthärten und chlorfrei zu machen, sind besondere Zusatzaggregate nötig. Die Destillation wird in vielen Fällen durch die Reinigung des Wassers durch Ionenaustauscher und anschließende pyrogenfreie Filtration (Seitzfilter) verdrängt werden. Die Ionenaustauscher sind in der Anschaffung teuer, im Gebrauch aber billig. Sie liefern ein Wasser, das den Anforderungen entspricht, und werden in den pharmazeutischen Fabriken Amerikas schon häufig eingesetzt.

In den Apotheken findet man das übliche Destilliergerät mit Blase, Helm, Kühler; mit Gas, Dampf oder mit Kohle geheizt. Man kann mit diesen Apparaten Wasser, Alkohol und, sofern sie Dampfheizung besitzen, auch leicht entflammbare Lösungsmittel destillieren und nach Umbau bzw. Zwischenschalten eines Gefäßes zur Aufnahme der Drogen Was-

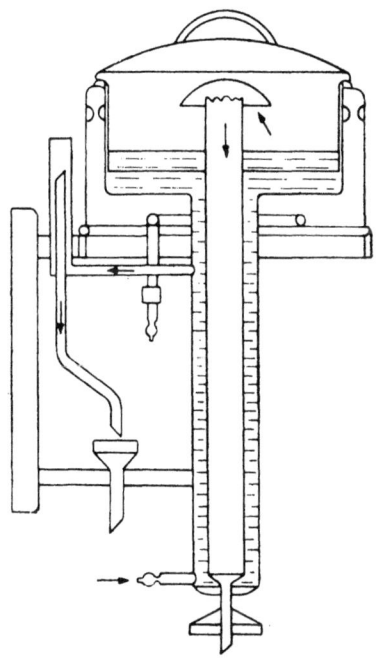

Abb. 112. Wasserdestillierapparat mit Innenkühler. Links Niveauhalter. Der Dampf nimmt die durch die im Zentrum angebrachten Pfeile skizzierte Richtung, kühlt sich im Kühler absteigend. Gleichzeitig wärmt er das Wasser (Pfeile links zeigen die Stromrichtung) vor

serdampfdestillationen durchführen. Wenn eine Dampfleitung vorhanden ist, so soll der Apparat, der den zugeleiteten Dampf als Aqua destillata kondensiert, einen Wasserabscheider, der mechanisch mitgerissenes Wasser entfernt, eingebaut enthalten. Die Wasserabscheider sind waagrecht angeordnete Platten, auf die das Wasser aufprallt und nach erfolgter Sammlung abgeführt wird.

Die Säulendestillierapparate arbeiten ähnlich wie die Kolonnen der Sprit- und Erdölindustrie. Es sind hier mehrere Destillationsgefäße übereinander angeordnet und der Dampf des unteren heizt immer die darüberliegende Blase, deren letzte ihren Dampf in den Kühler ableitet.

In der pharmazeutischen Industrie beschränkt sich das Destillieren natürlich nicht auf die Herstellung des destillierten Wassers allein. Die Trennung von Alkohol-Wassergemischen, die Rückgewinnung von Lösungsmitteln ist ungleich häufiger.

Die Trennung von Alkohol-Wassergemischen erfolgt in Kolonnenapparaten (Abb. 113). Die schematische Zeichnung zeigt, daß das Gemisch zuerst den Dephlegmator, der gleichzeitig Vorwärmer und Kühler ist, zunächst als Kühlerflüssigkeit durchläuft und dann in einem Vorwärmer Vo weiter erhitzt wird. Es tritt dann durch die Destillationskolonne in die Rektifiziersäule ein, passiert den Dephlegmator, diesmal von außen, um durch den hier weggelassenen Kühler K mit einer Alkoholkonzentration von 96 Prozent in die Vorratsgefäße abzufließen.

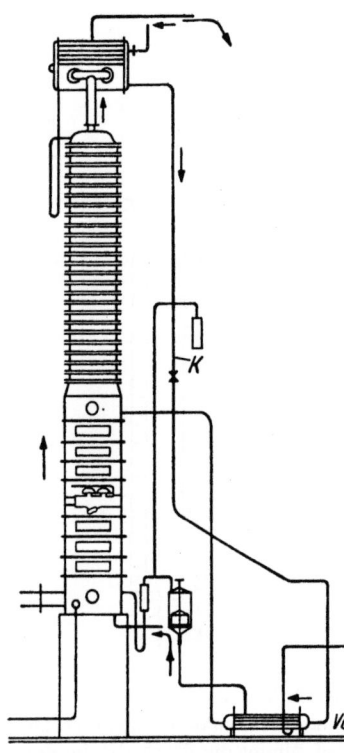

Abb. 113. Kolonnenapparat

Ohne Kolonne kann man Alkohol-Wassergemische konzentrieren, aber nicht in einem Arbeitsgang bis zum konzentrierten Spiritus hinaufdestillieren. Man erhält, wie folgende Tabelle zeigt, jeweils nur konzentrierte Gemische.

Siede-temperatur	Alkoholgehalt der Flüssigkeit		Alkoholgehalt des Dampfes	
	Volumen %	Gewicht %	Volumen %	Gewicht %
95,2	6	4,8	46,7	39,5
90,2	15	12,2	65,4	57,7
88,3	20	16,3	71,3	63,9
86,4	27	22,1	76,4	69,5
85,5	31	25,6	78,7	72,1

Das Eindicken von Extrakten geschieht im Vakuum, in Umlaufverdampfern, deren Ausführung wir schon besprachen, in einfachen, zweckmäßigerweise mit Rührwerk versehenen Vakuumdestillierblasen (Abb. 114) oder speziell ausgearbeiteten Anlagen, die wohl nur in großen Betrieben in Frage kommen.

Abb. 115 zeigt eine solche Anlage, die allein oder mit einer zweiten, kleineren zusammengebaut, mit und ohne Vakuumanwendung benutzt werden kann.

Verdampfer sind, auch wenn sie im Vakuum arbeiten, große Energieverbraucher, so daß bei großen Anlagen nach weiteren Einsparungsmöglichkeiten gesucht werden muß. Die mehrstufige Verdampfung

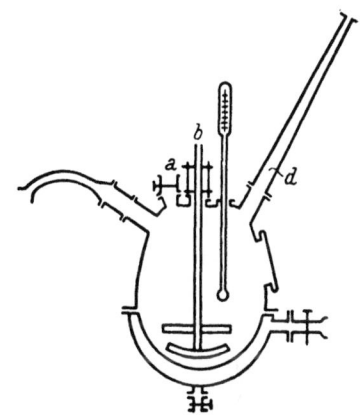

Abb. 114. Einfach-Vakuumdestillierblase

a Füllstutzen; *b* Rührwerk; *c* Einführung der Kapillare

ist hierbei der wirtschaftlichste Weg. Hierbei wird der im ersten Verdampfer entwickelte Brüdendampf zur Beheizung eines zweiten Aggregates, dessen Dampf zur Heizung des dritten benützt. Bedingung hierbei ist selbstverständlich, daß der jeweils folgende Verdampfer ein höheres Vakuum aufweist.

Da 1 kg Heizdampf aus vorgewärmtem Gut, von den Verlusten abgesehen, 1 kg Brüdendampf erzeugt, verdampft ein Dreistufenapparat mit 100 Grad Heizdampf bei 90, 75 und 55 Grad jeweils 1 kg Brüden, also die dreifache Normalleistung.

An Stelle der mehrstufigen Apparate kommen Vakuumverdampfer mit

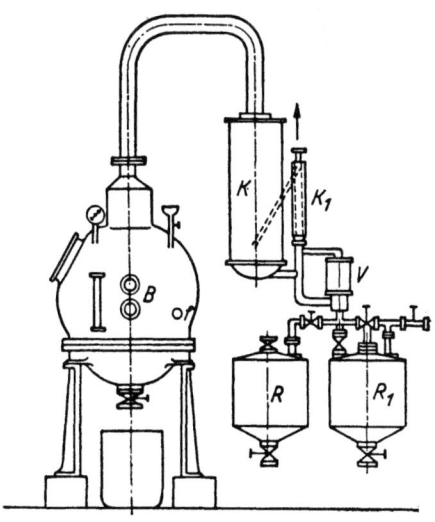

Abb. 115. Vakuumanlage

K Kühler; *B* Blase; *V* Kontrolle; R, R_1 Rezipienten

Brüdenkompression durch Turbinen oder Dampfstrahlgebläse in Frage. Hier geht der Abdampf durch eine Wärmepumpe und heizt entspannt den Verdampfer.

IV. Erzeugung von Unterdruck

Die Laboratoriumswasserstrahlpumpen aus Glas können als bekannt vorausgesetzt werden. Ein Wasserstrahl reißt Luft aus dem zu evakuierenden Gefäß mit und erzeugt bei genügendem Wasserdruck ein Vakuum von 2 mm. Da Glas zur Herstellung derartiger, genau zu arbeitender Apparate nicht das beste Material darstellt, hat eine Präzisionsgeräte herstellende Fabrik (Haake, Berlin) Pumpen aus Bronze in den Handel gebracht. Sie geben mit 0,5 atü Wasserdruck ein zufriedenstellendes Vakuum zum Nutschen, Eindampfen, Destillieren.

Herbert in Lahr hat für Laboratorien und kleine Betriebe, in denen der Wasserdruck nicht ausreicht, einen sehr netten Apparat konstruiert, in dem eine kleine Kreiselpumpe immer dasselbe Wasser aus einer Wanne durch 5 Wasserstrahlpumpen treibt.

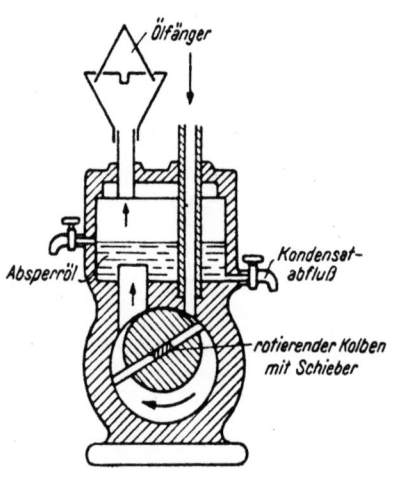

Abb. 116. Öl-Vakuumpumpe. Querschnitt

Für größere Betriebe reicht die Wasserstrahlpumpe nicht aus, man verwendet dort Kolbenpumpen, Dampfstrahlinjektoren oder Wasserringpumpen, die nach Art der Wasserstrahlpumpen arbeiten, den Strahl aber schleierartig rund schleudern und mit diesem Ring die Luft mitreißen. Diese Pumpen eignen sich z. B. zum Evakuieren von Verdampfern. Sie können auch, wenn nur Wasser verdampft wird, direkt an das Brüdenrohr angeschlossen werden und reißen den Dampf in das Wasser, in dem es kondensiert, hinein. Man kann so den für die Vakuumdestillation ja sehr großflächigen und mithin teuren Kühler sparen.

Zur Destillation besonders empfindlicher Substanzen, zur Molekulardestillation und ähnlichen Maßnahmen, genügt das Wasser-

strahlvakuum nicht. Zur Herstellung eines Vakuums von Bruchteilen eines Millimeters ist eine Ölpumpe nötig. Die Konstruktion eines solchen Apparates geht aus Abb. 116 hervor. Die Wartung und Abnützung dieser Modelle ist gering, die Leistung nur für Laboratorien, nicht für den Betrieb ausreichend.
In Weiterentwicklung der Ölpumpen hat Pfeiffer, Wetzlar, das nebenstehende Modell herausgebracht (Abb. 117). Die Pumpe ist sowohl Saug- wie auch Druckpumpe. Zum Betrieb von Geräten, die Fettlösungsmittel im Vakuum destillieren, ist eine Ölpumpe nur

Abb. 117. Öl-Vakuumpumpe (Medvacpumpe von Pfeiffer, Wetzlar)

unter bestimmten Bedingungen brauchbar, da ja das Öl dauernd Gefahr läuft, verdünnt zu werden. Es muß jede Spur Lösungsmitteldampf durch ein ausreichend dimensioniertes Kühlsystem und durch eine Kältefalle (ein mit Trockeneis beschicktes Dewargefäß, das Reste ausfriert) entfernt werden.

In den Betrieben können Dampfstrahl-, Kolben- und rotierende Vakuumpumpen verwendet werden.

Die Dampfstrahlpumpen sind den Wasserstrahlpumpen analog gebaut: ein ausströmender Dampfstrahl saugt die umgebende Luft an und reißt sie mit sich.

Unter den Kolbenpumpen unterscheidet man Trockenluft- und Naßluftpumpen. Es sind dies „Stiefelpumpen", die ein Vakuum von etwa 50 mm Druck ermöglichen und, hintereinander geschaltet, bis zu 8 mm herunterevakuieren. Die Naßluftpumpen waren vielfach mit einem 12 Meter hohen Kondensator verbunden, stellen also recht ungelenke Apparate dar, die nach und nach von den Rotationspumpen verdrängt werden. In diesen Pumpen nehmen rotierende, gut abgedichtete Flügel aus dem zu evakuierenden Raum Luft heraus und drängen sie gegen den Auspuff. Dadurch wird dieser Luftanteil komprimiert. Das Gerät wirkt als Saug- und Druckpumpe und erzeugt einerseits ein Vakuum von 12 mm, andererseits einen Überdruck von 4 atü. Diese Maschinen werden gekühlt und meistens direkt mit einem Motor gekuppelt, so daß durch die Kraftübertragung keine Verluste entstehen.

V. Antriebsmaschinen

Die vielseitigen Möglichkeiten der Kraftgewinnung und -Übertragung sollen zunächst einmal in einem Schaubild gezeigt werden.

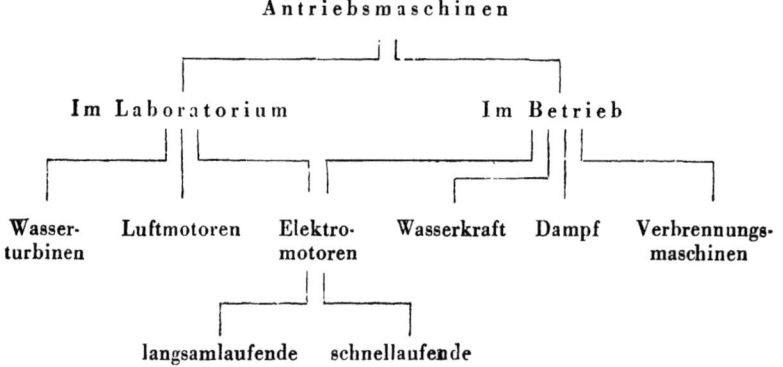

Zum Rühren von Emulsionen und Lösungen im Laboratorium bewähren sich die kleinen Wasserturbinen, die an die Wasserleitung angeschlossen werden, recht gut. Ihr Betrieb ist billig und geräuschlos und kann mit der Wasserleitung oder billiger — falls eine solche Leitung vorhanden ist — mit Flußwasser vorgenommen werden.

Ebenso geräuschlos arbeiten die Luftmotoren, deren Einsatz allerdings an eine Druckluftleitung von 3 bis 8 atü gebunden ist. Es gibt zwei Modelle, den schweren, auf einen Gußsockel montierten Einzylinder mit großem Schwungrad, der etwa 100 Umdrehungen in der Minute macht und insbesondere zum Antrieb von Schüttelmaschinen, zum Lösen und Hydrieren geeignet ist, und den leichten Schnelläufer, einen kleinen 3-Zylinder-Sternmotor ohne Schwungscheibe. Das Zuleitungsrohr ist so konstruiert, daß der Motor in jedes Laboratoriumstativ eingespannt werden kann. Durch das Drosseln der Luftzufuhr kann die Tourenzahl, wenn auch nur im beschränkten Maße, reguliert werden. Die Kupplung Motorachse — Rührer wird durch einen Schlauch vorgenommen.

Die elektrischen Antriebsmaschinen geben natürlich die mannigfaltigsten Anwendungsmöglichkeiten. In vielen Laboratorien sah ich einen $1/2$-PS Langsamläufer, der eine kleine Transmission mit Schnurrollen antreibt. Von der Transmission kann man durch die Wahl verschiedener Rädergrößen die verschiedensten Geräte mit beliebiger Tourenzahl antreiben. Nachteilig ist hiebei, daß nicht nur die Transmission, sondern auch die Antriebsaggregate fest fixiert werden müssen, da sie andernfalls auf die Transmission zurutschen oder wackeln. Außerdem ist die Antriebsmaschine durch ein oder einige wenige Laboratoriumsgeräte natürlich nicht voll ausgenützt.

Man ging deshalb in vielen Fällen dazu über, die einzelnen Apparate mit eigenen kleinen Antriebsmotoren auszurüsten. Emulgiermaschinen, Laboratoriumssalbenmühlen und andere Apparate haben meist Antriebsmaschinen mit $^1/_{16}$ PS. Als Rührwerks-Antriebsmaschinen, mit allerdings sehr schwacher Leistung, bewähren sich Motoren sehr gut, die auf einer Stange montiert sind, die mit einem Stativ fixiert werden kann. Als Gegengewicht des Motors ist am anderen Ende der Stange ein rund gebauter Widerstand eingebaut. Er ist regulierbar, so daß die Tourenzahl genau eingestellt werden kann. Ein Vorteil, der insbesonders bei der Ausarbeitung von Emulsionen ins Gewicht fällt. Die bekannten Rührmotoren mit beweglicher Welle sind bruchgefährdeter und werden von den oben geschilderten Apparaten verdrängt werden.

Im Betrieb ist die Dampfmaschine die beliebteste Energiespenderin. Da die Anforderungen an Höchstleistungen von über 1000 PS in pharmazeutischen Betrieben den Einbau von Hochdruckturbinen nicht oder selten rechtfertigen, werden in diesen Betrieben meist Niederdruck-Kolbenmaschinen genügen. Der Abdampf läßt sich zur Heizung verwenden.

Verbrennungskraftmaschinen, die je nach der Bauart, Leuchtgas, Generatorgas, Benzin oder Dieselöl verbrauchen, kommen infolge des verhältnismäßig teuren Brennmaterials nur in besonders günstig gelagerten Fällen, in denen die Brennstoffe, etwa Erdgas, billig bezogen werden können, für den Dauergebrauch, sonst nur als Reserve in Frage.

Elektromotoren sind für den Antrieb der Maschinen der pharmazeutischen Industrie besonders geeignet, insbesondere dann, wenn jede einzelne einen besonderen Antrieb hat und nicht ein einziger großer Motor eine nicht dauernd vollbelastete Transmission antreiben muß. Man schaltet nur den Motor ein, der gerade die benützte Maschine antreibt. Der ausschließliche Antrieb durch Motoren mit Fremdstrom ist teuer. Das allerdings selten mögliche Ideal für eine pharmazeutische Fabrik ist der elektrische Antrieb, die elektrische Heizung mit Strom, der in einer betriebseigenen Wasserkraftanlage gewonnen wird. Diesen Fall findet man meines

Wissens in keiner einzigen pharmazeutischen Fabrik Mitteleuropas verwirklicht. Der Grund hiefür liegt in der „Landflucht", das heißt in diesem Fall, die Betriebe haben sich in der Großstadt entwickelt oder zogen aus Organisationsgründen dorthin. Unter den wenigen Industrien, die auf dem Lande florieren können, ist gerade diese Unterart der chemischen Industrie an erster Stelle zu nennen. Wenn der Sitz des Werkes durch Straßenfahrzeuge mit der Bahn verbunden werden kann, wenn man sich nicht gerade eine Wasserkraft auswählt, die im Winter vereist oder versiegt, so kann man mit einer Turbine, die eine Dynamomaschine treibt, auf die Kohlen- und Stromversorgung von außen her vollständig verzichten. Ein solches Werk ist von jeder Kohlenkrise unabhängig, kann die Rohstoffe der Umgebung verwerten und bringt damit wirklich Neues, Präparate, die auch dann hergestellt werden können, wenn alle Zufuhren versagen. Es steht damit weitaus günstiger als Betriebe, die Mischpräparate herstellen und zusperren müssen, wenn sie am notwendigsten sind. Welche Turbine gewählt wird, welche Kraft ausgenützt wird, richtet sich natürlich nach dem Gefälle und der zur Verfügung stehenden Niederwassermenge.

Die Motoren in den Laboratorien und Betrieben sollen gekapselt, explosionssicher sein. Auch die Schaltanlagen und Beleuchtungskörper müssen, sofern mit Lösungsmitteln gearbeitet wird, entsprechend gebaut werden. Es sei auch noch kurz erwähnt, daß die einzelnen Apparate geerdet werden müssen, daß auf die elektrische Aufladung der Menschen und Apparate z. B. durch in Glasröhren schnell fließendes Benzin geachtet werden muß.

Auch die Ventilatoren müssen explosionssicher gebaut werden, in vielen Fällen sind sie, sofern schwere Dämpfe zu entfernen sind, am Boden angebracht.

Außer für den Antrieb ist Strom für die Zufuhr von Licht und Luft nötig. Trockenräume, Tablettier- und Dragierabteilungen verlangen bestimmte Feuchtigkeits- und Temperatureinstellungen, die Ampullierung völlig staubfreie Luft. Insbesondere in Amerika ist das Studium der geeignetsten Bedingungen eine Wissenschaft für sich, und für die Klimaanlage wird sehr viel Geld ausgegeben.

Auf dem Gebiet der Beleuchtung schreiten die Leuchtstoffröhren unaufhaltsam vor. Die europäische Fabrik, auch die modernster Planung, sucht möglichst viel Sonnenschein oder wenigstens Tageslicht einzufangen. In Amerika denkt man anders. Dort ist das Zentrum der Fabrik die Expedition, um sie sind in konzentrischer Anordnung die Lagerräume und wieder weiter außen die Herstellung angeordnet. Es ist verständlich, daß bei dieser Bauweise auf die Zufuhr von natürlichem Licht und Luft verzichtet wird. Leuchtstoffröhren ersetzen das Tageslicht, Klimaanlagen das zu warme, zu kalte, meist zu feuchte Naturklima.

VI. Zerkleinerungsanlagen

Die verschiedenen, in der Pharmazie benötigten Pulver der Drogen und Chemikalien wurden ursprünglich durch Zerstoßen in Mörsern oder Mahlen in gewöhnlichen Mahlsteinmühlen hergestellt. Heute haben wir zahlreiche, zum Teil auf ganz verschiedenen Gedanken basierende Zerkleinerungsanlagen, die je nach den Eigenschaften des Gutes und den Forderungen, die man an das Pulver stellt, eingesetzt werden. Wir wollen uns die maschinellen Möglichkeiten, mit denen man zerkleinern kann, vor Augen führen.

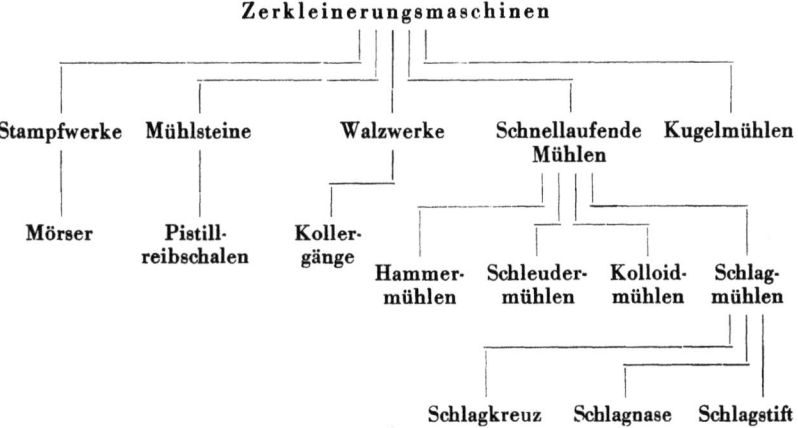

Die Zusammenstellung zeigt die vielseitigen Möglichkeiten. Die für die Pharmazie wichtigeren Mühlen sollen eingehender besprochen werden.

Reibschalen, mit mechanisch angetriebenen Pistillen arbeiten diskontinuierlich und mit kleineren Mengen. Die älteren Modelle sind einfach den Reibschalen nachgebildet, neuere Apparate wie die Retschmühlen haben flachen Boden und flache Pistille, so daß die Berührungspunkte zur Berührungsfläche werden. In der Homöopathie werden sie zur Herstellung von Verreibungen gebraucht, bei der Salbenbereitung sind sie, mit geringem Resultat, allenfalls noch einsatzfähig.

Kollergänge bestehen aus einem ebenen Tisch und zwei schweren Mühlsteinen, die langsam um eine, im Mittelpunkt des Tisches senkrecht stehende Achse laufen. Sie zermahlen und zerquetschen das Mahlgut, ohne Schlag- und Scherkräfte zu entfalten. Die Kollergänge können mit Oberantrieb und mit Unterantrieb konstruiert werden. Im ersteren Fall sind die Kegelräder, die die Achse drehen, ober den Mahlsteinen, in letzterem unter dem Tisch angeordnet.

Bei einem andern Typ des Kollerganges stehen die Mahlsteine still und der Tisch rotiert langsam um sein Zentrum. Wie dem auch sei, Kollergänge arbeiten diskontinuierlich und, am Aufwand an Gewicht gemessen, mit verblüffend kleinen Ausbeuten.

Kugelmühlen arbeiten „langsam, aber sicher", sofern das Mahlgut nicht etwa feucht ist und dann von den Kugeln an die Wand gepreßt wird. Gewöhnliche Kugelmühlen, eiserne Trommeln mit Stein-, Porzellan- oder Metallkugeln, werden in der pharmazeutischen Praxis kaum verwendet, denn sie arbeiten diskontinuierlich, sind verhältnismäßig mühsam zu laden und zu entladen und liefern doch nur geringe Mahlgutmengen. Die Kugelmühlen sind uns aber überall dort unentbehrlich, wo irgend ein geeignetes Material, unter Ausschluß von Eisen, gemahlen werden muß. In diesen Fällen verwendet man Steingut- oder Hartporzellantrommeln mit einem Mannloch, in denen Porzellan- oder Feuersteinkugeln beim langsamen Rotieren der Trommel das darin enthaltene Material an der Innenwand und aufeinanderprallend zermahlen.

Unter den kontinuierlich arbeitenden Mühlen haben die Walzwerke und Mühlsteinmühlen, die in der Lebensmitteltechnologie so überragend wichtig sind, nur recht geringe Bedeutung. Beide werden in unserem Fall, in etwas abgewandelter Form, nur als Salbenmühlen (siehe Seite 119) verwendet.

Die verschiedenen schnellaufenden, neuzeitlichen Zerkleinerungsmühlen arbeiten schlagend und scherend im wesentlichen nach demselben Prinzip, das aber im Laufe der Zeit zu den verschiedensten Ausführungen abgewandelt wurde. Sie bestehen gewöhnlich aus an einer kreisenden Scheibe angebrachtem, schnell rotierenden Bolzen, Stiften, Nasen, Klötzen, Rillen oder

Schlägern, die in einem Gehäuse untergebracht sind, in dem seinerseits wieder derartige Hindernisse befestigt sind. Das Mahlgut wird zwischen den rotierenden und den ruhenden oder allenfalls gegenläufigen Bolzen, Stiften oder Nasen zerschlagen.

Die Schlagkreuzmühlen bestehen aus einer Scheibe, die mit 4 bis 6 bis 8 sehr kräftigen Schlägern besetzt ist und Gehäusewandungen, deren Rippen das Mahlgut aufprallen lassen und wieder dem Schläger zuwerfen. Das Mahlgut tritt in das Innere des Schlägersternes ein und gelangt durch die Zentrifugalkraft in den Mahlvorgang und dann, durch die nicht unbedeutende Ventilatorwirkung durch die Siebe gepreßt, zu einer Schnecke, die das Mehl abtransportiert.

Die abgebildete Triumphmühle (Abb. 118) ist eine Schlagstiftenmühle, in der das Mahlgut zwischen den feststehenden und den rotierenden Stangen zerkleinert wird.

Abb. 118. Triumphmühle

Die Zerkleinerungswirkung dieser Mühlen ist noch kräftiger als bei den Schlagkreuzmühlen. Auch die Gefahr der Beschädigung, ja der Brüche der Mühle durch hineingeratende Steine und Eisenteile ist erhöht. Es empfiehlt sich daher, alle diese Mühlen durch vorgeschaltete Magnete zu schützen. Die Exzelsiormühlen arbeiten statt mit Stiften mit Nasen, zwischen denen das Material nicht zerschlagen, sondern zerrissen wird. Beim Desintegrator und Dismembrator laufen zwei Scheiben, die mit Stiften bewehrt sind, in gegenläufigem Sinn. Die Tourenzahl, mit der die einzelnen Stifte oder Nasen aneinander vorbeilaufen, verdoppelt sich durch diese Anordnung. Die beiden Maschinen sind Übergänge zu den Kolloidmühlen, die mit über 6000 Touren laufen. Letztere arbeiten nicht mit trockenem Material, sondern mit

Teigen, mit Emulsionen, die sie homogenisieren, und mit Suspensionen.

Die Mannigfaltigkeit der Modelle hat ihren Grund nicht nur in der großen Zahl konkurrierender Fabriken, sondern ist auf die wechselnden Eigenschaften des Mahlgutes zurückzuführen. Wenn einige Firmen ihre Mühlen als universell brauchbar empfehlen, so sind andere um so vorsichtiger und wünschen, vor der Erteilung eines Auftrages die Substanzen kennenzulernen, die gemahlen werden sollen. Es empfiehlt sich daher, eine Mühlenbestellung erst nach eingehender Beratung durch den Hersteller zu tätigen.

Je nach Art und Verwendungszweck des Materials, das verarbeitet werden soll, setzt man die verschiedensten Typen ein.

Hartes bis mittelhartes Gut wird meist mit einem Backen-, Walzen- oder Doppelhammerbrecher zerkleinert, dann mit einer Hammer- oder Kugelmühle mit oder ohne angeschlossenem Windsichter fein gepulvert. Mittelhartes bis weiches Material wird mit Daumen- oder Stachelwalzenbrechern vorbearbeitet und mit Hammer-, Schlagkreuz- oder Messermühlen weiter verfeinert.

Nun eine kleine Übersicht über deutsche Mühlen, die in der Pharmazie eingesetzt werden können.

Die Homax-Mühlen von Genter in Rheinfelden sind Trichter-

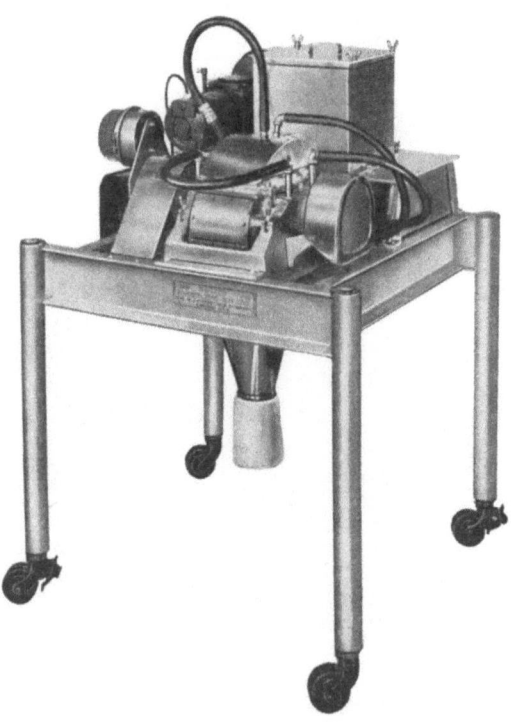

Abb. 119. Fitzpatrik Komminutor. Die Maschine stellt in Wirkung und Geschwindigkeit eine Art Kolloidmühle dar und arbeitet nach dem Hammermühlenprinzip. Sie mahlt staubfrei, ist wassergekühlt und besitzt einen Motor von 7—10 PS

mühlen, deren Mahlsteine aus Karborund — je nach dem Mahlgut verschiedener Körnung — bestehen.

Die Fryma, gleichfalls Rheinfelden, arbeitet nach dem gleichen Prinzip.

Die Alpine, Augsburg, stellt die verschiedensten Typen von der Kugelmühle bis zur Kolloidmühle her. Zerfaserer, Windsichter und Laboratoriumsmühlen vervollständigen die Auswahl.

Die Retschmühlen von Retsch, Düsseldorf, sind motorisch angetriebene Mörser mit Pistillen. Mörser und Pistill besitzen Abstreifer, die Pistille sind flacher als die in Apotheken üblichen, so daß die Mahlfläche größer wird.

Haldenwanger, Berlin, stellt die bekannten Porzellantöpfe und Kugeln für Laboratoriumskugelmühlen bis 30 Liter Inhalt her. Dazu wurde ein Apparat ersonnen, zwei liegende Gummiwalzen, die durch ihre Drehung den Topf in Rotation halten.

Fuchs, Wien, stellt eine Anzahl von sehr brauchbaren Mühlen her.

Die Sichtung des Materials geschieht einerseits durch die Mühle selbst, anderseits durch Windsichter oder Siebe.

Die erste Art soll durch die Alpine-Contraflex-Weitkammermühle erst erläutert werden. Die Mahlung erfolgt hier in freiem Flug zwischen den ineinanderkämmenden Stiften zweier umlaufender Scheiben, die Relativgeschwindigkeiten von 200 m/s erreichen. Das feine Pulver hat in der großen Kammer Zeit, seine Geschwindigkeit abzubremsen, klebt nicht an, sondern fällt zu Boden, wogegen die Luft durch die Filter entweicht. Mit dieser Mühle kann auch fettes Material wie Mutterkorn vermahlen werden.

VII. Neue Rohstoffe in der Pharmazie

Beim Studium der Geschichte der Pharmazie seit ihrer aus nebelhafter Ferne kommenden Entstehung, seit der Zeit, in der sie sich bewußt wurde, eine selbständige Wissenschaft zu sein, bis zur jüngsten Gegenwart, fallen uns Etappen auf, in denen sich die vorübergehend stationär bleibende, ja oft rückschrittliche Entwicklung rasch vorwärtstreibend umwandelt. Es sind dies in den letzten Jahrhunderten: die Zeit um die Entdeckung Amerikas, die uns die Heilmittel der Neuen Welt und Reformatoren brachte, die sie anwenden konnten; ferner die Jahre um 1880, in der die erste Gruppe der von da ab nicht mehr abreißenden Synthesen und

Analysen bekannt wurde. Als letzte Etappe ist die jüngste Vergangenheit zu nennen, in der folgende wesentliche Neuerungen auftauchten:

1. Konstitutionsforschung führte bei Alkaloiden, Hormonen und Vitaminen zu neuen Möglichkeiten der Synthese.

2. Neue Gruppen von Heilmitteln wurden rein synthetisch erarbeitet (Sulfonamide). Neue Schädlingsbekämpfungsmittel entstanden.

3. Wir lernten Paraffine oxydieren, chlorieren und konnten dadurch ganze Reihen neuer Wirk- und Hilfsstoffe einführen.

4. Wir fanden neue Emulgatoren und Salbengrundstoffe.

5. Wir lernten die Natur bei der Herstellung ihrer hochmolekularen Verbindungen belauschen und ihr folgend ähnliche Stoffe nachahmen (Polyvinylalkohol, Tylose, Buna, Nylon).

6. Wir fanden einige neue Heilpflanzen bzw. Substanzen, die Heilpflanzen des Auslandes ersetzen können bzw. grundlegend neu sind (Gerbstoffe, Anthrachinone, Antibiotika).

Diese letzten Etappen des Aufstiegs verdanken wir vorwiegend den Chemikern. Der Pharmazie konnten dadurch von außerhalb neue Möglichkeiten zugeführt werden, andrerseits sind ihr aber auch viele vorbehaltene Forschungsmöglichkeiten entglitten, so daß sich im Bereich des Apothekers manches geändert hat. Er wurde immer mehr Kaufmann und Anwendungstechniker. So interessant dieses Wissensgebiet an sich ist, so wenig hat es bisher wirklich Freunde gefunden. Zu Unrecht, denn der Apotheker kann mit den Möglichkeiten der Großindustrie und der Forschungsinstitute nicht mit, er ist aber gerade hier, wo er einen Überblick hat, in der Lage, Bahnbrechendes zu leisten. Er kann hier seinen Teil der Gemeinschaftsarbeit, die den Fortschritt bedingt, durchführen.

Jahrhundertelang waren z. B. Fette das Grundmaterial der Salben. Man verwendete vorwiegend tierische, schmalzige sowie talgige Fette, die mit Pflanzenölen ergänzt wurden.

Das Schweinefett spielt trotz seiner geringen Haltbarkeit noch heute eine Rolle und die Butter wird in besseren Zeiten in der Pharmazie sicher wieder Bedeutung erhalten.

1878 ist das Jahr, in dem Vaselin von Piffrath bzw. Kaposi sowie das Lanolin eingeführt wurden. Vaselin unterscheidet sich von den Paraffinen und Paraffingemischen durch das Vorhandensein größerer Mengen verzweigtkettiger Moleküle. Dadurch ist seine „Zügigkeit" bedingt. Es bildet „Trichite" mit gerichteten Molekülen, die Fäden ziehen. Sind neue Rohstoffe nun gleich geeignet, geben sie zügige, schmelzende oder lösliche Salben? Das sind Fragen für den Anwendungstechniker.

1. Emulgatoren

Wollfett war im ungereinigten Zustand schon lange in Verwendung. Gereinigt führte es Liebreich ein. Es ist hydrophil — wie man sich früher ausdrückte, — ein Wa/Öl-Emulgator — wie man jetzt sagt. Verantwortlich dafür ist das freie Cholesterin. Seine Ester sind schwache Emulgatoren. Man kann die Emulgatoren anreichern und erhielt schon um 1900 Eucerit, Protegin und Präparate, die als Alcoholia lanae auch ohne Fabriksnamen erhältlich sind. Cholesterin selbst ist als Emulgator gleichfalls brauchbar, aber teuer. Andere Sterine sind verwendbar, sofern sie von Digitonin gefällt werden (1940).

Wir haben also vom Jahresring 1880 des Baumes der Pharmazie an die Wollfettalkohole und seit 1930 Sterine, Cetyl- und Stearylalkohol sowie die Mono- und Diglyzeride und Monoglykole, wie sie in den Fabrikspräparaten, z. B. Tegin, im Handel sind.

Wesentlich weiter sind wir bei den Öl/Wa-Emulgatoren. Die ältesten in der Pharmazie gebrauchten Emulgatoren dieser Art sind die Seifen. Man verwendet die Na-, K- und Ammonsalze der Stearinsäure und hat in den letzten 20 Jahren noch die Triäthanolaminseife zugefügt. Diese Base muß mit freien Fettsäuren verarbeitet werden; sie ist nicht in der Lage, Glyzeride zu spalten. Neu zu den Seifen kamen die verschiedener anderer Fettsäuren wie der Montansäuren mit 24 bis 28 C-Atomen. Die Säure mit 11 C-Atomen liefert das als Puder optimal wirksame Zinkundekanat, und die Myristinseife mit 14 C-Atomen ist die beste und verträglichste Waschseife.

Türkischrotöle

$$R-(CH_2)_x-\overset{\overset{\displaystyle H}{|}}{\underset{\underset{\displaystyle SO_3Me}{|}}{C}}-CH_2-(CH_2)_y COOMe$$

haben sich nur als Waschmittel in der Dermatologie eingebürgert.

Die Sulfonate

$$R-CH_2-O-SO_3H,$$

insbesondere das Cetylsulfonat, das als Waschmittel schon lange im Gebrauch steht, haben in den letzten Jahren eine Aufgabe als Salbenemulgator erhalten. Der Cetylalkohol (97 %), Cetylsulfonat (3%) und eine kleine Menge einer lecithinartigen Verbindung ergeben einen festen, wachsartigen Körper, der, 1:10 bis 1:5 mit Wasser verarbeitet, eine Salbe entstehen läßt, die sparsam ist und sich mit allen Wirkstoffen der Dermatologie verträgt (Lanettewachs).

Eiweißkondensate sind Polypeptide, die amidartig mit Fettsäureresten verbunden sind; sie stehen als Waschmittel zur Verfügung und sind in den Satinapräparaten enthalten. Die Sapamine, Kondensate aus Fettsäure und Diamin, sind über das Stadium der Prüfung nicht hinausgeraten.

Eiweiß selbst ist als Kasein z. B. schon seit 1880 in Verwendung. Ich habe mit dem käuflichen Milei Versuche durchgeführt und hiermit wie auch mit Fischeiweiß sehr schöne, aber nicht besonders haltbare Salben gewonnen. Eiweißsalben erfüllen leider zwei Kardinalforderungen, die wir an Salben stellen müssen, nicht, sie sind nicht unbeschränkt haltbar und nicht mit allen Medikamenten verträglich. Es gibt hier bei Schwermetallsalzen und Gerbstoffen, um nur einige zu nennen, Versager.

Lecithin war immer schon als guter Emulgator bekannt und wurde als „Hautnährstoff" propagiert. In den letzten Jahren hat seine Bedeutung, insbesondere in Form des Sojalecithins zugenommen, da letzteres jetzt in genügender Menge und wohlfeiler als das gleichwertige Eilecithin zur Verfügung steht. Die Lecithine emulgieren Kohlenwasserstoffe nur schlecht. Die Lecithin-Emulsionen sind dafür injizierbar.

Die Saponine wurden ihres Nimbus als Waschmittel entkleidet. Als Emulgatoren sind sie für die Verarbeitung der ätherischen und fetten Öle brauchbar. Kohlenwasserstoffe hingegen emulgieren sie nicht. Man ist jedoch auf Grund der Forschungen der letzten Jahre in der Lage, viel freier zu differenzieren und jeweils den geeignetsten Emulgator zu wählen.

Für den Chemiker sind die kationaktiven oder Invertseifen interessant, die quarternären Ammoniumsalze, wie etwa Zephirol und Quartamon, die als Emulgatoren zwar keine Rolle spielen, aber als Emulsionszerstörer und Desinfizientien Bedeutung besitzen. Sie sind mit Seifen nicht verträglich. Der Apotheker muß dies wissen, wenn er eventuell einmal eine Zephirolseife herstellen soll. In bestimmten Cremen sind sie Wirkstoffe, aber nicht Emulgatoren.

Um die Carboxylgruppe der Fettsäuren, die salz- und alkaliempfindlich ist, zu blockieren, kann man sie, wie bei den schon genannten Sapaminen, amidieren oder verestern.

Letzteres Verfahren wird bei den Hostaponen durchgeführt.

$C_{17}H_{35}COOC_2H_4SO_3Na$ Hostapon A

$C_{17}H_{35}CONCH_3C_2H_4SO_3Na$ Hostapon T

Die Mittel haben als Waschmittel, z. B. als Kopfwaschmittel, Bedeutung und sind im Praecutan enthalten (schonendes, da saures Waschmittel. Außerdem sind sie brauchbare Lösungsvermittler für ätherische Öle.

Die **Polyäthylenoxydwachse** und **Polyglykole** spielen als Salbenbestandteile ebenso wie ihre Verwandten, die Polyäthylenoxyd-Fettsäurekondensate als Emulgatoren eine bedeutende Rolle. Erinnert sei an Cremolan und Cremophor, an zahlreiche Spans, Tweens und Arlacels, an Postonal, Produkte, die in den einschlägigen Kapiteln besprochen wurden.

Wollfett ist gleichzeitig Emulgator und Salbengrundlage, ähnlich verhält es sich auch mit den Pseudoemulgatoren, den synthetischen Schleimen. Hierzu gehören die Zelluloseäther und Ester Adulsion, Fondin, Polyfibron, der Polyvinylalkohol und andere. Sie können mit Wasser verdünnt bzw. darin gequollene Grundmasse sein. In diese Masse kann gegebenenfalls eine Fettkomponente einemulgiert werden.

Dies sind die Nachfolger der natürlichen Schleime aus Gummi, Tragant, Carraghen, Agar, Leinsamen und Wegerich, deren Haltbarkeit und Indifferenz beschränkt ist.

Nun nochmals eingehender die Zelluloseäther. Am gebräuchlichsten sind die Methylzellulose- sowie die Glykoläther. Früher nahm man als Ausgangsmaterial Linters, jetzt Holzzellstoff. Die Viskosität ist vom Verätherungsgrad und dem Ausgangsmaterial abhängig. Wir haben es also weitgehend in der Hand, hoch- oder niederviskose Produkte herzustellen. Der Pharmazie werden „Adulsion" und Polyfibron geliefert. Sie quellen, 4/100 mit Wasser kalt angesetzt, zu einem vaselinartigen Schleim auf. In diesen Schleim kann man nun Fett und öllösliche oder unlösliche Medikamente einemulgieren, wasserlösliche lösen und erhält eintrocknende Salben, sofern nicht ein Glyzerinzusatz die Wasserabgabe verhindert. Außerhalb der Salbentherapie dient die Adulsion als Emulgator. Die Tylosen werden von der Zellulose im Darm zwar etwas angegriffen, so daß sie niederviskoser werden, resorbiert werden sie so gut wie gar nicht. Das Natriumsalz der Polyacrylsäure $(CH_2=CH=COONa)_x$ ist der Tylose, meiner Meinung nach, als Verdickungsmittel in Schüttelmixturen überlegen, da ihm die Faserstruktur fehlt. Ihm gleichwertig ist der **Polyvinylalkohol**, der durch Verseifung aus Polyvinylazetat gewonnen wird. Vinylazetat wiederum entsteht aus Azetylen und Essigsäure

$$CH=CH + CH_3COOH \rightarrow (CH_2=CHO.COOH)_x$$

und wird dann „im Block" polymerisiert. Polyvinylalkohol (Mowiol Höchst) ist ein wasserlösliches Pulver, dessen Lösung zu Filmen eintrocknet. Die Filme sind gegen Fette und Lösungsmittel resistent und können als Dichtungsmaterial bei deren Destillation gute Dienste leisten. Als Weichmacher kann Glyzerin verwendet werden.

2. Polymerisationsprodukte

Das für unsere Zwecke überragendste Mittel unter den Hochpolymeren ist das Polydon = Polyvinylpyrrolidon, ein Mischpolymerisat, das in gereinigtem Zustand auch als Blutserumersatz eingespritzt werden kann. Es ist in der Pharmazie Verdickungsmittel, Klebstoff (wasserlösliches Mastisol) und kann wohl auch als Träger der Klebwirkung von „wasserlöslichen" Heftpflastern dienen. Als Serumersatz wirkt Dextran ähnlich.

Als Verdickungsmittel von Ölen, als Gummiersatz in Pflastern, zur Erhöhung der Zügigkeit von Kunstvaselin haben sich mir die **Isobutylenpolymeren**

$$\left(\begin{matrix}CH_3\\CH_3\end{matrix}>C=CH_2\right)_x,$$

die unter dem Namen Oppanole hergestellt werden, sehr bewährt. In Äthan oder Propan gelöst, polymerisiert das Isobutylen je nach der Temperatur nieder- oder hochmolekular. Die Produkte sind entweder vaselin- oder chloroformlöslich und können in Lösung zugemischt werden. Nach dem Verjagen des Lösungsmittels wird „kurzes" Vaselin „zügig". Das Molekulargewicht der Polymerisate schwankt zwischen 3 und 150.000, die Viskosität zwischen ölig und gummiartig fest.

Ein wichtiger Bestandteil von Salben ist das Glyzerin, das die Haut und die Salbe selbst feucht hält. An seiner Stelle können einzelne Glykole treten. Auch das Zuckerspaltprodukt Glyzerogen und insbesondere Sorbit (Karion-Merck) sind einsetzbar. Durch Wasserspaltung entstehen aus Sorbit Sorbitan und andere Derivate, die, mit Fettsäuren ganz oder teilweise verestert, Emulgatoren ergeben. Das 1, 2, 4 Butantriol ist ebenfalls brauchbar. Das synthetische Glyzerin ist dem Produkt aus der Fettspaltung gleichwertig. Es wird nach folgendem Schema hergestellt:

Propylen
$CH_2 = CH — CH_3 + Cl_2 \rightarrow$
Allylalkohol
$CH_2 = CH — CH_2 OH + HOCl \rightarrow$
Glyzerin
$CH_2 OH — CHOH — CH_2 OH$

Allylchlorid
$CH_2 = CH — CH_2 Cl + HCl \rightarrow$
Glyzerinchlorhydrin
$CH_2 Cl — CHOH — CH_2 OH \rightarrow$

Das Synthesenprodukt ist trotz der Spuren Chlor für alle pharmazeutischen Zwecke brauchbar.

3. Paraffinoxydation

Die ersten, in ihren Eigenschaften verbesserten Fette, die als Salbengrundlagen eingesetzt wurden, waren die hydrierten Öle, z. B. Erdnußöl, das in der Schweiz bereits offizinell ist und, völlig haltbar, dem Schweinefett weit überlegen ist. Ihm folgen hydrierter Waltran, Sojaöl und viele andere Salben- und Suppositorienmassen, wie die von Imhausen.

Aus der Paraffinoxydation anfallende Fettsäuren kann man unter Mithilfe von Mangan-Kontakten verestern und erhält, je nach Kettenlänge, ölige, schmalzige oder talgige Fette. Die öligen Produkte befriedigen geruchlich nicht. Die schmalzigen sind zur Salbenherstellung hervorragend geeignet. Sie sind haltbar und infolge ihres Monoglyzeridgehaltes in der Lage, wesentliche Mengen Wasser als Wa/Öl-Emulsionen aufzunehmen. Der Talg kann als Verdickungsmittel und für die Herstellung von Stiften gebraucht werden.

Der Rückstand der Paraffinoxydation, das Weckerpech, kann durch Ketonisierung und Hydrierung der nun doppelt langen Ketten zu synthetischem Vaselin verarbeitet werden. Das Produkt erfüllt alle Forderungen des Arzneibuches, schmilzt aber höher als das offizinelle Vaselin, m. E. ein Vorteil, da damit bereitete, hochschmelzende Salben vom Verband nicht abgesaugt werden.

Die Vaselinsorten gaben mir Gelegenheit, eingehend das Schmelzpunktproblem und seinen Einfluß auf die Salbenwirksamkeit zu studieren. Es zeigte sich, daß hochschmelzendes Vaselin in vielen Fällen eine bessere lokale Wirkung gewährleistet als Fette und Kohlenwasserstoffe, die um 37 Grad schmelzen. Außerdem sollten wir in der Pharmazie den Schmelzpunkt zu Gunsten des wichtigen Erweichungspunktes in vielen Fällen zurücksetzen.

Wenn wir also die Entwicklung verfolgen, ging man von ölsäurereichen, natürlichen Fetten, um die Haltbarkeit zu erhöhen, auf gesättigte hydrierte Öle über. Man hat bisher noch nicht bedacht, ob das in allen Fällen richtig ist. Bei der Jodkalisalbe ist es sicher fehl am Platze. Das Jodkali wird aus gesättigten Fetten nicht resorbiert. Auf die Wundheilung scheinen einige ungesättigte Gruppen anregend zu wirken. Wir können das beim Multival und Granugenol, die auf Grund der Doppelbindungen wirken, beobachten. Man macht, um ähnliche Resultate zu erzielen, von den „essenziellen" Fetten Karrers (früher Vitamin F) Gebrauch. Die Werbung auf diesem Gebiet ist leider weit über das Ziel hinausgegangen. Die Präparate dieser Richtung haben den Schaden davon, sie gehören nicht mehr zu den seriösen pharmazeutischen Produkten, sondern zu den Zauberartikeln.

4. Sonstige

Durch Veresterung mehrwertiger Alkohole wie der Glykole mit einigen Dikarbonsäuren, wie z. B. der Adipinsäure, erhält man eine neue Gruppe von „fettartigen" Salbengrundlagen, die leicht verseifbar sind und leicht mit Seife abgewaschen werden können. Trotz ihres Fettcharakters sind sie schwer bzw. unlöslich in Fettlösern. Dadurch sind diese ursprünglich als Weichmacher eingeführten Substanzen zu Grundlagen einiger Gewerbeschutzsalben geworden.

Außerhalb der Salbentherapie haben sich moderne Kunststoffe in der Heftpflasterherstellung und in der Verpackung von Arzneimitteln eingeführt.

Die Klebemasse der Heftpflaster bestand früher aus Wollfett, Guttapercha, Gummi, Kolophonium und Harzen. Vinylpolymere, die je nach dem Polymerisationsgrad in ihrer Viskosität von ölig klebrig bis fest schwanken, sind als neue Klebemassen alterungs- und oxydationsbeständiger und klinisch unbedenklich.

Die Silicone wurden als Salbengrundlagen bereits empfohlen. Meines Erachtens sind sie dafür zu teuer. Als Hahnfette besonderer Eigenschaften, als wasserabstoßende Substanz auf den Gummikappen der Injektionsfläschchen als Schaumzerstörer sind sie aber auch in der pharmazeutischen Technik bekannt.

5. Waschmittel

Wenn wir nun auf die Waschmittel übergehen, so finden wir auch hier die Neueinführung zahlreicher Stoffe um das Jahr 1930. Diese Entwicklung war zwar schon früher angebahnt, kam aber erst um die genannte Zeit zur vollen Auswirkung. Auch hier war es die Paraffinoxydation und damit die Auffindung der synthetischen Fettsäuren, die Anlaß zum Studium der altbekannten und neuen Effekte geben, insbesondere der Einfluß der Kettenlänge auf den Wert von Seifen wurde studiert. Ohne das unter dem Abschnitt „Waschmittel" Gesagte zu wiederholen, will ich auch hier einen Überblick geben.

Die synthetischen Fettsäuren enthalten bekanntlich nicht nur die „geraden", sondern auch „ungerade" Säuren. Die einzelnen Fraktionen sind wiederum durch Destillation recht weitgehend zu trennen und zu reinigen. Ich konnte mir dadurch und durch Tausch eine lückenlose Sammlung aller Seifen mit 6 bis 18 C-Atomen beschaffen und außerdem noch einige Seifen mit über 20 C-Atomen. An Hand dieser Sammlung konnte ich eine Reihe von Versuchen durchführen, die die Arbeiten von Müller-Blumencron, Lascaray, Every und Edwards, Siegler, Kroeper und Popenoe ergänzen.

Den Kurven, die ich bereits auf Seite 94 brachte, ist zu entnehmen:

1. Fettsaure Salze mit 5 bis 14 C-Atomen reizen die Haut. Beachtlich ist die Hautreizung von C_8 bis C_{12} (aufgestrichen, nicht im Dauerwaschversuch festgestellt).

2. Die Netzwirkung hat ein Optimum bei der Tridekansäure. Die Heiß- und Kaltnetzwirkung der Myricinseife ist noch beachtlich.

3. Die Emulgierfähigkeit und das Schmutztragevermögen, mit Rußaufschwemmungen gemessen, sind bei der Palmitinsäure-Seife optimal.

4. Die hydrolytische Spaltung im Wasser wird erst oberhalb einer Kettenlänge von 14 C-Atomen bedeutend. Sie geht mit der Hautreizwirkung also **nicht** parallel.

5. Die Wasserlöslichkeit der Seifen unter 12 C-Atomen ist für Stückseifen zu groß.

6. Die Schaumfähigkeit hat ein steiles Optimum bei Seifen mit 14 C-Atomen.

Zieht man nun aus diesen Beobachtungen, die sich in ähnlicher Weise auch bei Sulfonaten anstellen lassen, die Folgerungen, so ergibt sich Altes und Neues, und zwar:

1. Die Seifen mit weniger als 10 C-Atomen sind keine Waschmittel. Die Seife mit 11 C-Atomen reizt die Haut.

2. Die Myricinseife ist von den gesättigten Seifen optimal als Waschmittel geeignet. Die Ölsäureseife ist ihr in den Versuchen am ähnlichsten.

3. Die gesättigten Seifen mit 18 und mehr C-Atomen sind gute Emulgatoren, aber keine Reinigungsmittel.

4. Die Hautreizwirkung geht weder mit der Hydrolyse parallel, noch ist sie eine Funktion der Alkalität oder der Netzwirkung.

5. Eine Seife mit 13 bis 16 C-Atomen ist, wenn man gesättigte (synthetische Fettsäuren) zur Verfügung hat, optimal. Die längeren und kürzeren Seifen sind mehr oder weniger Füllstoffe. Die C_{14}-Seife wird bereits bewußt hergestellt.

Die Sulfonate, Türkischrotöle, Sapamine, Eiweißkondensate und Polyäthylenabkömmlinge spielen in der Therapie nur teilweise die Rolle, die ihnen in der Textilchemie zukommt. Ich möchte daher davon absehen, eine verwirrende Menge von Einzelheiten zu bringen.

Eine Erkenntnis möchte ich aber nicht unerwähnt lassen. Die Beobachtungen von Jäger und Liesegang, die die Erfahrungen der Waschmittelpraktiker wissenschaftlich bewiesen, ergeben: Sulfonate und dgl. sind viel stärkere Netzmittel und Entfetter der Haut als Seifen. Sie scheinen außerdem in Zahncremes die Schleimhaut zu schädigen. Anderseits sind sie in Ausnahmefällen, nicht im regelmäßigen Gebrauch, die Expektorantien der Wahl (Expit, Praecutan). Jeder sorgfältige Beobachter, der sich mit einer Sulfonatpaste die Zähne putzt, kann sich von der kräftigen Expektoration selbst überzeugen.

Die Hautschäden kann man auf 3 Wegen hintanhalten:

1. durch nachträgliche Fettung,

2. durch Zusatz von fettenden Substanzen zum Waschmittel,
3. durch Zusatz von Gerbstoffen zum Waschmittel.

Die nachträgliche Fettung hat den Nachteil, daß sie wenig eindringt und schlecht haftet, da zwischen dem Fettfilm und der Haut ein Emulgatorfilm sitzt.

Den zweiten Weg ging die Firma Stockhausen, die dem Praecutan das fettende Prästabitöl, ein nieder sulfoniertes Öl, zufügte.

Der dritte Weg wurde u. a. in den Rif-Seifen beschritten, sofern sie als Waschmittel Mersolate enthielten. Das sind Produkte, die entstehen, wenn man SO_2 und Cl_2 in Paraffine einleitet. Um aus ihnen Waschmittel zu bereiten, werden sie in Alkalisalze übergeführt.

Die Sulfonate entfetten stark und schädigen anscheinend das Keratin. Die „empfindlichen Valenzen" des Eiweiß sollen nun durch den Gerbstoff locker gebunden und damit geschützt werden. Ob die Theorie stimmt, möchte ich nicht entscheiden. Die Praxis gibt ihr jedenfalls recht. Als Gerbstoffe sind die natürlichen Produkte durchwegs ungeeignet, da sie mit Spuren von Eisen, die immer in der Hautumwelt vorhanden sind, und auch anderen Schwermetallsalzen gefärbte Niederschläge bilden.

In Frage kommen Gerbstoffe aus Sulfitablaugen und insbesondere synthetische Gerbstoffe, die alle die Gruppe SO_3H gemeinsam haben, also Sulfosäuren, meist von Phenolen, darstellen. Sie kommen unter dem Namen Tannigane, Irgatane, Syntannin in den Handel.

Es wären noch neue Aromen, wie Koffarom, Farbstoffe, Sulfonamide, Antibiotika u. a., zu erwähnen, doch geht dies über den Rahmen der Technologie hinaus.

6. Austauschmittel

Die Arbeit des Anwendungstechnikers, dem die Chemie in den meisten Fällen die rein erfinderische Tätigkeit abnimmt, besteht im wesentlichen im Auffinden von neuen Prüfungsmethoden, durch die man die neuen Präparate mit den alten vergleichen kann. Man muß dem Chemiker, der ein weißes Pulver bringt und hofft, einen Pudergrundstoff gefunden zu haben, die notwendigen Forderungen, wie Wasseraufnahme, Ölaufnahme, die ein Puder erfüllen muß, plausibel machen können.

Wenn ein Pharmazeut aus organischen Gelen ein „Vaselin" herstellt, so muß man sagen können, daß das Mittel zwar ihn, aber nicht den Arzt befriedigt. Für jeden Stoff müssen eine oder mehrere Prüfmethoden ausgearbeitet werden, denn eine neue Substanz kann ein bisheriges Mittel in einer Eigenschaft z. B. völlig vertreten, in der anderen aber nicht. Die Frage muß deshalb vielfach sehr präzis gestellt werden. Sie darf nicht lauten: Kann der Stoff X Glyzerin ersetzen? sondern man muß erst die Wirkung des Glyzerins in seine Eigenschaften aufspalten als

1. Osmotisch-wasseranziehende Substanz (Feuchthaltemittel)
2. Verdickungs- und Klebemittel in Schüttelmixturen
3. Darmreizmittel geringer Giftigkeit
4. Lösungsmittel
5. Süße Substanz
6. Gefrierschutzmittel

und dann den Stoff auf seine Brauchbarkeit bei diesem oder jenem Punkt prüfen.

Genau wie beim Glyzerinersatz ist bei allen anderen Produkten, die neu auftauchen, zu verfahren. Die neue Substanz, die neue Pflanze muß in allen ihren Eigenschaften genau untersucht werden, aus innen heraus muß der Anreiz zu Anwendungsversuchen kommen. Man hat also z. B. eine Flüssigkeit gefunden, die nicht friert, man muß noch ihren Flammpunkt, ihre Löslichkeit, die Korrodierfähigkeit prüfen und kann dann an Versuche als Gefrierschutzmittel herangehen. Dieser systematische Weg führt eher zum Ziel als der umgekehrte, eine Substanz zu suchen, die ähnliche Eigenschaften hat wie eine altbekannte.

In den Kriegs-, Nachkriegs- und den sonstigen Krisenzeiten stehen uns die Heilpflanzen des Auslandes, auf die unsere Arzneibücher aufgebaut sind, nicht zur Verfügung und alsbald treten mehr oder minder berechtigte Fachbearbeiter auf, die lange Listen von Austauschdrogen veröffentlichen. Mit größter Regelmäßigkeit wird z. B. die Tormentille als Rathanhiaersatz anempfohlen, es wird dabei gar nicht darauf geachtet, daß auch unsere „heimische" Blutwurz eingeführt wurde. Die Hirtentäscheldroge wird immer wieder als Sekaleersatz genannt. Sie enthalte uteruswirksame Amine, die ähnlich denen des Mutterkorns wirken. — Gewiß, das ist richtig, verschwiegen wird aber, daß die Wirkung des Sekale cornutum den Alkaloiden zukommt und daß die Amine aus der offizinellen Droge und der Austauschdroge, per os gegeben, überhaupt nicht wirksam sind. Der Enzian stellt zwar einen Ersatz für ausländische Bittermittel dar, aber er wird bei uns aus Naturschutz- und anderen Gründen für Arzneizwecke nicht gesammelt und muß aus Frankreich und dem Südosten importiert werden. Was hilft uns das Vorkommen des Faulbaumes, wenn die Preise der Rinde das Schälen nicht erlauben?

Zum Auffinden vollwertiger Austauschdrogen gehört nicht nur ein Kräuterbuch, sondern eine Symbiose zwischen Pharmakognosten, Pharmakologen und Kliniker, sowie universelles Wissen jedes einzelnen dieser drei.

Bessere Erfolge als bei den oben genannten Beispielen haben wir bei andern Arznei- und Genußmitteldrogen aufzuweisen. Als Kaffee-Ersatz wurden gute und schlechte Produkte vorgeschlagen. Geröstete Farnwurzeln! Kornradesamen! Mais, Spargelsamen, Rübenschnitzel, Sojabohnen und die gut geeigneten Süßlupinen und Kichererbsen.

Über den Ersatz der Kaffeekohle habe ich selbst gearbeitet. Man muß nur nach einer ähnliche Brenzöle enthaltenden, gerbstoffhältigen, schwach adsorbierenden und wohlschmeckenden, stark gerösteten Pflanzenkohle suchen.

Zimt läßt sich durch ein Adsorbat von Zimtöl an Haselnußschalenpulver und dgl. ersetzen, ebenso der Pfeffer. Die Primelwurzel ist zwar klein und kurz, als Ersatz der Senega kann sie aber doch, wenn man sich selbst die Mühe des Sammelns macht, verwendet werden. Die Wurzeln der Viola odorata sind theoretisch als Ersatz der Ipecacuanha gut verwendbar, praktisch kommt dieser Vorschlag nicht in Frage, da die Violawurzeln keinen Handelsartikel darstellen.

Brauchbar sind die Birnenblätter als Ersatz für die Folia uvae ursi, sie enthalten gleich den Preißelbeerblättern die Wirkstoffe der offizinellen Bärentraubenblätter, sind aber doppelt so hoch zu dosieren und in besonderer Art zu trocknen.

Jalappenknollen sind durch Zaunwindenknollen ersetzbar, doch sind letztere nicht im Handel erhältlich. Das bekannte Harz der großen Zaunrüben erscheint als Drastikum gleichfalls aussichtsreich.

Der Vorschlag, einheimische Orchisknollen als Salepersatz zu verwenden, steht zwar im Widerspruch mit den Naturschutzgesetzen, berührt diese aber doch kaum, da sich ohnedies kein Sammler findet.

Ein hervorragender Ersatz für die Digitalis purpurea ist in den einheimischen gelben Arten ambigua und lutea gefunden. Physiologisch wurden beide Arten schon vor Jahren geprüft, ja, sie sind in manchen Ländern offizinell (Rußland).

Rumex alpinus, das bekannte Alpenunkraut, ist ein vollwertiger Ersatz für ausländische Antrachinondrogen, Veratrum album ist dem Sabadillsamen gleichwertig. Beide Drogen werden nicht, oder bei uns nicht gesammelt. Ich glaube, daß sich hier wirklich zwei einheimische Heilpflanzen fanden, die zusammen mit den oben genannten Digitalisarten die Pharmazie befruchten würden. Darüber hinaus sind die beiden Alpenunkräuter so häufig, daß ihre Eindämmung durch das Sammeln der großen und damit ausgiebigen unterirdischen Teile auch der Landwirtschaft nützen könnte.

Vor einigen Jahren habe ich mich eingehend mit den Gerbstoffen des Rumex hydrolapatum beschäftigt. Ein Azetonauszug aus dessen Wurzeln enthält 80 % Gerbstoff und kann, wie Versuche ergaben, dermatologisch eingesetzt werden. Die Pflanze kommt in den Donauauen zwischen Regensburg und Sulina so häufig vor, daß sie auch zum Gerben verwendet werden kann und in Rumänien auf meine Anregung hin auch verwendet wurde.

Auf der Suche nach Gerbstoffdrogen wurde ich durch eine Publikation in einer gerbereiwissenschaftlichen Zeitschrift auf Polygonum alpinum aufmerksam. Seine Wurzeln sollen 20 % Gerbstoff enthalten, sie seien zum Gerben recht geeignet. Ich suchte nun die Pflanze, ihrem Beinamen „alpinum" zufolge, in den Alpen und mußte erfahren, daß sie in einigen wenigen Exemplaren auf den Wiesen des Hochwechsels vorkommt. In den Karpathen sei sie häufig, versichert die Literatur. Auch dort ist sie eine Rarität mit 3 Standorten und man verwies mich tröstend auf den Kaukasus. Hätte ich Gelegenheit, dorthin zu fahren, so würde ich wohl erfahren, daß sie im Altai und Tienschan vorkommen soll.

Dieses ausführlich geschilderte Beispiel soll nur zeigen, welche Irrwege oft gegangen werden müssen, um zu einem, wenn auch nur negativen Resultat, zu kommen.

7. Werkstoffe

Die neuen Arzneimittel und Grundstoffe lernen der Apotheker und der Anwendungstechniker im einschlägigen Schrifttum leichter kennen als die Werkstoffe ihrer Apparate. Die Werkstoffe des Laboratoriums sind Glas, Porzellan, Quarz, Gummi, Asbest und viele andere, die des Betriebes Metalle, Email und Kunststoffe.

Kupfer ist das Material aller älteren pharmazeutischen Apparaturen. Es besitzt eine ausgezeichnete Leitfähigkeit für Wärme und Elektrizität und — insbesondere verzinnt — eine genügende Korrosionsbeständigkeit gegen die in Salben und Pflanzenextrakten vorkommenden Säuren, nicht aber gegen Alkali.

In der pharmazeutischen Industrie ist außerdem in manchen Fällen chemisch reinstes Aluminium geeignet. Es ist z. B. gegen Essigsäure unempfindlich, und man kann darin alle alkoholischen Auszüge aus Pflanzen verarbeiten. Von starken Säuren, Alkali und durch konzentrierte Salzlösungen wird es angegriffen. Aluminium darf nicht mit Fremdmetallschrauben oder Nieten versehen werden, da sonst Kontaktkorrosionen eintreten.

Ab und zu sieht man als Salben-Schmelz- und Emulgierkessel vernickelte oder auch versilberte Apparate, doch haben die rostfreien Stähle aller anderen Metalle weitgehend verdrängt. Sie wurden jedoch ihrerseits durch Plexiglas überall dort ersetzt, wo es auf klare Sicht ankommt. So werden die Fülltrichter, ja selbst die Füllschuhe der Tablettenmaschinen vielfach aus diesem Material hergestellt. Plexiglas hat teilweise auch das Glas verdrängt; die Fenster der Aseptic Cabinets der amerikanischen Firmen bestehen aus 1,2 cm dickem Plexiglas.

Als Material für Säuretanks dient Steingut, aus welchem auch Perkolatoren hergestellt werden. Steingutperkolatoren sind schwer und müssen in einer Kippvorrichtung eingebaut sein. Bei uns bewährten sich die Perkolatoren aus emailliertem Blech.

In vielen Fällen ist rostfreier Stahl zu teuer oder nicht unempfindlich genug. Bei Zentrifugen kann man verbleien, gummieren. Apparate aber, die höherer Temperatur ausgesetzt sind, müssen säurefest emailliert werden. (Schwelmer Eisenwerk, Schwelm; von Roll, Klus, Schweiz; De Dietrich, Niederbronn, Frankreich). Kunststoffe, die als Einbrennlacke bei 180 Grad auf Eisen zu einer emailleartigen Schicht erstarren, eignen sich als guter Korrosionsschutz bis zu Temperaturen von 120 Grad. Verdampfer, Rührwerke, auch solche zur Herstellung von Salben und Parfums können damit auch nachträglich überzogen werden. (Metallisator, Hamburg, und Kunststoffwerk M und S, Köln-Poll.) Die Überzüge beeinflussen den Wärmeaustausch nur wenig und splittern nicht ab.

Sie sind gegen Lösungsmittel, auch chlorierte, in Hitze und Kälte, gegen Salzlösungen, ja selbst gegen die meisten Säuren unempfindlich.

In der Filtertechnik haben die Polyacryl-Polyvinylchloridfasern, die sich zu Filterpapier und -tüchern verarbeiten lassen, Interesse gefunden. Sie sind gegen Säuren, Laugen, Reduktions- und Oxydationsmittel unempfindlich, unbrennbar, gegen Wasser und Fäulniserreger indifferent, der Perlon- und Nylonfaser im Hinblick auf chemische Beständigkeit bedeutend überlegen.

Als Isoliermittel sind noch Glas- und Schlackenwolle für Dampfleitungen und Iporka als Kälte- und Schallschutz zu erwähnen. Iporka ist ein Kunststoffschaum mit einem Kubikmetergewicht von 8 bis 20 kg, das den Korkisolierungen in allen Punkten überlegen ist.

Schlußwort

Das vorliegende Buch soll und kann keine vollständige Schilderung aller in der Galenik und der pharmazeutischen Technik üblichen Methoden geben. Sein Zweck war, einen Überblick über die bekanntesten Arbeitsformen zu bringen, Grenzgebiete zu streifen und die Verflechtungen unseres Themas mit anderen Arbeitsgebieten anzudeuten. Es möge ihm gelungen sein, die Studenten und Fachkollegen auf neue Verfahren hinzuweisen oder wenigstens Interessantes aus unserem Fach in verständlicher Form gebracht zu haben. Es soll die Notwendigkeit einer Technologie, einer industriellen Pharmazie vor Augen führen. Der Apotheker ist in der Industrie berufen, zahlreiche Schlüsselstellungen einzunehmen, wenn er ihnen gewachsen sein will, muß er sich mit diesen Themen auseinandersetzen.

Ergänzende Literatur

Die vorliegende Schrift soll einen Überblick über die Technologie in Apotheke und Industrie geben. Es kann nicht ihr Ziel sein, als Unterlage zur Forschung zu dienen. Deshalb sind auch alle Hinweise auf Veröffentlichungen in Zeitschriften ausgelassen. Interessenten, die sich Spezialwissen in dem einen oder anderen Abschnitt aneignen wollen, seien folgende Werke empfohlen:

Drogengewinnung und Pharmakognosie:
- Berger, F.: Handbuch der Drogenkunde, bisher Band I bis III, Wien, 1949 bis 1952.
- Fischer, R.: Praktikum der Pharmakognosie, 3. Aufl., Springer-Verlag, Wien, 1952.
- Hoppe, H.: Europäische Drogen, 2 Bände, Hamburg, 1948 bis 1951.
- Hoppe, H.: Drogenkunde. 6. Aufl., Hamburg, 1949.
- Jaretzky, R.: Lehrbuch der Pharmakognosie, 2. Aufl., Braunschweig, 1949.
- Jaretzky, R.: Taschenbuch für den Heilpflanzenanbau, Stuttgart, 1948.
- Karsten, G.: Lehrbuch der Pharmakognosie, 7. Aufl., Jena, 1949.
- Schmidt-Wetter, R.: Taschenbuch der Pharmakognosie, Krefeld, 1950.
- Wasicky, R.: Physiopharmakognosie, Julius Springer, Wien, 1932.

Drogenverarbeitung:
- Czetsch-Lindenwald, H. v.: Pflanzliche Arzneizubereitungen, Stuttgart, 1945.
- Gstirner, F.: Einführung in die Arzneibereitung, Stuttgart, 1949.
- Hager, H.: Handbuch der pharmazeutischen Praxis, 2 Bände und 1 Erg.-Band, Springer-Verlag, Berlin, 1949.
- Jaminet, L. v.: Ätherische Öle, Riechstoffe, Riechdrogen, Hamburg, 1949.
- Kern, W.: Angewandte Pharmazie, 3. Aufl., Stuttgart, 1951.
- Peyer, W.: Pflanzliche Heilmittel, Berlin, 1937.
- Rapp, R.: Wissenschaftliche Pharmazie in Rezeptur und Defektur, 2. Aufl., Julius Springer, Berlin, 1929
- Weichherz, I. und I. Schröder: Fabrikationsmethoden für galenische Arzneimittel und Arzneiformen, Julius Springer, Wien, 1930.
- Woelke, A.: Arzneidrogen. Ihre Bestandteile, Anwendung und Zubereitungsformen, Stuttgart, 1950.

Emulsionen:
- Clayton, W.: Theorie der Emulsionen und Emulgierung, Julius Springer, Berlin, 1924.
- Jirgensous, B. und M. Straumanis: Kurzes Lehrbuch der Kolloidchemie, Bergmann, München, 1949.
- Lottermoser, A.: Kurze Einführung in die Kolloidchemie, Dresden, 1948.
- Manegold, E.: Emulsionen. Heidelberg, 1952.
- Schmidt-La Baume, F. und G. Lietz. Emulsionen in der Hauttherapie, Stuttgart, 1951.

Spalton, L. A.: Pharmaceutical Emulsions and Emulsifying Agents, London, 1950.
Thiele, H.: Praktikum der Kolloidchemie als Einführung in die Arbeitsmethoden, Darmstadt, 1950.

Waschmittel:

Lüttgen, C.: Organische und anorganische Wasch-, Bleich- und Reinigungsmittel, Heidelberg, 1952.
Rath, H.: Lehrbuch der Textilchemie, Springer-Verlag, Berlin, 1952.
Chemie und Technologie der Fette und Fettprodukte, herausgegeben von Hefter, Band IV: Seifen und seifenartige Stoffe, 2. Aufl., Julius Springer, Wien, 1939.

Salben:

Chemie und Technologie der Fette und Fettprodukte, herausgegeben von Hefter, 2. Aufl., Band I und II, Julius Springer, Wien, 1936 und 1937.
Czetsch-Lindenwald, H. v. und F. Schmidt-La Baume: Salben, Puder, Externa, Springer-Verlag, Berlin, 1950.
Kern, W.: Angewandte Pharmazie, Stuttgart, 1951.
Kumer, L.: Dermatologische Kosmetik, Wien, 1953.
Leimbach, R.: Die ätherischen Öle, 2. Aufl., Düsseldorf, 1951.
Mayer, I.: Die Nebenwirkungen der Arzneimittel auf der Haut, Jena, 1950.
Polano, M. K.: Skin Therapeutics, New York, 1952.
Spalton, L. M.: Pharmaceutical Emulsions and Emulsifying Agents, London, 1950.

Puder:

Czetsch-Lindenwald, H. v. und F. Schmidt-La Baume: Salben, Puder, Externa, Springer-Verlag, Berlin, 1950.
Janistyn, H.: Riechstoffe, Seifen, Kosmetika, Heidelberg, 1950.
Winter, F.: Handbuch der gesamten Parfumerie und Kosmetik, 6. Aufl., Springer-Verlag, Wien, 1952.

Injektionen:

Dietzel, R. und Pl. Tunmann: Die Sterilisation wichtiger Arzneimittel (Kaiser, H.: Pharmazeutisches Taschenbuch), Stuttgart, 1941.
Stich, C.: Bakteriologie, Serologie und Sterilisation im Apothekenbetriebe, 6. Aufl., Springer-Verlag, Berlin, 1950.

Tabletten:

Arends, J.: Die Tablettenfabrikation und ihre maschinellen Hilfsmitttel, 5. Aufl., Springer-Verlag, Berlin, 1950.

Pflaster, Verbandstoffe:

Berichte, Erkenntnisse, Anregungen, Hauszeitschrift der Lohmann-KG., Fahr/Rhein. o. D.
Hauser: Klebstoffe und Kitte (Liesegang, R. E.: Kolloidchemische Technologie. 2. Aufl., Abschnitt: Kautschuk), Dresden, 1932.
Micksch, K. und E. Plath: Taschenbuch der Kitte und Klebstoffe, 3. Aufl., Stuttgart, 1952.
Moser, H.: Verbandstoffe in medizinischer Kolloidlehre, Leipzig, 1935.
Rammstet, O.: Klebstoffe und Kitte (Liesegang, R. E.: Kolloidchemische Technologie, 2. Aufl.,) Dresden, 1932.
Reiner, St.: Kautschuk-Fibel. 3. Aufl., Stuttgart, 1951.

Pharmazeutische Industrie, allgemein:
>Schwyzer, I.: Fabrikation pharmazeutischer und chemisch-technischer Produkte, Julius Springer, Berlin, 1931.
>Truttwin, H.: Die chemisch-pharmazeutische Fabrik, 2. Aufl., Düsseldorf, 1951.
>Productivity Team Report Pharmaceuticals, London, 1951.

Heiztechnik:
>Der Chemie-Ingenieur, herausgegeben von A. Eucken und M. Jakob, 2 Bände und 1 Reg.-Band, Leipzig 1932 bis 1935.
>Schulz, W.: Elektrische Heizeinrichtungen, 2. Aufl., Frankfurt/M. o. J.

Destillation und Filtration:
>Jacobs, I.: Destillier-Rektifizier-Anlagen und ihre wärmetechnische Berechnung, München, 1950.
>Kirschbaum, E.: Destillier- und Rektifiziertechnik, 2. Aufl., Springer-Verlag, Berlin, 1950.
>Kufferath, A.: Filtration und Filter, 2. Aufl., Berlin, 1952.

Trocknen:
>Brown, Hoyler, Bierwirth: Theory and Application of Radio Frequency New York, 1947.
>Edeling, C.: Untersuchungen zur Zerstäubungstrocknung, Weinheim, 1949.
>Greiner, W.: Verdampfen und Verkochen, Leipzig, 1912.
>Hausbrand, E. und M. Hirsch: Verdampfen, Kondensieren und Kühlen, 7. Aufl., Julius Springer, Berlin, 1931.
>Hirsch, M.: Trockentechnik, 2. Aufl., Julius Springer, Berlin, 1932.
>Neumann, K.: Grundriß der Gefriertrocknung, Göttingen, 1952.

Analytisches:
>Bamann, E. und E. Ullmann: Chemische Untersuchung von Arzneigemischen, Arzneispezialitäten und Giftstoffen, München, 1951.
>Berl, E. und G. Lunge: Chemisch-technische Untersuchungsmethoden, 5 Bände, 8. Aufl., Julius Springer, Berlin, 1931 bis 1934.
>Bodendorf, K.: Kurzes Lehrbuch der pharmazeutischen Chemie, 3. Aufl., Springer-Verlag, Berlin, 1949.
>Cramer, F.: Papierchromatographie, 2. Aufl., Weinheim, 1953.
>Dietzel, R. und P. Tunmann: Anleitung zur Analyse organischer Arzneimittel, 2. Aufl., Stuttgart, 1949.
>Mühlemann, H. und A. Bürgin: Quantitative Arzneimittelanalysen, München, 1951.
>Peyer, E.: Einfache Nachweise von Pflanzeninhalts- und Heilstoffen, 2. Aufl., Stuttgart, 1947.
>Vieböck, F.: Analysengang zur Erkennung von Arzneimitteln, Wien, 1949.
>Winterfeld, K.: Praktikum der organisch-präparativen pharmazeutischen Chemie, einschließlich Einführung in die chemische Arzneimittelanalyse, 3. Aufl., Dresden, 1950.

Pharmakologie:
>Braun, H.: Pharmakologie des Deutschen Arzneibuches VI und Erg.-Band VI, 3. Aufl., Stuttgart, 1949.
>Eichholtz, F.: Lehrbuch der Pharmakologie, 7. Aufl., Springer-Verlag, Berlin, 1951.
>Gaddum, J. H.: Pharmakologie, 3. Aufl., Darmstadt, 1952.

Handbuch der experimentellen Pharmakologie. Begründet von A. Hefter. Ergänzungswerk. Herausgegeben von W. Heubner und J. Schüller. X. Band: Die Pharmakologie anorganischer Anionen. Die Hofmeistersche Reihe. Von O. Eichler. Springer-Verlag, Berlin, 1950.

Hesse, E.: Angewandte Pharmakologie für Ärzte und Studierende der Medizin, München, 1949.

Hildebrandt, F.: Leitfaden der Pharmakologie, München, 1949.

Merz, K.: Grundlagen der Pharmakologie, 5. Aufl., Stuttgart, 1952.

Ther, L.: Pharmakologische Methoden, Stuttgart, 1949.

Laboratoriumstechnik:

Behre, A.: Chemisch-physikalische Laboratorien, 4. Aufl., Leipzig, 1950.

Walser, B.: Chemisch-technische Arbeitsgänge und Apparaturen, 3. Aufl., Berlin, 1951.

Wittenberger, W.: Maschinen und Apparate im Chemiebetrieb, Springer-Verlag, Wien, 1949.

Wittenberger, W.: Chemische Laboratoriumstechnik, 4. Aufl., Springer-Verlag, Wien, 1950.

Zimmermann, W.: Pharmazeutische Übungspräparate, 3. Aufl., Stuttgart, 1952.

Homöopathie:

Mezger, J.: Gesichtete homöopathische Arzneimittellehre, 2. Aufl., Saulgau/Württemberg, 1951.

Schoeler, H.: Über die wissenschaftlichen Grundlagen der Homöopathie, Arbeitsgemeinschaft med. Verlage, Berlin, 1948.

Schmidt, G. und K. Saller: Lehrbuch der homöopathischen Arzneimittel, 3. Aufl., Saulgau/Württemberg, 1952.

Schulze, K.: Die Herstellung und Prüfung der homöopathischen Arzneimittel, 3. Aufl., Dresden, 1951.

Neue Rohstoffe:

Kainer, F.: Polyvinylalkohole, Ihre Gewinnung, Veredelung und Anwendung, Stuttgart, 1949.

Krannich, W.: Kunststoffe im technischen Korrosionsschutz, 2. Aufl., München, 1949.

Kunststofftaschenbuch, 9. Ausgabe, München, 1952.

Reppe, W.: Neue Entwicklungen auf dem Gebiete der Chemie des Azetylens und Kohlenoxyds, Springer-Verlag, Berlin, 1949.

Thinius, K.: Analytische Chemie der Plaste (Kunststoff-Analyse), Springer-Verlag, Berlin, 1952.

Rezeptbücher:

Fey, H.: Pharmazeutische Vorschriftensammlung, Stuttgart, 1950.

Fischer, Ph.: Neues Manual für die praktische Pharmazie, 4. Aufl., Springer-Verlag, Berlin, 1947.

Kaiser, H.: Pharmazeutisches Taschenbuch, 4. Aufl., Stuttgart, 1951.

Schaffer, F.: Praxis der Rezeptur, Wien, 1948.

Zwieauer, R. und J. Bures: Moderne Rezeptur für Ordination und Praxis, Wien, 1953.

Allgemein Interessierendes und Handbücher:

Endres, G., A. Stoiber und H. Kohle: Der Chemotechniker, Stuttgart, 1952.

Goris, Al., A. Liot, M. M. Janot und An. Goris: Pharmacie, galénique, Paris, 1952.

Winnacker-Weingartner: Chemische Technologie, 5 Bände, München, 1950 bis 1953.
Hagers Handbuch der Pharmazeutischen Praxis, 2 Bände und 1 Erg.-Band, Springer-Verlag, Berlin, 1949.
Jähne, F.: Der Ingenieur im Chemiebetrieb, Weinheim, 1951.
Matières premières usuelles du règne végétal, Perrot mit Mascré, Régnier und Crété, Paris, 1944.
Simon, O.: Laboratoriumsbuch für die Industrie der Riechstoffe, 4./5. Aufl., Halle, 1950.
Ullmanns Enzyklopädie der technischen Chemie, 14 Bände, 3. Aufl., bisher erschienen Bd. 1 und 3, München, 1951 bzw. 1953.
Zekert, O.: Pharmazeutische Terminologie, Wien, 1948.

Herstellerverzeichnis

Sowohl der Apotheker wie auch der Techniker eines pharmazeutischen Industriebetriebes suchen oft eine Firma, die einen Rat erteilen, eine Maschine liefern kann. Im folgenden sollen solche Lieferanten genannt werden. Ihre Aufzählung beinhaltet Apparatebaufirmen, die sich auf die pharmazeutische Industrie spezialisiert haben. Es werden die wichtigsten Betriebe Deutschlands, Österreichs, der Schweiz und der USA angeführt. Ein Werturteil kann weder die Aufzählung noch das Weglassen eines Lieferanten darstellen.

Ampullen-Wasch- und Füllmaschinen:
    Ambeg. J. Dichter, Berlin-Schöneberg, Sachsendamm 93.
    Bie und Berntsen, Kopenhagen, Pilestraede 35.
    Marzocchi, L., Milano, Via Padova 266.
    Perfectum Pharmaceutical Equipment, 300 Fourth Avenue, New York 10, NY.
    Raebiger, P., Berlin-Spandau, Franzstraße 43.
    Rota Apparate- und Maschinenbau, Dr. Henning, KG., Aachen, Vereinsstraße 5.
    Strunck, H. und Co., Köln-Ehrenfeld, Herbrandstraße 1.

Apotheken-Laborgeräte:
    Bitter, W., Bielefeld.
    Steinbuch, H., Wien V/55, Mittersteig 26.

Bakterien-Filter:
    Membranfilter Gesellschaft, Sartorius Werke AG. und Co., Göttingen, Weender Landstraße 96.
    Seitz Werke Ges. m. b. H., Bad Kreuznach, Planigerstraße.

Destillieranlagen für Apotheken:
    Meißner, F., Köln-Marienberg.
    Steinbuch, H., Wien V/55, Mittersteig 26.

Destillieranlagen aus Edelmetall:
    Degussa, Hanau/M., Leipzigerstraße 10.

Dragée-Kessel:
    Brucks, W., Kupferschmiede, Ahlfeld/Leine, Dohnserweg 11.
    Steinbuch, H., Wien V/55, Mittersteig 26.

Dragierkessel, elekrisch beheizt:
    Brucks, W., Kupferschmiede, Ahlfeld/Leine, Dohnserweg 11.

Drogen-Trockner:
    Gebr. Herrmann, Köln-Ehrenfeld, Grüner Weg 8.
    Lurgi Ges. für Wärmetechnik m. b. H., Frankfurt/M., Gervinusstraße 17.
    Pallmann, L., Zweibrücken/Pfalz, Wallstraße 57.

Emulgiermaschinen:
    Siehe unter Homogenisatoren!

Etikettiermaschinen:
    Jagenberg Werke AG., Düsseldorf, Himmelgeisterstraße 107.
    Strunck, H. und Co., Köln-Ehrenfeld, Herbrandstraße 1.

Filtergeräte:
    Columbia Filters Inc. 199, Seventh Avenue, Hawthorne NY.
    Scheibler, F., Wuppertal-Elberfeld, Friedrich-Ebert-Straße 187.
    Seitz-Werke, Ges. m. b. H., Bad Kreuznach, Planigerstraße.

Filterpapiere:
    Schleicher und Schüll, Dassel, Kreis Einbeck.

Filterpressen:
    Eisenwerke Hoesch, E. und Söhne, Düren/Rhld.
    Mirsch, W., Birkesdorf über Düren/Rhld.

Gefriertrocknungsanlagen:
    Pfeiffer, Arthur, Wetzlar.

Gießformen:
    Uhlmann, J., Laupheim/Wttbg., Mittelstraße 30.

Glaswaren:
    Jenaer Glaswerk, Schott und Gen., Landshut/Bayern.
    Neue Glashütte Papenburg, Fritsche, H. A., Papenburg/Ems.

Granuliermaschinen:
    Colton, A. Comp., 3460 Lafayette Avenue, Detroit 7, Michigan.
    Condux-Werke, Wolfgang bei Hanau.
    Eirich, G., Hardheim, Nordbaden.
    Indola N. V. Voorburg, Holland; Aerzen bei Hameln.
    Ploberger, W., Wien XII, Hetzendorferstr. 2.

Hochfrequenztrockner:
    Brown-Boveri AG., Baden, Schweiz.

Homogenisatoren:
    Ekato KG., Schopfheim/Baden.
    Gann, R., Stuttgart S, Filderstraße 34.
    Gäbelt, H., Bremen.
    Janke und Kunkel KG., Staufen/i. Br.
    Kühnle, Kopp & Kausch, Frankenthal.
    Mentel, A., Frankfurt/M., Freiherr-von-Stein-Straße 9.
    Schröder, W. Nachf., Lübeck, Schlutup.
    Steinbuch, H., Wien V/55, Mittersteig 26.
    Technische Werkstätten Roehrich, H., KG., Hamburg 20 F.
    Ultraca E. A., Itterlein, Hannover-Kirchrode.
    Wesselbaum, B., Urach/Wttbg.

Induktionsheizung:
    Canzler, C., Düren/Rhld.

Infrarotstrahler:
    Heraeus, W. C. GmbH., Abt. Quarzschmelze, Hanau/M.

Klimaanlagen:
    Meyer, O., Hamburg-Wandsbeck, Tilsiterstraße 162.
    Rheinkälte Maschinenfabrik, Düsseldorf, Suitbertusstraße 153.
    Teves, A., Maschinen- und Armaturenfabrik KG., Frankfurt/M., Gustavsburgstraße 51.

Kunststoffauskleidungen:
    Kunststoffwerk Munk und Schmitz, GmbH., Köln-Poll.
    Metallisator-Betrieb, Hopfelt, R., Hamburg, Altona, Stresemannstraße 343.
    Spies, Hecker und Co., Köln-Radertal.

Langwellenschallgeräte zum Emulgieren, Lösen, Mischen und Sieben:
    AG. für Chemie-Apparatebau, Zürich 6, Ottikerstraße 64.
    Bopp und Reuther, GmbH., Mannheim-Waldhof.
    Rhewum, Rheinische Werkzeug- und Metallwarenfabrik, Remscheid-Lüttrighausen.

Lüftungsanlagen:
    Kofra Ind. Einrichtungen, Kohlmann, H., Bad Soden/T.

Mischer:
    Aachener Misch- und Knetmaschinenfabrik, Küpper, P., Aachen, Vaalserstraße 71.
    Eichtersheimer, M., Mannheim-Rheinau.
    Gebr. Lödige, Maschinenbau Ges. m. b. H., Paderborn, Erzbergerstraße 73.
    Kotthoff, H., Köln-Rodenkirchen, Weißerstraße 74.
    Kranz, K., Maschinenfabrik, Bad Homburg/v. d. H.
    Maschinenfabrik Eirich, G., Hardheim, Nordbaden.
    Nauta Rapid Mischer, J. E. Nauta, Ged. Oude Gracht 144, Haarlem, Holland.
    Pentax Maschinen- und Apparatebau Reiffen, E. A., Kassel, Wilhelmshöhe.
    Sohn, H., Maschinenfabrik, Düsseldorf, Bruchstraße 94.
    Starmix, Krefeld, Uerdingerstraße 42.
    Turmix, Wien I, Graben 20.
    Werner und Pfleiderer, Wien XVI, Odoakergasse 35.
    Werner und Pfleiderer, Stuttgart-Feuerbach.

Mühlen:
    Alpine AG., Augsburg, Gögginger Landstraße 66.
    Condux-Werk Herbert A. Merges, KG., Wolfgang bei Hanau/M.
    Fitzpatrick, W. J. Co., 1001 West Washington Boul. Chicago 111.
    Fryma Ges. m. b. H., Rheinfelden, Baden und Schweiz.
    Fuchs, M., Mühlenfabrik, Wien VII, Westbahnstraße 27.
    Homax-Mühlen, Diethelm und Co., Zürich, Schaffhauserstraße 30.
    Kotthoff, H., Köln-Rodenkirchen, Weißerstraße 74.
    Mannesmann, A., Maschinenfabrik, Remscheid-Bliedinghausen.
    Mikronizer Co., 122 East 42 nd Street, New York.

Pillenmaschinen:
    Colton, A. Comp., 3460 Lafayette Avenue, Detroit 7, Michigan.
    Engler, Maschinenfabrik, Ges. m. b. H., Wien X/75.
    Schubert und Co., Kopenhagen/K, 14 Holbergsgade.

Pressen, Hydraulische:
    Fischer, H. und Co., KG., Düsseldorf, Golzheimer Platz 3.
    Mohr, L., Karlsruhe, Durlach.

Quarzlampen:
    Quarzlampen Ges. m. b. H., Hanau/M.

Rührwerke:
    Herbst, F. und Co., Neuss/Rh., Bergheimerstraße 31.
    Komago, Gollner und Co., Maschinenfabrik, KG., Kell, Kreis Trier.

Pentax Maschinen- und Apparatebau Reiffen, E. A., Kassel, Wilhelmshöhe, Kirchstraße 6.
Petzhold Maschinenfabrik, Frankfurt/M., Schielestraße 39.
Technische Werkstätten, Dipl.-Ing. Röhrich, H., KG., Hamburg 20, Alsterkrug, Chaussee 60.

Salbenmühlen:
Deckelmann, J., Aschaffenburg, Stadelmannstraße 2.
Greve und Behrens, Hamburg 1, Ferdinandstraße 55.
Mannesmann, A., KG., Remscheid-Bliedingshausen.
Spangenberg, G., Maschinenfabrik, Ges. m. b. H., Mannheim, Industriestraße 49.

Sicotopf:
Württembergische Metallwarenfabrik, Geislingen/St.

Siebe:
Flämrich, W., Recklinghausen, Dorstenerstraße 33.

Soxhlet-Extraktoren:
Steinbuch, H., Wien V/55, Mittersteig 26.

Stada-Allzweckgerät:
Erweka, Apparatebau, Ges. m. b. H., Frankfurt/M., Postfach.

Stadatrator:
Württembergische Metallwarenfabrik, Geislingen/St.
Schempp, E., Weilheim/TECK.

Suppositorienmaschinen:

Suppositorien Gießformen und Pressen:
Engler, Maschinenfabrik, Ges. m. b. H., Wien X/75.
Uhlmann, J., Laupheim/Wttbg.
Suppositorien-Einschweißmaschinen, Ing. Wolkogon, Brackwede/Wfl.
Suppositorien Wickelmaschinen:
Aupama, Ges. m. b. H., Luzern.

Sterilisierapparate:
Heraeus, W. C., Ges. m. b. H., Hanau/M.
Köttermann, J., Ges. m. b. H., Hänigsen über Lehrte, Hannover.
Sauter, Fr., AG., Basel, „Im Surinam".

Tablettenmaschinen:
Borrmann, A., Berlin SO 36, Köpenickerstraße 154.
Busch, W., Maschinenfabrik, Hamburg-Bahrenfeld, Am Diebsteich 17.
Colton, A. Comp., 3460 Lafayette Avenue, Detroit 7, Michigan.
Edel, Maschinenfabrik, Stuttgart-Zuffenhausen.
Engler, Maschinenfabrik, Ges. m. b. H., Wien X/75.
Fette, W., Hamburg-Altona, Bahrenfelderstraße 92.
Horn, F., Maschinenfabrik, Ges. m. b. H., Worms/Rh., Hafenstraße 6.
Indola N. V. Voorburg, Holland; Aerzen bei Hameln.
Kilian und Co., Ges. m. b. H., Köln-Ehrenfeld.
Komago, Gellner und Co., Kall, Kreis Trier.
Korsch, E., Spezialfabrik für Komprimiermaschinen, Berlin-Wittenau 32.
Nassovia Maschinenfabrik, Fickert, H., Langen bei Frankfurt/M.
Stokes, F. J., Machine Company Drexel Building, Philadelphia, USA.

Tablettenzählmaschinen:
Aupama, Ges. m. b. H., Luzern, Schweiz.
Kilian und Co., Ges. m. b. H., Köln-Ehrenfeld.
Seidenader, W., München 5, Frauenhoferstraße 13.

Trocknungsanlagen:
Haus, F., Ges. m. b. H., Maschinenfabrik, Remscheid-Lennep.
Henkhaus Apparatebau-Vakuumtechnik, Frankfurt/M. 1.

Tubenfüllmaschinen:
FKF-Werke Schmitt, F. und Co., Frankfurt/M., Rebstöckerstraße 57.

Ultraschallgeräte:
Dr. Lehfeld und Co., Ges. m. b. H., Heppenheim, Bergstraße.
Propfe, H., KG., Abt. Ultraschall, Mannheim, Neckarau, Altriperstraße 50.
Ultrakust Gerätebau, Rühmannsfelden/Ndb.

UV-Strahler (Luftentkeimung):
Quarzlampengesellschaft m. b. H., Hanau/M.

Vakuumverdampfer:
Herbert, K., Lahr, Baden.

Dünnschicht-Vakuumverdampfer:
Luwa AG., Zürich, Anemonenstraße 40.

Vakuumanlagen:
Passburg, Block, Haas, Remscheid/Lennep.

Vakuum-Umlauf-Verdampfer:
Herbert, K., Lahr, Baden.
Schott und Gen., Jena. (Nur aus Glas, Labormodelle.)
Schott und Gen., Landshut/Bayern (Nur aus Glas, Labormodelle.)

Vakuumpumpen, Vakuumschränke:
Gerätebauanstalt Balzers, Liechtenstein.
Gebr. Haake, Berlin-Steglitz, Teltowkanalstraße 1.
Henkhaus, Frankfurt/M., Postfach 472 I.
Herbert, K., Lahr, Baden.
Leybolds, E. Nachf., Köln-Bayental, Bonnerstraße 507.
Pfeiffer, A., Wetzlar.

Verpackungsmaschinen:
Consolidated Packaging Mach. Corp. 1400 West Avenue, Buffalo NY.
Hansella-Werke, Viersen/Rhld.
Höfliger und Karg, Stuttgart-Bad Cannstadt.
Gebr. Höller, Bergisch-Gladbach.
Industriewerke Karlsruhe AG., Karlsruhe, Gartenstraße 41.
Jagenberg-Werke, Düsseldorf, Himmelgeisterstraße 107.
Lubecawerke G. m. b. H., Lübeck, Postfach 96.
Ing. Wolkogon, Brackwede/Wfl.

Waagen (analytische):
Gebr. Bosch, Jungingen/Wttbg.
Mettler, E., Zürich, Pelikanstraße 19.
Sartorius-Werke AG., Göttingen, Weender Landstraße 96.
Sauter, A., KG., Ebingen/Wttbg., Gartenstraße 86

Herstellerverzeichnis

Waagen für Betriebe:
Bizerba, Balingen/Wttbg.
Schenck, C., G. m. b. H., Duisburg-Großenbaum.
Toledo-Werk, Köln-Sülz, Berrenratherstraße 186.

Walzen-Sprühtrockner:
Escher-Wyss, Maschinenfabrik G. m. b. H., Ravensburg.

Windsichter:
Mikroplex-Spiralwindsichter, Alpine AG., Augsburg.

Zentrifugen:
Diskontinuierliche und kontinuierliche aller Typen:
Alfa Laval A B, Stockholm.
Bergedorfer Eisenwerke AG., Astra-Werke, Hamburg.
Gebr. Heine, Viersen/Rheinland.
Kraus Maffei AG., München-Allach.
Padberg, K., Lahr, Baden, Rosenweg 43.
Trenntechnik, G. m. b. H., Duisburg-Meiderich, Baldusstraße 8.
Westfalia-Separator, AG., Oelde, Westfalen.

Extraktoren (Konstruktion):
Lurgi, Frankfurt/M., Lurgihaus, Gervinusstraße 17.
Ausführung:
Westfalia-Separator, AG., Oelde, Westfalen.

Zerstäubungstrockner:
Düsen-Schlick, Coburg, Fach 122.
Fischer, K., Berlin-Borsigwalde.
Ing. Grill u. Großmann, Attnang-Puchheim, O. Ö.
Industrie-Werke, Karlsruhe.
Lurgi, Frankfurt/Main, Lurgihaus.
Niro Atomizer, Kopenhagen, 12 Aurehojvei.
Nubilosa, Molekularzerstäubung, Konstanz an d. Steig 26.

Sachverzeichnis

Abbe-Lenhard-Mixer 117.
Abgeteilte Pulver 146.
Adsorptionshäutchen 67.
Adulsion 70.
Aerosil 134.
Äther 14.
Ätherische Öle in Salben 123.
Ätherische Öle in Seifen 98.
Aktivkohle 63.
Alkaloide in Salben 127.
Alkohol 14.
Alcoholia lanae 73, 105.
Ammonseife 93.
Ampullen 179.
Ampullenfüllen 181.
Ampullenwaschen 180.
ANM-Puder 137.
Antibiotica 129.
Aqua bidestillata 234.
Arbeitsschutzsalben 129.
Arlacel 71.
Arzneistäbchen 202.
Augensalben 129.
Azeton 14.

Badepräparate 215.
Badesalze 216.
Balsame in Salben 123.
Benzin 15.
Bentonit 72, 112, 204.
Benzol 15.
Berkefeldfilter 189.
Bienengiftpuder 142.
Bimssteinseifen 96.
Biolithe 216.
Biosorb-Powder 137.
Bolus alba 134.
Butter 87.

Carboraffin 63.
Carbowax 71, 103.
Carpule 185.
Casil 141.
Catgut 214.
Cebes 37, 195.
Celacol 70.
Celocel 70.

Cetrimid 73.
Cetylalkohol 70.
Chloroform 15.
Chlorophyllsalben 125.
Cholesterin 105.
Chrysarobin 126.
Cremolan 71, 104, 111.
Cremophor 111.
Crill 71, 110.

Dampfheizung 230.
Dampfsterilisation 188.
Decksalben 121.
Deckkraft (Puder) 133.
Dekokte 9, 10.
Dekokt-Zusätze 11.
Dermolan 100, 141.
Desinfizientien 112.
Desinfizientien in Salben 127.
Desitinpuder 138.
Desinfizierende Puder 142.
Destillation 233.
Dialonpuder 138.
Diakolation 23.
Digestion 18.
Diglyceride 71.
Disci NF 176.
Dispersionen 65.
Doppelampullen 180.
Dragieren 172.
Dreiwalzenmühlen 115.
Drogenmühlen 5.
Drogenpressen 59, 60.
Drogenpulver 138.
Drogenschneiden 4.
Drogen-Trocknung 3.
Dünndarmlösliche Lacke 174.

Elektroheizung 231.
Elektrolyte in Seifen 98.
Elektromotoren 242.
Eigelb 69.
Einschweißmaschinen 202.
Einwalzenmühlen 114.
Eiweiß 108.
Eiweißkondensate 100, 250.
Eiweiß-Seifen 98.

Sachverzeichnis

Emanation 129.
Emanator nach Happel 117.
Emulgatorprüfung 75.
Emulgor 81, 83.
Emulsionen 64.
Emulsionssalben 104.
Englische Methode 77.
Enslin-Apparat 131.
Erdölindustrie 89.
Estax 107.
Eucerin 105.
Evakolation 23.
Exsiccatoren 49.
Extraktoren 27, 36.
Exzenterpressen 165.

Fettabkömmlinge 70.
Fettalkoholsulfonate 99.
Fette 102.
Fettfilme 208.
Fettpillen 156.
Fettverdauung 87.
Filtration 28.
Filtrierzentrifugen 33.
Firnisse 207.
Fitzpatrik-Comminutor 5.
Frischpflanzen 56.
Fryma-Mühle 80.

Galle 69.
Gefriertrocknung 54.
Gelatine-Kapseln 148.
Gelatinezäpfchen 195.
Gerbstoffpuder 141.
Glänzen (Tabletten) 162.
Glasgow-Creme 9, 73.
Gleitmittel (Tabletten) 161.
Glyzerin „Ersatz" 258.
Glyzerinsynthese 253.
Granula 157.
Granulate 145.
Granulieren 162.
Granuliermaschine 163.
Gummiarabicum 72, 109.
Guttaplaste 210.

Haftfestigkeit (Puder) 133.
Haltbarkeit (Puder) 132.
Harnstoffsalben 127.
Hefe-Zentrifugen 33.
Hitzesterilisation 187.
Hochfrequenztrocknung 54.
Homax-Mühle 80, 246.
Homogenisieren 78, 83.
Hormonsalben 124.
Hostapon 100.
Hürdentrocknung 3, 49.
Hurrel-Emulgator 83.
Hydrierte Fette 102.
H-Zahl 76.

Ika Ultra Turrax 81.
Industrie 221.
Industrieapotheker 224.
Infrarottrocknung 54.
Infuse 9, 10.
Infuse, Zusätze 11.
Injektionen 178.
Invertseifen 250.

Jodsalben 123.

Kaffeekohle 62.
Kakaobutter 196.
Kaliseifen 93.
Kalkkiste 49.
Kaltmazerate 8, 10.
Kalziumchlorid 4.
Kalzium-Seifen 107.
Kammerfilter 32.
Kaolin 72, 112.
Katadynverfahren 190.
Keiltheorie 67.
Kesselbau 231.
Kieselgur 134.
Klärseparatoren 38.
Klebkraft (Pflaster) 212.
Klotzfilter 31.
Kohlen 61.
Kohlenwasserstoffe 103.
Kollemplastra 210.
Kollergänge 244.
Kolloidfilter 30.
Kolloidmühlen 245.
Kolonnenapparate 236.
Komminutor 246.
Konstituentien (Tabletten) 161.
Kontinentale Methode 77.
Kotthoff-Mischmühle 81.
Kräuterbäder 216.
Kügelchenzahl 75.
Kühlpuder 132.
Kühlsalben 122.
Kühlwirkung 139.
Kunststoffindustrie 89.

Lacke 207.
Lanettewachs 106, 108.
Langwellenschallgerät 81.
Lasupol 195.
Lebertransalben 124.
Lecithin 108, 250.
Lederindustrie 88.
Leitfähigkeit (Emulsionen) 74.
Leuchtstoffröhren 242.
Lichtschutzpuder 142.
Lichtschutzsalben 121.
Liquores 218.
Lithiumchlorid 4.
Lokalanästhetica in Salben 127.
Lotio Zinci 205.

Luftmotoren 240.
Luwa-Verdampfer 47.
Lykopodium 137.

Magnesiumkarbonat 135.
Mandelkleie 137.
Margarine 87.
Markenartikel 221.
Marmorseifen 95.
Mazeration 16.
—, doppelte 18.
Merell-Trocknung 53.
Metallsalben 128.
Metallindustrie 88.
Milch 86.
Mischen 160.
Mizellen 68.
Monoglyceride 71.
Montanwachs 103.
Moorbäder 217.
Morpholin 72.

Nähmaterial (Chirurg.) 214.
Naßgranulierung 164.
Natronseifen 93.
Nauta-Blitzmischer 80.
Netzmittel 90.
Nubilosa-Zerstäuber 54.
Nutschen 30.

Oberflächenadsorption 130.
Öle (Medizinische) 217.
Ölzucker 145.
Ölaufnahme (Puder) 132.
Ozokerit 103.

Paraffinoxydation 253.
Pastenstift 209.
Pastillen 158.
Patentschutz 223.
Penicillin 129.
Penicillinpuder 142.
Perfectum 181.
Perforator 23.
Perkolation 19.
Perkolatoren 20.
Pflanzenschleim 109.
Pflanzenzüchtung 2.
Pflaster 208.
Pflasterstift 210.
pH in Extrakten 27.
Pillen 150.
Plantrite 57.
Polyacrylsäure 109.
Polyäthylenoxyd 251.
Polyäthylenglycol 103.
Polyalkohole 252.
Polyfibron 70, 109.
Polyfibron-Salben 129.
Polyglycol 251.

Polymerisate 252.
Postonal 196, 151.
Präcutan 100.
Prüfen (Ampullen) 192.
— (Tabletten) 177.
Pseudo-Emulgatoren 76.
Puder 130.
—, flüssige 204.
—, Herstellung 143.
—, indifferente 139.
—, medikamentöse 140.
Pulverdrogen 5.
Pyrogallolsalben 125.

Quartamon 73.
Quecksilbersalben 128.

Reduzierende Seifen 97.
Reibschalen 243.
Reinigungsmittel 89.
Reisstärke 136.
Rejafix 192.
Reperkolat 22.
Resorcin 126.
Retschmühlen 247.
Rotax-Zähler 169.
Rührwerke 79.
Rundläuferpressen 166.

Salben 101.
Salbenkruken 118.
Salben, radioaktive 129.
—, saure 121.
Salbenstift 210.
Salizylpuder 143.
Salizylsalben 122.
Sapamin 108, 250.
Saponin 69, 101, 250.
Satina 100, 250.
Sauerstoffseifen 96.
Schachtelpulver 144.
Schaumvermögen 91.
Schaumzerstörer 44.
Schlagkreuzmühle 245.
Schmutztragevermögen 91.
Schöpf-Zentrifugen 33.
Schüttgewicht (Puder) 132.
Schüttelmazerate 17.
Schüttelmixturen 203.
Schwefeldioxyd 16.
Schwefelpuder 141.
Schwefelsalben 126.
Schwefelseifen 96.
Secale 3, 5.
Seifen 93.
Seih-Zentrifugen 33.
Senfmehlbrei 206.
Seitzfilter 189.
Serülen 184.
Sikkatom 53.

Sachverzeichnis

Sieben 6.
Sieb-Zentrifugen 33.
Sikotopf 40.
Silage 57.
Silberseifen 97.
Silicone 111, 255.
Solutio Vleminckx 205.
Sorbit 71, 110, 204.
Sortenregister 1.
Sortieren (Tabletten) 168.
Soxhlet-Extrakte 19.
Span 71, 110.
Speichertrocknung 48.
Sprengmittel (Tabletten) 162.
Stabilisation 4, 58.
Stadasupol 195.
Stadatrator 24.
Standardschmutz 92.
Stearatcremes 107.
Sterilisation 186.
— (UV-Licht) 191.
Sterilisieren (Tabletten) 176.
Sterisol-Lampen 190.
Strangpressen 153.
Streukügelchen 157.
Sulfonamidpuder 142.
Sulfonate 249.
Suppogen 196.
Suppolan 195.
Suppositol 195.
Suppositorien 193.
Suppositorien-Gießformen 199.
Suppositorien-Hohlkörper 200.
Suppositorienmasse Imhausen 196.
Suppositorien-Pressen 198.

Tabletten 159.
Tablettenpressen 164.
Taffetas 212.
Talcum 134.
Tanninsalben 125.
Teep 57.
Teerpuder 141.
Teersalben 126.
Tegin 71.
Textilindustrie 87.
Thyrotricin 129.
Tinkturen 21.
Tixogel 204.
Triäthanolamin 72.
Trichite 103.
Trikoplaste 210.
Triumphmühle 245.
Trockengranulierung 163.
Trockensalben 208.
Trockentrommeln 51.
Trocknung 48.

Trubabbauende Encyme 32.
Tuben 119.
Tubonics 185.
Türkischrotöle 99, 249.
Turbomischer 79.
Tween 110.
Tylose 109.
Tyndallisieren 188.

Überlauf-Perkolatoren 2.
Überlauf-Zentrifugen 33.
Ultraschall 78.
Umlaufverdampfer 41, 45.
Umschlagpasten 205.
Unemul 112.
Ungt. acid. boric. 121.
Ungt. paraffini 103.

Vakuumperkolatoren 22.
Vakuumpumpen 238.
Vakuumtrockenschränke 50.
Vaselin 103.
Vaselin-„Ersatz" 258.
Venülen 184.
Verdampfer 237.
— für Laboratorien 39.
Verpackung (Tabletten) 171.
Verstaubung (Puder) 133.
Vials 186.
Vibratoren 81.
Vitaminsalben 124.
Vitaminseifen 98.

Walzentrockner 52.
Walzen-Sprühtrockner 52.
Waschmittel 89, 255.
Wasseraufnahme (Puder) 131.
Wasserringpumpe 45.
Wasserzahl 75, 105.
Weckerpech 253.
Werkstoffe 260.
Wickelmaschinen 201.
Windsichter 7.
Wirkstoffausbeute 11, 13.
Wollfett 73, 104.
Wollfettalkohole 73.

Zählmaschinen 169.
Zellulose-Äther 25, 70.
Zellulose-Ester 70.
Zentrifugen 32.
Zephirol 110.
Zerfallbarkeit 177.
Zerstäubungstrockner 53.
Zinkleim 206.
Zinkoxyd 135.
Zuckersalben 127.
Zuckerstadatrate 25.
Zylindermühle 114.

SPRINGER-VERLAG IN WIEN I

Vor kurzem erschien:

Praktikum der Pharmakognosie

Von

Dr. **Robert Fischer**

a. o. Professor und Direktor des Pharmakognostischen Instituts an der Universität Graz

Unter Mitarbeit von tit. a. o. Prof. Dr. W. Hauser, Graz

Dritte, neubearbeitete und vermehrte Auflage
Mit 404 Abbildungen im Text. VII, 428 Seiten. 1952
Ganzleinen S 168.—, DM 33.60, $ 8.—, sfr. 34.40

Aus den Besprechungen:

„Das ‚Praktikum der Pharmakognosie' von *Fischer* hat sich seit dem Erscheinen seiner 1. Auflage vor 10 Jahren vor allem bei dem pharmakognostisch-mikroskopischen Übungen der Pharmaziestudenten außerordentlich bewährt. Die guten Abbildungen (besonders die der Totodrogen seien hier erwähnt) und der kurzgefaßte Text erfreuen sich bei den Studierenden großer Beliebtheit. Die allgemeinen botanischen Vorbemerkungen zu den einzelnen Drogengruppen stellen ebenso wie die in einem Anhang erwähnte Morphologie und Anatomie der wichtigsten Pflanzenfamilien und die Teeanalyse eine sehr wertvolle und auch notwendige Ergänzung der makro- und mikroskopischen Beschreibung der Drogen dar. In einem eigenen Abschnitt der Mikrochemie (44 Seiten) werden die Verfahren der Mikrosublimation und die Bestimmung des Mikroschmelzpunktes, ergänzt durch die Ergebnisse neuerer Arbeiten, ausführlich besprochen. Auch die speziellen mikrochemischen Nachweisreaktionen der wichtigsten Zellbestandteile und Drogeninhaltsstoffe werden nicht nur bei den einzelnen Drogen, sondern auch im Zusammenhang dargestellt. In dem Kapitel über die Wertbestimmung von Drogen (44 Seiten) — spezielle Verfahren finden sich auch bei den einzelnen Drogen — sind neben schon länger bekannten Methoden auch neuere Verfahren, wie z. B. das der Papierchromatographie und der Bestimmung des Redoxpotentials, erwähnt..."
Österreichische Apotheker-Zeitung

„Ein Werk, das in 10 Jahren 3 Auflagen erlebt hat, muß schon, bei der Vielzahl der Werke auf dem Gebiet der Pharmakognosie, einen bestimmten Wert haben, und das hat *Fischers* Buch sicher. Der Autor nennt es zwar in erster Linie einen Leitfaden für die pharmakognostischen Übungen für die Pharmaziestudenten, aber hier muß man gleich vorausschicken, daß das außerordentlich gute Material sowohl in textlicher als auch bildlicher Hinsicht viele Bücher auf diesem Gebiet bei weitem übertrifft, vielleicht liegt es auch mit an dem guten Papier des Springer-Verlages, trotzdem ändert das nichts an der Tatsache, daß *Fischer* wirklich erstklassige Abbildungen bringt, die man in einem sich ‚Lehrbuch' nennenden Werk nicht gewohnt ist, die aber eine reine Freude zu sehen sind. ... Das Werk *Fischers* bedarf keiner Empfehlung, sein vorzüglicher Inhalt empfiehlt es selbst. Der Springer-Verlag hat buchtechnisch das Werk sehr gut ausgestattet, und sein Preis ist niedrig gehalten."
Ätherische Öle, Riechstoffe, Parfümerien, Essenzen und Aromen

Zu beziehen durch jede Buchhandlung

SPRINGER-VERLAG / BERLIN · GÖTTINGEN · HEIDELBERG

Salben, Puder, Externa. Die äußeren Heilmittel der Medizin. Von Dr. rer. nat. habil. **Hermann v. Czetsch-Lindenwald,** Apotheker, Geschäftsführer der Austria PAN-Chemie G. m. b. H., Wolfsberg in Kärnten, und Dr. med. habil. **Friedrich Schmidt-La Baume,** a. o. Professor, Chefarzt der Hautabteilung des Städtischen Krankenhauses Mannheim. Mit einem Beitrag: Die Aufgaben des Hautschutzes in der Gewerbehygiene von Dr. **Rolf Jäger,** Leiter des Instituts für Kolloidforschung der Johann-Wolfgang-Goethe-Universität Frankfurt a. M.—Bad Homburg v. d. H. Dritte Auflage. Mit 57 Abbildungen. XI, 492 Seiten. 1950.
Ganzleinen DM 36.—

Die Tablettenfabrikation und ihre maschinellen Hilfsmittel. Von Dr. **Johannes Arends,** Apotheker, Chemnitz. Fünfte, durchgearbeitete und wesentlich vermehrte Auflage. Mit 72 Abbildungen. IV, 262 Seiten. 1950. Ganzleinen DM 25.50

Arzneimittel-Synthese. Von Professor Dr. **H. P. Kaufmann,** Direktor des Instituts für Pharmazie und Chemische Technologie der Universität Münster und des Chemischen Landes-Untersuchungsamtes Nordrhein-Westfalen. Mit 26 Abbildungen und 1 Tafel. VII, 834 Seiten. 4⁰. 1953. Ganzleinen DM 87.—

Grundlagen der allgemeinen und speziellen Arzneiverordnung. Von **Paul Trendelenburg.** Siebente, neubearbeitete Auflage. Herausgegeben von **Otto Krayer,** Professor der Pharmakologie an der Harvard Medical School, Boston/Mass., und **Manfred Kiese,** Professor der Pharmakologie an der Philipps-Universität Marburg/Lahn. VII, 279 Seiten. 1952. Ganzleinen DM 26.80

Kurzes Lehrbuch der pharmazeutischen Chemie. Auch zum Gebrauch für Mediziner. Von Professor Dr. **K. Bodendorf,** Karlsruhe. Zweite und dritte verbesserte Auflage. VII, 459 Seiten. 1949. DM 26.—, Halbleinen DM 28.50

Handbuch der Drogisten-Praxis. Ein Lehr- und Nachschlagebuch für Drogisten, Farbwarenhändler usw. Von **G. A. Buchheister.** In neuer Bearbeitung von **Georg Ottersbach,** Hamburg—Volksdorf.
Band I: Handbuch. Sechzehnte Auflage. Mit 595 Abbildungen. Berichtigter Neudruck. XIV, 1372 Seiten. 1949. Ganzleinen DM 48.—
Band II: Vorschriftenbuch für Drogisten. Die Herstellung der gebräuchlichen Verkaufsartikel. Vierzehnte Auflage. X, 859 Seiten. 1949. Ganzleinen DM 37.50

Neues Manual für die praktische Pharmazie. Als fünfte verbesserte Auflage des Manuals der Pharmazeutischen Zeitung neubearbeitet von Apotheker Dr. **Hanns Will,** Diplom- und Nahrungsmittelchemiker, Berlin. V, 346 Seiten. 1953.
Ganzleinen DM 18.—

Hagers Handbuch der pharmazeutischen Praxis. Für Apotheker, Arzneimittelhersteller, Drogisten, Ärzte und Medizinalbeamte. Unter Mitwirkung von E. Rimbach, E. Mannheim, L. Hartwig, C. Baghem, W. Hilgers. Vollständig neubearbeitet und herausgegeben von **G. Frerichs, G. Arends, H. Zörnig.**
Band I: (A—I). Mit 284 Abbildungen. Zweiter berichtigter Neudruck 1938. Unveränderter Nachdruck 1949. XII, 1573 Seiten. 1949. Ganzleinen DM 75.—
Band II: (K—Z). Mit 426 Abbildungen. Zweiter berichtigter Neudruck 1938. Unveränderter Nachdruck 1949. VI, 1579 Seiten. 1949. Ganzleinen DM 75.—
Ergänzungsband: Unter Mitwirkung von G. Baumgarten, K. Handke, W. Hoffmann, F. Hurdelbrink, U. Kling, K. Lang, W. Peyer, H. Posemann, Rauchbaar, H. Richter, G. Siewert, W. Stollenwerk. Herausgegeben von B. Reichert, G. Frerichs, G. Arends, H. Zörnig. Mit 248 Abbildungen. 1944. Unveränderter Nachdruck 1949. VIII, 1610 Seiten. 1949. Ganzleinen DM 75.—

Zu beziehen durch jede Buchhandlung

MIX
Papier aus verantwortungsvollen Quellen
Paper from responsible sources
FSC® C105338

If you have any concerns about our products,
you can contact us on
ProductSafety@springernature.com

In case Publisher is established outside the EU,
the EU authorized representative is:
**Springer Nature Customer Service Center GmbH
Europaplatz 3, 69115 Heidelberg, Germany**

Printed by Libri Plureos GmbH
in Hamburg, Germany